Planetare Systeme der Erde 1
Klassische Systeme

Klaus Piontzik

© Klaus Piontzik, 2020
Planetare Systeme der Erde 1
Klassische Systeme

1. überarbeitete Auflage

Herstellung und Verlag:
BoD – Books on Demand, Norderstedt

ISBN 978-3-7494-8112-5

Klaus Piontzik

Klaus Piontzik (*1954) ist Ingenieur der Elektrotechnik, Mathematiker und Autor. Er kann auf eine etwa 30 jährige Laufbahn als Projektingenieur im industriellen Bereich und als Entwickler von Mikroprozessor-Systemen zurückblicken.

Seit 1994 hat er sich immer stärker auf elektromagnetische Felder spezialisiert, besonders im Hinblick auf das Erdmagnetfeld und seine Bedeutung für die Erde und das Leben auf ihr.

Seit 2006 kamen noch die Tätigkeiten als Autor (Gitterstrukturen des Erdmagnetfeldes, Konvertierung DNA in Farben und Töne, Wahrscheinlichkeiten in der Galaxie für Leben, Intelligenz und Zivilisation, Alien-Hypothese, Odysseus 2013) und als Webautor hinzu.

Ein Teil der Bücher ist auch im Internet zugänglich:

www.klaus-piontzik.de
www.pimath.de
www.die-alien-hypothese.de
www.wahrscheinlichkeiten-in-der-galaxie.com
www.odysseus2013.de
www.pimath.eu (Gitterstrukturen des Erdmagnetfeldes)
www.planetare-systeme.com

Εν ἀρχῇ ἦν ὁ λόγος

En archè èn ho logos

Am   Anfang   war   der   Logos

Planetare Systeme der Erde 1

INHALTSVERZEICHNIS

Seite

Teil 1 – Grundlagen

Einleitung

Dieses Buch ist die Essenz aus diversen Beiträgen in Fachzeitschriften [1] [2] und der Weiterentwicklung zweier Vorträge, die der Autor Klaus Piontzik, am 14.03.2009, vor dem Verein zur Förderung der Geobiologie in Brügge und auf der Frühjahrstagung des Forschungskreises für Geobiologie, am 24.04.2009 in Eberbach, gehalten hat.

Das vorliegende Material stellt eine Weiterentwicklung und Vervollständigung des Buches „Gitterstrukturen des Erdmagnetfeldes" dar.

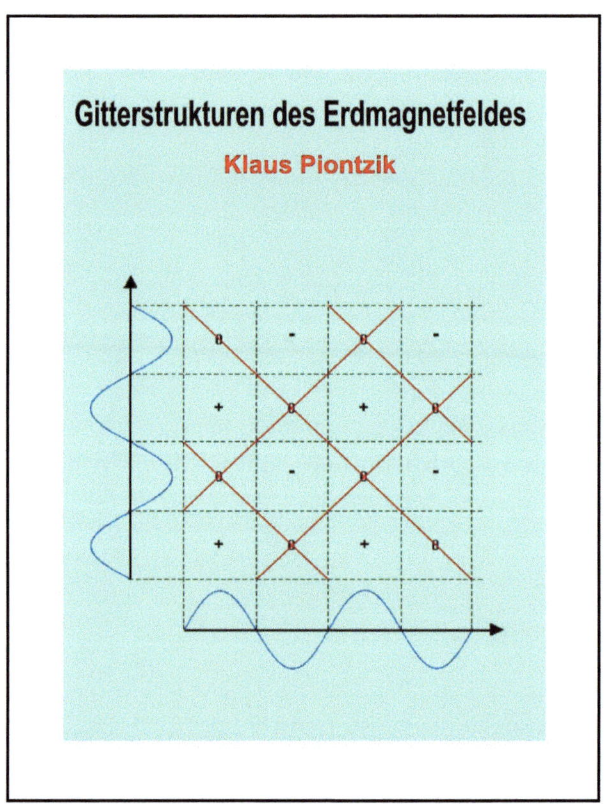

Das grundlegende Material (etwa 70%) des Buches „Gitterstrukturen des Erdmagnetfeldes", [3] ist im Internet zugänglich unter:
http://www.pimath.eu/

Aus heutiger Perspektive gesehen, liefert „Gitterstrukturen des Erdmagnetfeldes" eine Sammlung von Fakten und Grundinformationen. Ein geschlossenes, homogenes Modell ist zwar in Ansätzen erkennbar, aber der rote Faden fehlt noch.

Das neue Werk „Planetare Systeme der Erde" ist nun eine geschlossene, einheitliche Arbeitshypothese, mit dem die physikalischen Schichtenstrukturen der Erde (die geologischen Schalen, die atmosphärische Schichten, das Erdmagnetfeld und das elektrische Erdfeld) erklärt werden können.
Dieses Buch ist ein Modell, das im Sinne der heutigen Erkenntnistheorie, nach Popper, falsifiziert werden kann. [4]
Daraus erfolgt die Angabe einer physikalischen Meßmethode (Kapitel 6), die das **Experimentum Crucis** für diese Arbeitshypothese darstellt.
Insgesamt stellt das hier gezeigte Modell einen ganzheitlichen Ansatz, auf einer Schwingungsbasis dar, mit dem etliche Strukturen der Erde erklärt werden können.

Was auf der Erde gilt, muss dann auch „in" der Erde gelten und damit gilt, wie im Kleinen so im Großen. Was für den Autor bedeutet, dass die hier aufgezeigten makroskopischen Schwingungsgefüge ihre Entsprechungen auch im (sub) mikroskopischen (atomaren) Bereich haben.

Es kann gezeigt werden, dass alle konzentrische Anordnungen als Lösungsfunktionen von radialen räumlichen Oszillationssystemen, interpretiert werden können. Alle konzentrischen Schichtungs- und Schwingungsgefüge lassen sich als Lösungsfunktionen - des Radialanteils - der Laplace-Gleichung interpretieren.
Die Anwendungsmöglichkeiten sind vielfältig. Von Planetenbahnen, Planetenmassen, Umlaufzeiten der Planeten, Monde und Ringe der Planeten über planetarische Nebel bis zu Galaxien und Schwarzen Löchern.
Auch im biologischen Bereich der Flora, z.B. bei Früchten wie Pfirsich, Orange, Kokosnuss bzw. Blumen wie Dahlie, die gelbe Blume (Gerbera) oder der Narzisse, sowie dem Adey-Fenster..

Im Laufe der Entwicklung der letzten vier Jahre hat sich gezeigt, dass sich die gesamte Schichtungs- Schwingungs- und Gitterthematik der Erde auf einen zentralen Begriff zurückführen lässt, von dem aus und um ihn herum sich alle Phänomene erklären lassen: Es ist der Begriff des **PLANETAREN SYSTEMS**.

1.0 – Theoretischer Ansatz

Die Frage, die sich erhebt, lautet: Was ist unter einem planetaren System zu verstehen? Dazu muss nur der Begriff als solcher näher untersucht werden.

Planetar bedeutet ein globales also **erdumfassendes** Phänomen. Und der Begriff **System** impliziert, dass eine **gewisse Ordnung** vorhanden ist.
Planetare Systeme sind also erdumspannende bzw. erddurchsetzende Strukturen.
Zwei sind auf dem folgenden Bild zu erkennen: die Erdoberfläche selbst mit ihren darunter liegenden **geologischen Schalen** und die **Atmosphäre** mit ihren Schichtungen.

Abbildung 1.0.1 – Die Erde

Definition 1.0.1:   <u>**Erdsystem**</u>

> **= Alle Energie und Materie die im Raum des Planeten Erde und seiner näheren Umgebung vorhanden ist.**

Unter der näheren Umgebung des Planeten Erde ist ein kugelförmiger Raum mit einem Radius von **2** bis **3** Erdradien zu verstehen. Der Begriff der **Umgebung** ist hier an die Definition aus der **Topologie** angelehnt.

Definition 1.0.2:   <u>**Planetares System**</u>

> **= ein globales elementares Subsystem des Erdsystems, mit einer geometrischen Strukturierung.**

Wobei die geometrische Strukturierung noch näher definiert werden müsste. Dies geschieht in den folgenden Kapiteln.

Definition 1.0.3:

Strukturen die als „Planetare Systeme" in Betracht kommen:

1) Geologische Schalen

2) Atmosphärische Schichten

3) Erdmagnetfeld

4) Elektrisches Feld der Erde

5) Polyedermodelle der Erde

Im Folgenden werden alle aufgelisteten Systeme betrachtet.

1.1 – Klassische physikalische Systeme

1.1.1 – Geologische Schalen

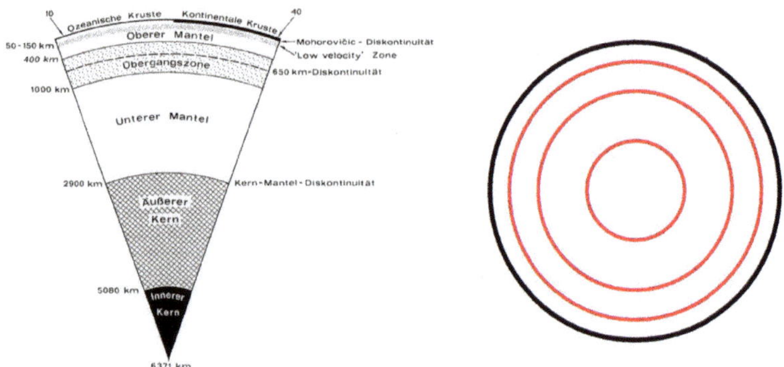

Abbildung 1.1.1.1 – Geologische Schalen

Die geometrische Strukturierung der geologischen Schalen besteht aus **konzentrischen Kugeln**, innerhalb der Erde.

1.1.2 – Atmosphärische Schichten

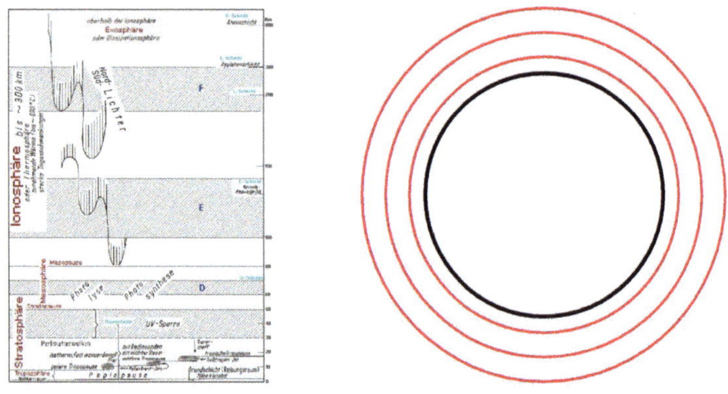

Abbildung 1.1.2.1 – Atmosphärische Schichten

Die geometrische Strukturierung der atmosphärischen Schichten besteht aus **konzentrischen Kugeln** um die Erde herum.

1.1.3 – Erdmagnetfeld

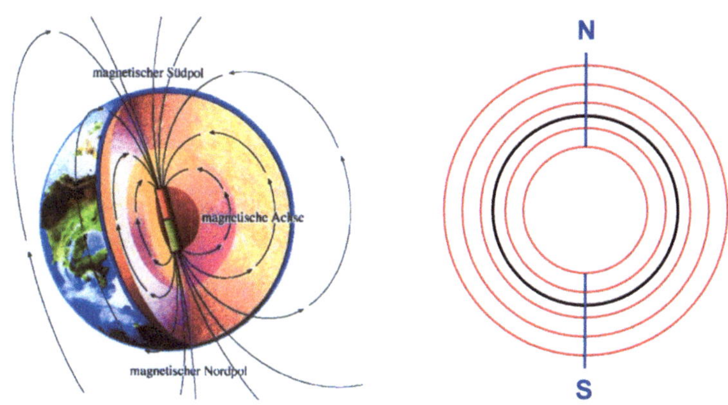

Abbildung 1.1.3.1 – Magnetfeld der Erde

Die geometrische Strukturierung besteht (vereinfacht) aus **konzentrischen Kugeln** in der Erde und um die Erde herum. Es treten noch **polare** (Nord-Süd-Pol) und **radiale** Strukturen (magnetische Flussdichte) auf.

1.1.4 – Elektrisches Feld der Erde

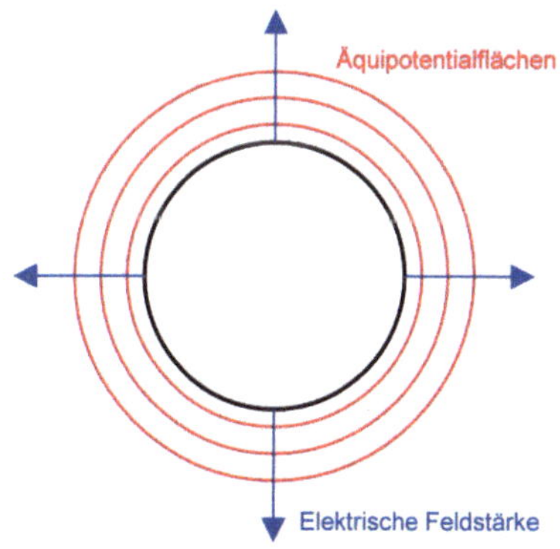

Abbildung 1.1.4.1 – Elektrisches Feld der Erde

Die geometrische Strukturierung besteht aus **konzentrischen Kugeln**, um die Erde herum. Es treten noch **polare** (Plus-Minus-Pole) und **radiale** Strukturen (elektrische Feldstärke) auf.

1.1.5 – Bilanz

Geologische Schalen, atmosphärische Schichten, das Erdmagnetfeld und das elektrische Feld der Erde besitzen eine geometrische Strukturierung, die aus **konzentrischen Kugeln** besteht.
Dabei liegen die geologischen Schalen innerhalb der Erde. Die atmosphärischen Schichten dagegen und das elektrische Feld liegen um die Erde herum.
Das Erdmagnetfeld existiert sowohl in der Erde, als auch um die Erde herum. Bei Magnetfeld und elektrischem Feld kommen noch **radiale und polare Strukturen** hinzu.

1.2 – Polyedermodelle der Erde

Etwa gegen Ende des 19. Jahrhundert verglichen die Geologen **W.L. Green** und **A. de Lapparent** die Gestalt der Erde mit einem Tetraeder. Einen ähnlichen Vergleich stellten in den sechziger Jahren des zwanzigsten Jahrhunderts **B.L. Litschkow** und **N.N. Schafranowski** mit einem Oktaeder an. Etwas später publizierte Litschkow noch das Modell eines Dodekaeders bzw. eines Ikosaeders für die Erdgestalt.
1974 veröffentlichten **Nikolai F. Gontscharow**, **Wjatscheslaw S. Morosow** und **Walerij A. Makarow** in der russischen Zeitschrift "Chimi-ja i Zisn" (Chemie und Leben, Nr. 3, März) das Modell eines Pentagon-Dodekaeders der Erde. [5]
Der bekannte Botaniker, Wissenschaftsjournalist und Buchautor **Christopher Bird** veröffentlichte, unter dem Titel „Planetary Grid" im Mai 1975, in der amerikanischen Zeitschrift „New Age Journal" eine Zusammenfassung der russischen Arbeiten über die Kristallstrukturen der Erde. Diese Publikation leitete eine völlig neue Phase in der Entwicklung der Hypothese vom Kristallplaneten ein, und machte diese Idee zu einem der zentralen Themen des New Age.
Bedingt durch diese geologischen Modelle existiert daher seit geraumer Zeit innerhalb der Geomantie und Radiästhesie, die Diskussion über die Tetraeder- bzw. Dodekaederstrukturen der Erde. Interessant sind hier besonders die Veröffentlichungen von **Marco Bischof** in der Zeitschrift Hagia Chora zum Thema Kristallplanet, da hier eine gute Übersicht zur Geschichte und Entwicklung von Polyedersystemen gegeben wird. [6][7]
Alle reinen Tetraeder-, Oktaeder-, Pentagondodekaeder- und Ikosaeder-Modelle sind nur Teilsichten des gesamten Schwingungsfeldes der Erde und können daher nicht vollständig sein. Alle platonischen Körper sind als Schwingungsfiguren möglich.

Tetraeder
Ende 19. Jh.
W.L. Green
A. de Lapparent

Oktaeder
In den 60. Jahren 20. Jh.
B.L. Litschkow
N.N. Schafranowski

Ikosaeder
In den 60. Jahren 20. Jh.
B.L. Litschkow

Pentagon-Dodekaeder
1974
Nikolai F. Gontscharow
Wjatscheslaw S. Morosow
Walerij A. Makarow
1999 – S. Prumbach

Abbildung 1.2.1 – Polyedermodelle

Diese Polyedermodelle der Erde wurden hauptsächlich von **Geologen** entwickelt und es fehlt nur noch ein Körper, um eine ganz bestimmte Menge von Körpern zu erhalten.

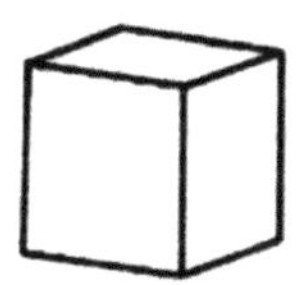

Abbildung 1.2.2 – Kubus

Es fehlt nur noch der **Kubus** um die **Platonischen Körper** zu vervollständigen.
Platonische Körper sind regelmäßige Körper, die aus regelmäßigen Grundflächen aufgebaut sind. Es existieren nur die hier gezeigten **fünf** platonischen Körper. [8]

Die Platonischen Körper sind nach dem antiken griechischen Philosophen **Platon** (428-348 v.Chr.) [9] benannt.
Sie sind die Polyeder mit größtmöglicher Symmetrie. Jeder von ihnen wird von mehreren deckungsgleichen (kongruenten) ebenen regelmäßigen Vielecken begrenzt. Eine andere Bezeichnung ist **reguläre Körper**.

1.2.1 – Polyeder und Gitter

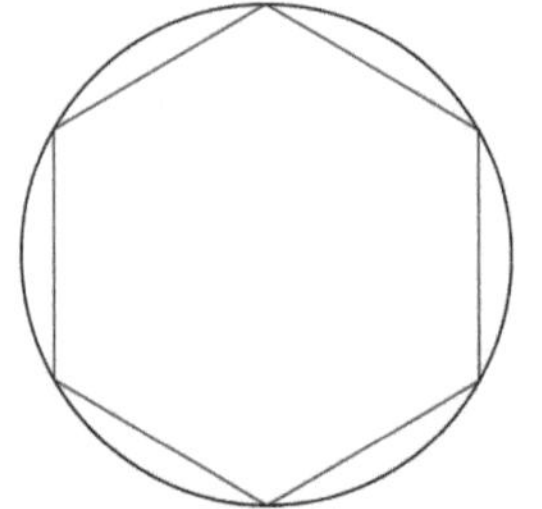

Abbildung 1.2.3 – Polyederquerschnitt

Die Eckpunkte der Polyeder liegen auf der **umhüllenden Kugel**. Alle Kanten werden auf die Kugeloberfläche übertragen. Im Unterschied zu allen anderen planetaren Systemen treten hier, durch die Polyederstruktur bedingt, erstmals Linien mit **endlichen Längen** auf.

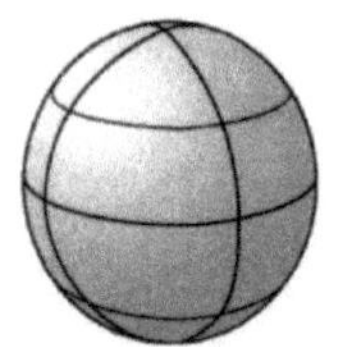

Abbildung 1.2.4 – Gitterbildung

Die Kanten bzw. Ecken der Polyeder kann man also auf die umhüllende Kugel **projizieren**. Die beste Methode besteht darin alle Ecken eines Polyeder, wie beim geografischen System, als Schnittpunkte von Breitenkreisen und Meridianen abzubilden.

Die Kreuzungspunkte des so entstandenen Gitters entsprechen den Ecken des Polyeder. Und die Kanten des Polyeder liegen in der Regel auf den Breitenkreisen bzw. Meridianen.

Der **Oktaeder** ist der einzige platonische Körper, bei dem alle Polyederkanten und Gitterlinien komplett übereinstimmen. Das Gitter wird durch drei, jeweils senkrecht aufeinander stehende, Kreise gebildet. Dadurch wird die Kugeloberfläche in 8 gleiche Teile zerlegt.

Der **Kubus** besitzt eine Zerlegung die durch 4 Kreise gebildet wird und ebenfalls ein symmetrisches Gitter bildet. Alle waagerechten Kanten des Kubus sind mit den Breitenkreisen identisch. Alle senkrechten Kanten des Kubus sind in den Meridianen als Teile enthalten.

Der **Tetraeder** besitzt einerseits die gleiche Zerlegung wie der Kubus, da ein Tetraeder als Innenkörper eines Kubus dargestellt werden kann. Es treten dann jedoch Kanten am Polyeder auf, die im Koordinatensystem nicht direkt abgebildet werden.

Eine andere Möglichkeit beim Tetraeder besteht darin, diesen als dreieckige Pyramide zu sehen. So erhält man drei Meridiane und einen Breitenkreis, dadurch auch ein unregelmäßiges Gitter.
Auch der **Ikosaeder** liefert ein regelmäßiges Gitter, mit 5 Meridianen und zwei Breitenkreisen. Es treten Kanten am Polyeder auf, die im Koordinatensystem nicht direkt abgebildet werden.

Lediglich der **Pentagon-Dodekaeder** bildet mit 5 Meridianen und 4 Breitenkreisen, in den Distanzen der Breitenkreise, zueinander unregelmäßige Abstände aus.

Insgesamt lässt sich so folgende Aussage formulieren:

1.2.2 - Satz: **Polyeder ⇔ Gitter**

Polyeder sind äquivalent zu Gittern auf einer Kugeloberfläche.

1.3 – Geometrische Strukturierung

Für die zu betrachtenden Systeme sind laut Kapitel 1.1 und 1.2 folgende geometrischen Strukturierungen vorhanden:

1.3.1 – Konzentrische Kugeln   Kugelgestalt, Konzentrizität

1.3.2 – Polare Strukturen   Nord-Süd-Pole
Plus-Minus-Pole

1.3.3 – Radiale Strukturen   magnetische Flussdichte
elektrische Feldstärke

1.3.4 – Gitter   Polyeder

1.4 – Behauptungen für ein Schwingungsgefüge

1.4.1 - Definition: <u>Schwingungsgefüge</u>

> **= Ein System von Schwingungsmustern o-
> der Oszillationsstrukturen, die zueinander in
> Beziehung stehen.**

Dabei bilden Schwingungsgefüge in der Regel räumliche Strukturen aus, deren Grundmuster sowohl geometrische Körper enthalten, als auch harmonikale Verhältnisse zueinander aufweisen.

Laut Definition 1.0.2 gilt:

Planetares System = ein globales, elementares Subsystem des Erdsystems, mit einer geometrischen Strukturierung.

1.4.2 - Behauptungen:

1.4.2.1 – Ein Planetares System lässt sich durch ein räumlich radiales Schwingungsgefüge erklären.

1.4.2.2 – Alle Planetaren Systeme lassen sich durch ein einziges räumliches Schwingungsgefüge erklären.

Bemerkung:

Ein räumlich radiales Gittersystem entsteht durch Interferenz bzw. als eine Summe von Grundschwingungen – ist also ein Schwingungssystem.
Oder physikalisch ausgedrückt: das gesamte (magnetische) Gittersystem der Erde ist ein harmonischer Oszillator, genau genommen sogar ein **gedämpfter harmonischer Oszillator**.

Die eigentlichen erdmagnetfelderzeugenden Elemente sind magmatische Ströme in etwa 2900 km Tiefe. Diese Ströme sind zu träge und auch zu stark, um von kurzfristigen geologischen oder solaren Ereignissen beeinträchtigt zu werden. Daher hat auch das magnetische Erdfeld und damit auch das magnetische Gittersystem ein gewisses **Beharrungsvermögen**. Dieses Verharrungsvermögen wirkt allen äußeren Einflüssen entgegen. Daher kann man das magnetische Gittersystem auch als **gedämpften harmonischen Oszillator** verstehen.

Dabei verhält sich das System wie im sogenannten „aperiodischen Grenzfall". Die Eigenfrequenz und der Reibungsanteil des Oszillators halten sich hierbei gerade die Waage. Bei einer äußeren Einwirkung auf den Oszillator kommt es zu einer einmaligen Reaktion, in Form eines Ausschlages. Danach kehrt das System dann langsam wieder in seinen Ruhezustand zurück.

Die Gitterwände sind nicht als starr zu betrachten, sondern durch die Schwingungsgrundlage eher als energetische Schwingungszustände bzw. -zonen zu sehen. Und damit sind sie auch in gewissen engen Grenzen variabel.

Die Konsequenz ist: das Gittersystem kann in sich kleine Schwingungen hervorbringen, die sich dann in einer Lageveränderung der Gitterstreifen äußern. Die Gitterstreifen schwingen dabei hin und her. Das gilt in nord-südlicher Richtung als auch in ost-west-licher Richtung. Normalerweise müssten diese Schwingungen aber so klein sein, dass sie vernachlässigbar sind.

Weiterhin ist auch eine leichte Pulsation des gesamten Systems denkbar und damit ist eine leichte Pulsation (in der Breite) der Gitterstreifen gegeben.

Es können daher temporäre oder dauerhafte Phänomene einer lokalen bzw. regionalen Verlagerung von Gitterstreifen auftreten.

Unterirdische Objekte (Bodenschätze, Verwerfungen, Magmablasen) können ebenfalls lokal wie regional zu einer Verlagerung der Gitterstreifen führen. Jedes größere Objekt hat kapazitive (Kunststoffe, Erden) und/oder induktive (Metalle) Eigenschaften, die auf elektrische und/oder magnetische Felder Auswirkung haben.

Es sei hier darauf hingewiesen, das temporäre Vorgänge sowie äußere Einflüsse, die zu einer zeitweiligen Verzerrung des Feldes führen, in dieser Abhandlung nicht berücksichtigt werden.

In dieser Abhandlung wird lediglich der Aufbau und die Struktur von räumlichen Schwingungsgefügen erörtert.

2.0 – Ansatz für ein Schwingungsmodell

Ziel dieses Kapitels ist es eine Beschreibung von mathematischen und physikalischen Grundbedingungen zu liefern, die der Entwicklung einer Gleichung für ein Schwingungsgefüge dienen und damit eine Quantifizierung des Modells erlauben. Der Ansatz erfolgt auf der Basis von **Schwingungen auf bzw. um eine Kugel herum**. Beispiele für Schwingungsmöglichkeiten:

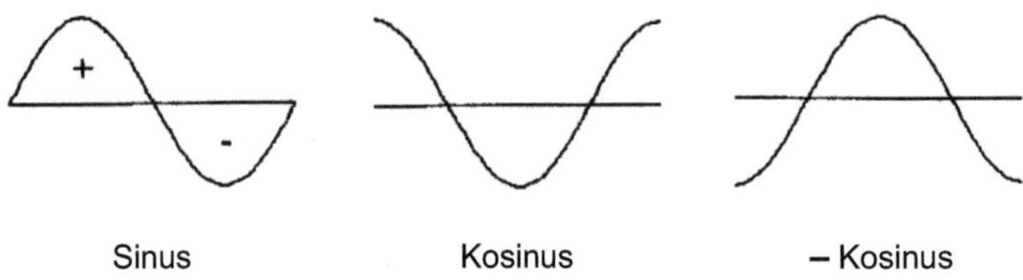

Abbildung 2.0.1 – Schwingungen

Sinus bzw. Kosinus = Schwingung = Welle

Für physikalische Schwingungen gilt:

2.0.1 - Gleichung: $f \cdot \lambda = c$

(Frequenz mal Wellenlänge gleich Lichtgeschwindigkeit) [10]

Wie erhält man Schwingungen um eine Kugel herum? - **Analog** zum **Bohrschen Atommodell**, [11] bei der ein positiv geladener Atomkern von negativ geladenen Elektronen auf geschlossenen Bahnen umkreist werden. Nach dem dänischen Physiker Niels Bohr (*7.Oktober 1885 - †18.November 1962) [12] benannt. De Broglie [13] gilt als einer der bedeutendsten Physiker des 20. Jahrhunderts, für die Entdeckung des Welle-Teilchen-Dualismus. Wenn man nach De Broglie das umlaufende Elektron als geschlossene Welle auffasst: [14]

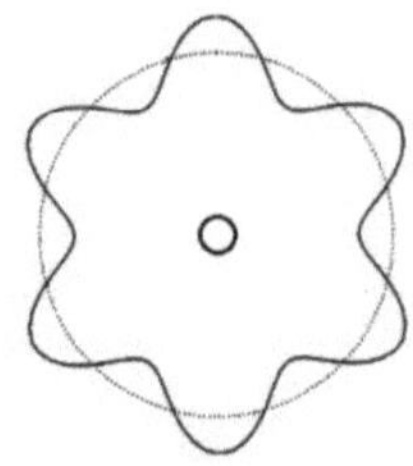

Abbildung 2.0.2 – Schwingungen um eine Kugel

Es passt nur eine **ganzzahlige** Anzahl von Schwingungen um die Kugel herum.

2.0.2 - Gleichung: $\qquad n \cdot \lambda \Leftrightarrow 360° = 2\pi \qquad n \in \mathbb{N}$

Die Wellenlänge ist proportional zum Kreiswinkel Alpha:

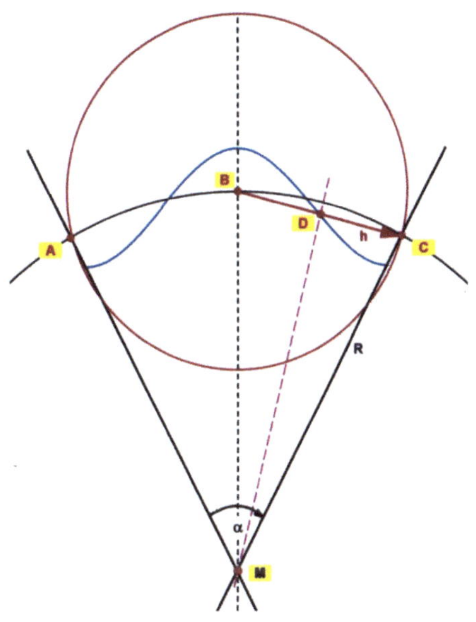

Abbildung 2.0.3 – Wellenlänge und Kreiswinkel

2.0.3 - Gleichung: $\qquad \lambda \Leftrightarrow \alpha$

Bedingung für **n** Schwingungen um eine Kugel:

2.0.4 - Gleichung: $\qquad n \cdot \alpha = 2\pi \qquad\qquad n \in \mathbb{N}$

Rein theoretisch ist noch folgende Form möglich:

2.0.5 - Gleichung: $\qquad n \cdot \alpha = 2\pi \cdot m \qquad\qquad m, n \in \mathbb{N}$

Hier schließt sich der Schwingungskreis nicht schon nach einer Umdrehung, sondern erst mach **m** Umdrehungen.

2.1 – Kugelflächenfunktionen

Eine stehende Welle um eine Kugel lässt sich als stationärer Zustand interpretieren. Damit ist jeder Zustand einer Welle räumlich fixiert. Die Frage ist nun: wie viele Wellen passen auf bzw. um eine Kugel?

In der klassischen Mechanik wird unter Freiheitsgrad die Zahl der frei wählbaren, voneinander unabhängigen Bewegungsmöglichkeiten eines Systems verstanden.
Ein starrer Körper im Raum hat den Freiheitsgrad **f = 6**, da ein Körper in drei, voneinander unabhängige, Richtungen bewegt und in drei, voneinander unabhängigen, Ebenen gedreht werden kann.

Da eine Kugel rotationssymmetrisch ist, spielen Drehungen keine Rolle. Eine Kugel besitzt demnach **3** Freiheiten bezüglich einer Wellenausbreitung. Daher sind drei unabhängige Wellen um die Kugel herum möglich. [15]
Durch die Kugelgestalt bedingt, lassen sich die drei Freiheiten auch als Kugelkoordinaten darstellen.

Beispiel Erde:

1) Eine Schwingung läuft von Nordpol über Südpol wieder zum Nordpol.

2) Die zweite Schwingung läuft um den Äquator herum.

3) Die dritte stehende Welle verläuft radial – vom Mittelpunkt ausgehend.

Für die ersten beiden Beispiele existiert ein mathematisches Konzept, dass sich hier für eine Darstellung eignet, nämlich die **Kugelflächenfunktion**.

Stehende Wellen auf einer Kugeloberfläche können als Kugelflächenfunktionen behandelt werden. Es existieren **3** Arten: [16]

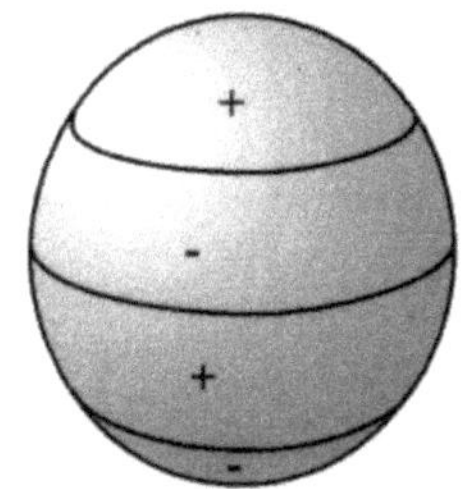

Zonale Kugelflächenfunktionen hängen lediglich vom **Breitengrad** ab.

$\sin\varphi$
$\cos\varphi$

Abbildung 2.1.1 – Zonale Kugelflächenfunktion

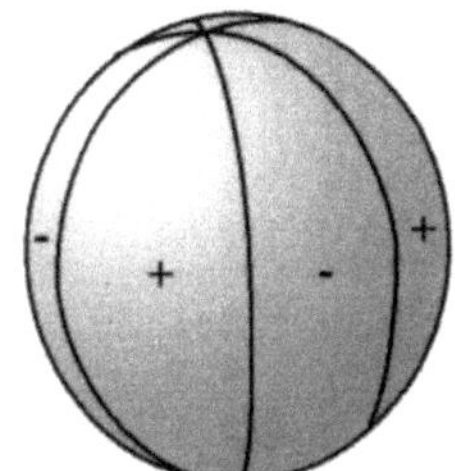

Sektorielle Kugelflächenfunktionen hängen lediglich vom **Längengrad** ab.

$\sin\lambda$
$\cos\lambda$

Abbildung 2.1.2 – Sektorielle Kugelflächenfunktion

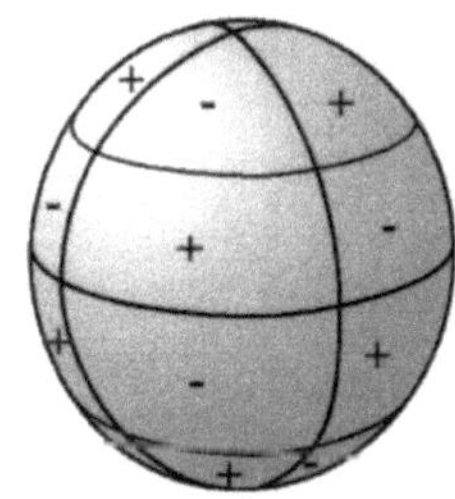

Tesserale Kugelflächenfunktionen hängen vom **Breitengrad** und vom **Längengrad** ab.

$\sin\varphi \cdot \sin\lambda$
$\sin\varphi \cdot \cos\lambda$
$\cos\varphi \cdot \sin\lambda$
$\cos\varphi \cdot \cos\lambda$

Abbildung 2.1.3 – Tesserale Kugelflächenfunktion

2.1.1 - Definition: Tesserale Kugelflächenfunktionen

= Produkt zweier Schwingungen
= 2 senkrecht aufeinander stehende Wellen
= **Gitter**

Ein komplettes streckenmäßig quadratisches Gitter auf einer Kugel lässt sich nicht verwirklichen. Es entstehen lediglich Gittersysteme, die wie das geographische Gittersystem gestaltet sind. Es existieren immer **zwei** Pole. Die zugehörigen „Meridiane" und „Breitenkreise" bilden dann das **Gitter**.

2.2 – Addition und Multiplikation von Schwingungen

Tesserale Kugelflächenfunktionen lassen sich durch zwei Sinus- bzw. Kosinuswellen darstellen, die senkrecht aufeinander stehen und sich additiv oder multiplikativ überlagern.

2.2.1 - Null-Gitter

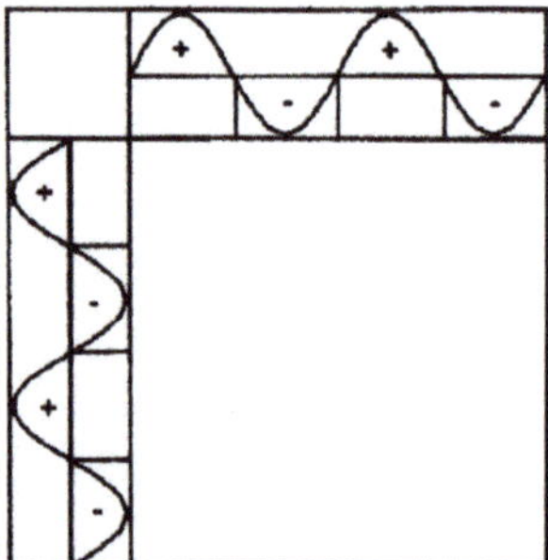
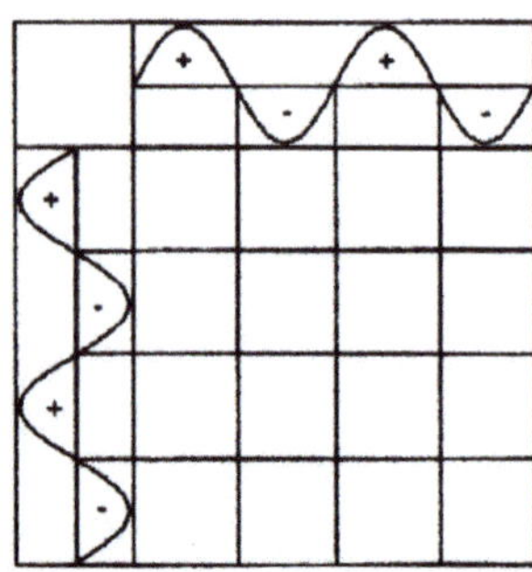

Abbildung 2.2.1 – Nullgitter

Die Nullpunkte der beiden Wellen werden auf die Betrachtungsebene übertragen, wie in Bild 2.2.1 rechts dargestellt. Dies entspricht einer tesseralen Kugelflächenfunktion mit: $G_0 = \sin\alpha \cdot \sin\beta$
Zwei senkrechte Wellen lassen sich dann nach folgenden **qualitativen** Regeln addieren:

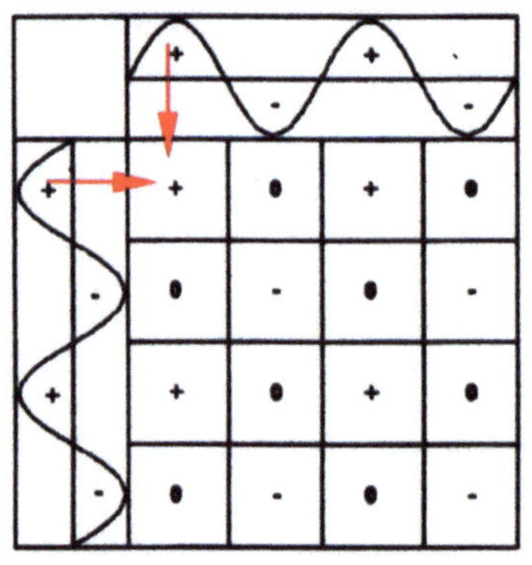

Abbildung 2.2.2 – Multiplikation

2.2.2 - Polbildung:

1) **+ und + ergibt +**
2) **– und – ergibt –**
3) **+ und – ergibt 0**

Wie zu sehen ist, ergeben sich Felder mit verschiedenen Vorzeichen bzw. verschiedenen Zuständen. Es existieren drei Schwingungszustände: **positiv(+), negativ(–), neutral(0)**

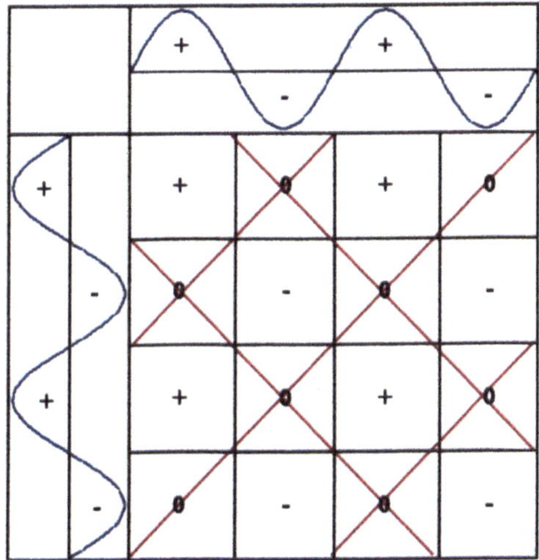

Abbildung 2.2.3 – erzeugtes Gitter

2.2.3 - Gitterbildung:

Auffallend ist, dass alle Nullfelder **diagonal** zueinander liegen.

Verbindet man die **Nullfelder** miteinander, so ergibt sich das nebenstehende Bild.

2.2.4 - Definition: Das (rote) gitterartige Gefüge heißt **Grundfeld** bzw. **Gitter** bzw. **erzeugtes Feld**.
Die (blauen) erzeugenden Wellen heißen dann **Grundschwingungen**.

Für das Grundfeld gilt:
$$G = \sin\alpha + \sin\beta$$

Während der mathematische Begriff der Kugelflächenfunktion nicht nach der Ursache des Schwingungsfeldes fragt, so müssen bei der physikalischen Betrachtung die zugrunde liegenden Wellen mit einbezogen werden.
Dies leistet der Begriff des Grundfeldes. **Das Grundfeld ist durch die Grundschwingungen definiert**.
Die Bezeichnungen **Nullgitter** und **Grundfeld** sind als **physikalische Äquivalente** zum mathematischen Begriff der **tesseralen Kugelflächenfunktion** zu sehen.

Die Addition/Multiplikation der Wellen erfolgt, wie gesehen, zuerst in einer **diskreten** Art und Weise.
Bei einer **kontinuierlichen**, daher punktweisen Addition/Multiplikation zweier senkrecht aufeinander stehender Wellen, ergeben sich Gittermuster, mit abwechselnden Polaritäten der Gitterfelder, wie in Abbildung 2.2.4 dargestellt.

Hier zeigt sich, dass die Feldmaxima und Feldminima in der Mitte der Quadrate **punktförmig** auftreten, während die **Linien aus Nullwerten bestehen**. Die Feldmaxima sind als Hügel zu erkennen, während die Täler durch die Feldminima gebildet werden

Abbildung 2.2.4 – erzeugtes Gitter

Im linken Bild sind, unten links und rechts, die erzeugenden Schwingungen zu erkennen. Gut zu sehen ist auch, dass jeweils **zwei** erzeugte Gitterfelder wiederum eine (erzeugte) Schwingung ergeben.

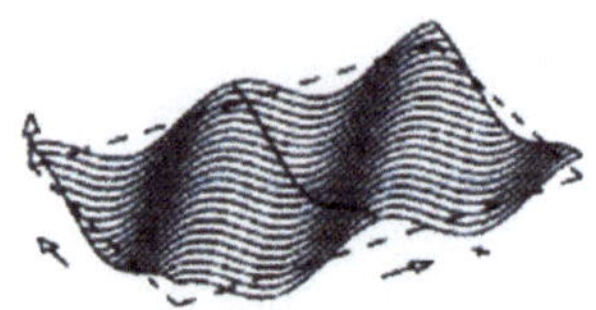
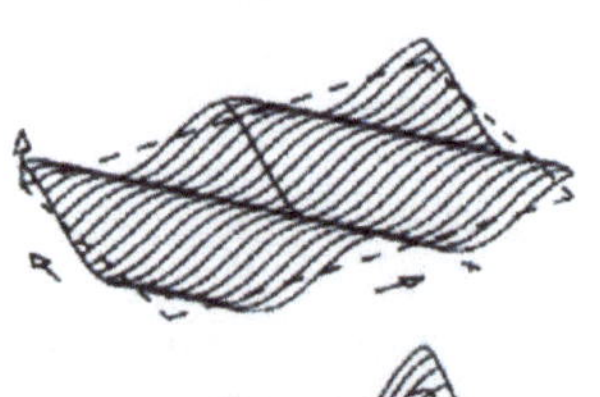
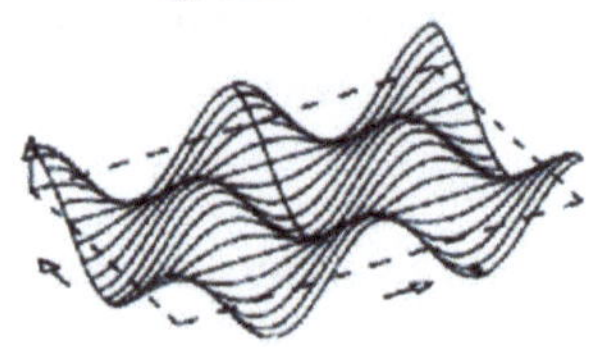

In der nebenstehenden Abbildung ist die Überlagerung noch einmal etwas anders dargestellt.
Zwei senkrecht zueinander verlaufende Wellen ergeben durch Überlagerung das resultierende Wellenmuster.

2.2.5 - Definition: Gitter

= zweidimensionales Schwingungsgefüge

28

Es ist möglich ein zweites Gitter einzuzeichnen, das **Maximalgitter**. Es verbindet die Feldmaxima und Minima, also die Hügelspitzen und die Talsohlen der Abbildung 2.2.4 und stellt den **extremalen** Verlauf des Feldes dar. Dies erlaubt **zwei** Sichtweisen des Gitters:

2.2.6 - Definition:

1) das erzeugte Gitter wird in der Ebene der **Grundschwingungen** beschrieben: $G = \sin\alpha + \sin\beta$
2) Das erzeugte Gitter wird in der **Gitterebene** selber beschrieben: $G = \sin\varphi \cdot \sin\lambda$

Beide Koordinatensysteme unterscheiden sich dadurch, dass sie um **45 Grad** gegeneinander **gedreht** sind.

Zur Illustration:
Ein physikalisches **Analogon** zum Grundfeld bilden die

Chladni-Klangfiguren

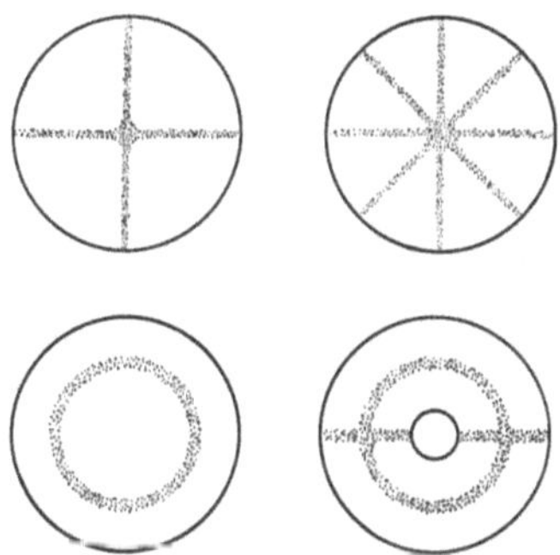

Abbildung 2.2.6 – Chladni-Klangfiguren

Ernst Chladni (*30.November 1756 - †3.April 1827) [17] war ein deutscher Physiker und Astronom. Die nach ihm benannten Klangfiguren veröffentlichte er 1787 in der Schrift "Entdeckungen über die Theorie des Klanges", in der er Klangfiguren darstellte und beschrieb und wie man sie erzeugen kann. Zur Erzeugung der Figuren wird eine Metallplatte mit Sand bestreut und anschließend in Schwingung versetzt. Bei bestimmten Frequenzen, den Eigenfrequenzen der Platte, tritt Resonanz auf und die gesamte Platte beginnt zu schwingen. Dabei bleibt der Sand genau an den Stellen liegen, an denen die Amplitude der Schwingung gleich **Null** ist. [18]

2.3 – Huygensches Prinzip

Nach Kapitel 2.1 besitzt eine Kugel den Freiheitsgrad **f = 3**. Durch die Verwendung von Kugelflächenfunktionen wären schon einmal **2** Freiheiten abgedeckt.
Die dritte Freiheit, also die **radiale** Richtung, fehlt noch. Dazu wird das Verständnis einer physikalischen Darstellung benötigt, mit dem sich die Ausdehnung physikalischer Wellen beschreiben lässt: **das huygensche Prinzip**.
Christiaan Huygens (*14.April 1629 - †8.Juli 1695) [19] war ein niederländischer Astronom, Mathematiker und Physiker. Huygens gilt als einer der führenden Mathematiker und Physiker des 17. Jahrhunderts. Er ist der Begründer der Wellentheorie des Lichts.
Das huygensche Prinzip geht von einer Quelle **S** aus, die gleichförmig Wellenfronten nach allen Seiten hin erzeugt. Um die resultierende Wellenfront im Punkt **P** zu erhalten ist es aber nicht notwendig die gesamte Ausbreitung von **S** aus zu betrachten.
Das **huygensche Prinzip** sagt, dass jeder Punkt (**O**) einer Wellenfront als Ausgangspunkt einer neuen Welle betrachtet werden kann, der sogenannten **Elementarwelle**.
Die Lage der resultierenden Wellenfront in **P** ergibt sich durch Überlagerung (Superposition) sämtlicher Elementarwellen. [20]

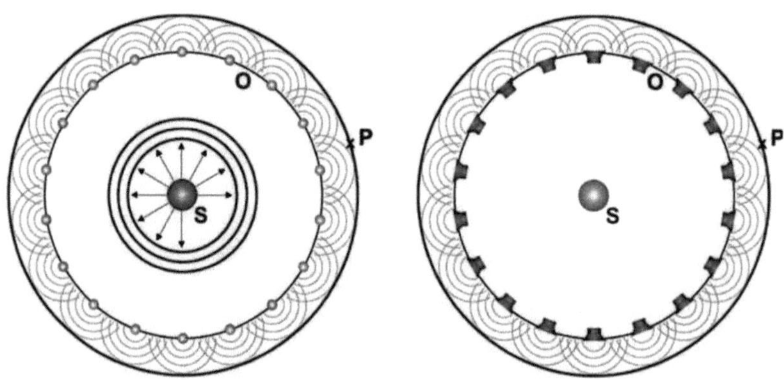

Abbildung 2.3.1 – Huygensches Prinzip

Die Wellenursprünge (O) liefern durch **Superposition** der **Elementarwellen** die resultierende Wellenfront (P).

In **zwei** Dimensionen sind Elementarwellen **kreisförmig**.
In **drei** Dimensionen sind Elementarwellen **kugelförmig**.

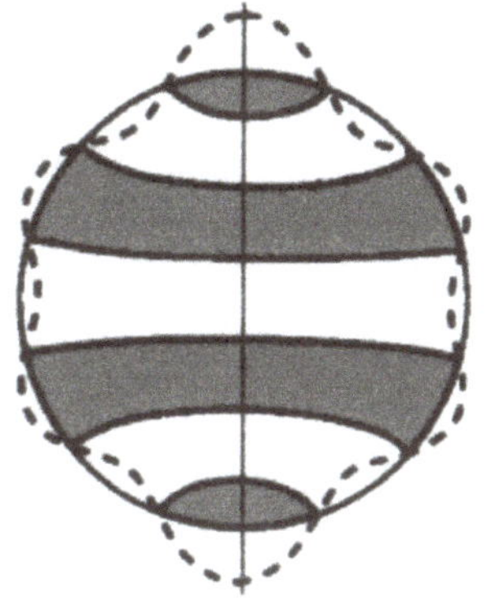

Die Anwendung des huygenschen Prinzips für eine stehende Welle um eine Kugel:

Extremwerte der Welle = Quellen = Wellenursprünge

1 Schwingung = 2 Quellen

Abbildung 2.3.2 – Wellenursprünge

Das folgende Bild zeigt den Schwingungszustand für **eine** Schwingung, nach dem huygenschen Prinzip, mit einem **Maximum** (Wellenberg) als Quelle.

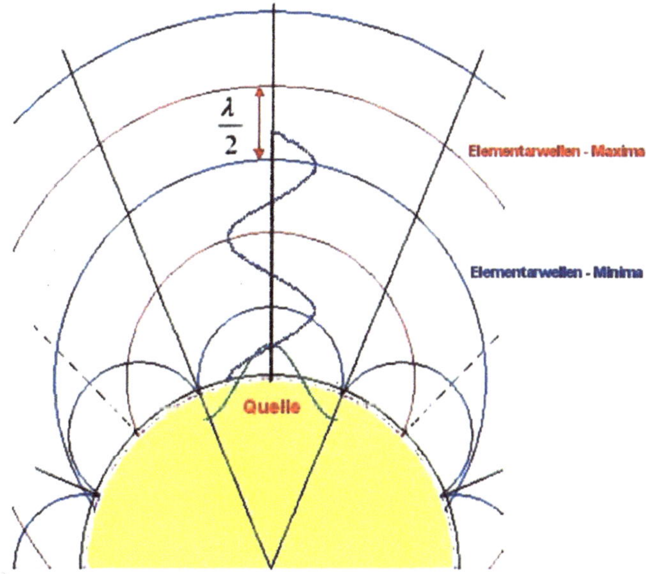

Abbildung 2.3.3 – Elementarwellen

Da eine Welle aus Maxima und Minima besteht, bilden sich die Elementarwellen, als **Minimalfronten** (blau) und **Maximalfronten** (rot). aus. Zwischen den Extremalfronten existieren natürlich auch noch **Nullfronten**.

2.4 – Grundschwingungen

Die bisherigen Betrachtungen erlauben nun eine erste Berechnung für eine Welle, die sich um eine Kugel z.B. die Erde herum aufbaut. Es muss noch berücksichtigt werden, dass die Wellenausbreitung **linear** stattfindet, und **nicht** entlang der gekrümmten Kugeloberfläche.

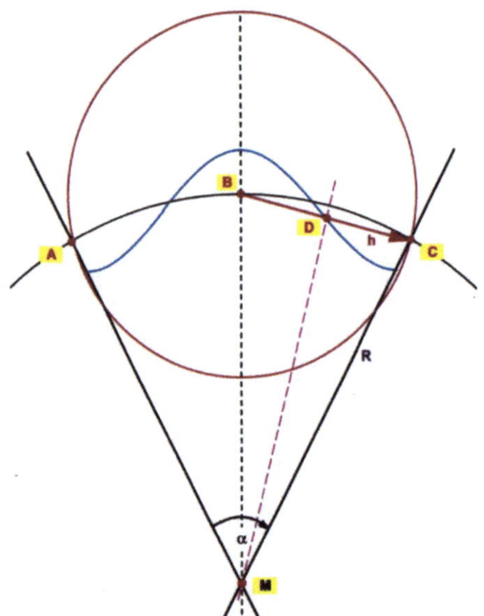

Abbildung 2.4.1 – Wellenausbreitung

Nach dem **Huygenschen Prinzip** dienen die Punkte **A**, **B**, **C**, also die Extremalpunkte, als **Quellpunkte** der stehenden Welle (**blau**)

Elektromagnetische Wellen breiten sich **kugelförmig** von einem Punkt aus. (**rot**)

Wenn Punkt **B** der Ausgangspunkt ist, so entspricht die Strecke **BDC = h** dem Weg der Welle.

Da ein **stationärer** Zustand herrscht, genügt es den Weg der Welle **von einer Quelle zur nächsten Quelle** zu betrachten.

Damit ist
$$h = \frac{\lambda'}{2}$$

Das Dreieck **MCD** im Bild ist rechtwinklig im Punkt **D** und es gilt:

$$\sin\frac{\alpha}{4} = \frac{\frac{h}{2}}{R} = \frac{h}{2R}$$

Umstellen nach **h** ergibt:

$$h = 2R \cdot \sin\frac{\alpha}{4} = 2R \cdot \sin\frac{\pi}{2n} = \frac{\lambda'}{2}$$

Da jetzt alle Größen bekannt sind, kann die Wellenlänge bestimmt werden:

2.4.1 - Gleichung: $\quad \lambda' = 4R \cdot \sin\dfrac{\pi}{2n}$

In der Gleichung steht **R** für den Radius der Erde, **n** für die Anzahl der Schwingungen.

Daraus ergibt sich die **Frequenzgleichung für Grundschwingungen**:

2.4.2 - Gleichung: $\quad \boxed{f = \dfrac{c}{4R \cdot \sin\dfrac{\pi}{2n}}} \qquad n \in N$

Die **Grundfrequenz** ergibt sich für **n = 1**:

2.4.3 - Gleichung:

$$\boxed{f_o = \frac{c}{4R}}$$

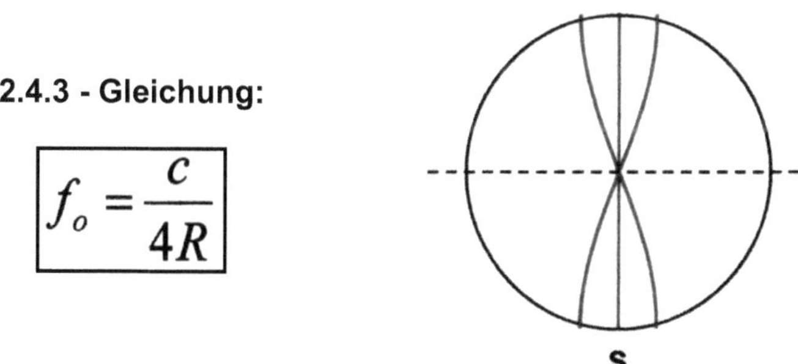

Abbildung 2.4.2 – Grundschwingung

Dies entspricht auch der Schwingung eines Stabes mit freien Enden, dessen Länge gleich dem Durchmesser der Kugel ist.

2.5 – Radiale Struktur

Das Bild zeigt den Schwingungszustand für **n** Schwingungen, wenn das huygensche Prinzip auf alle Quellen angewendet wird. Die Maximalfronten sind **rot**, die Minimalfronten **blau** eingezeichnet.

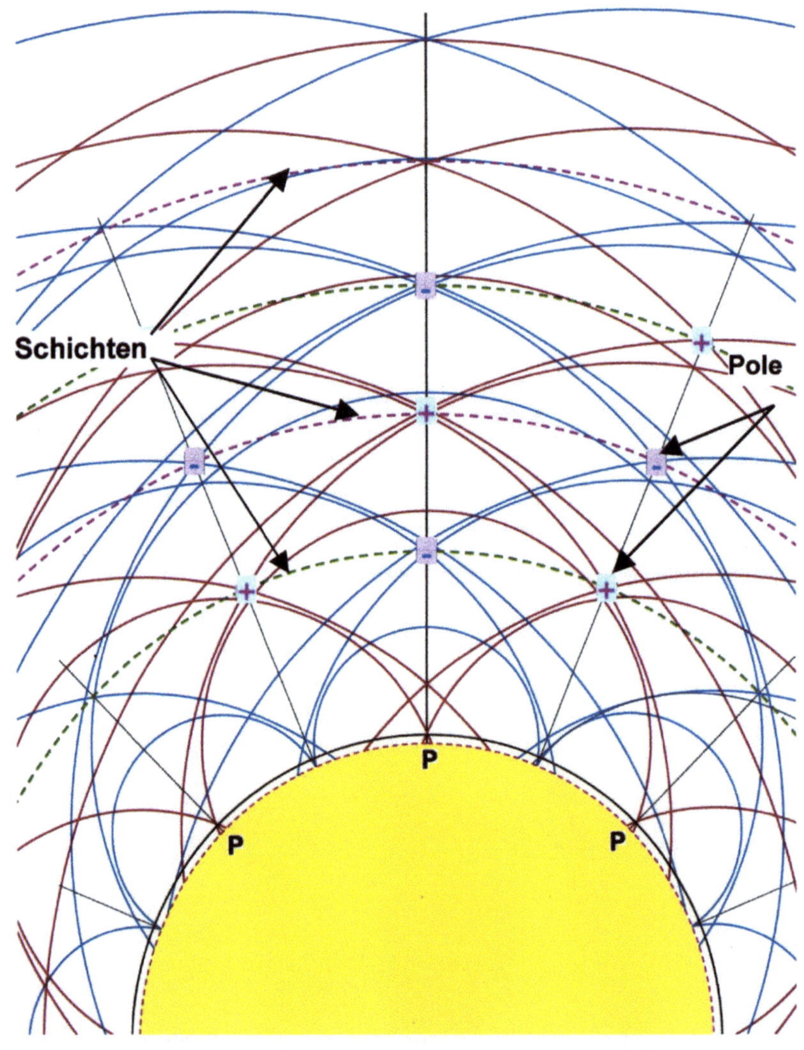

Abbildung 2.5.1 – Superposition von Elementarwellen

2.5.1 – Schalenbildung

Die Superposition der Elementarwellen erfolgt nach den selben Regeln wie in Kapitel 2.2.

2.5.1.1 - Definition: <u>Polbildung</u>

Durch die Superposition der positiven Elementarwellen bilden sich **Plus-Pole.**

Durch die Superposition der negativen Elementarwellen bilden sich **Minus-Pole.**

Durch die Superposition von positiven und negativen Elementarwellen bilden sich **Nullpole.**

2.5.1.2 - Definition: <u>Schichtenbildung</u>

Durch die Superposition der Elementarwellen bilden sich **Pole** (+, −, 0), die auf **konzentrischen Kugelschalen** liegen, die im folgenden **Schichten = L** genannt werden.

2.5.1.3 - Definition: <u>Wandbildung</u>

Zwischen diesen Schichten entstehen **Nullpole**, die ebenfalls auf **konzentrischen Kugelschalen** liegen und im folgenden **Nullwände** genannt werden.

Durch die **Interferenz** verschiedener Wellen entstehen Schwingungsmaxima und Minima bzw. **Schwingungsschichten**, siehe nebenstehende Abbildung 2.5.1, die die Erde **kugelförmig** einhüllen.

Die Schichten, auf denen die Pole liegen, lassen sich berechnen. In der folgenden Ableitung wird ein geometrischer Ansatz zur **Berechnung der Distanz einer Schicht vom Erdmittelpunkt** gewählt.

2.5.2 – Berechnung der Schichten

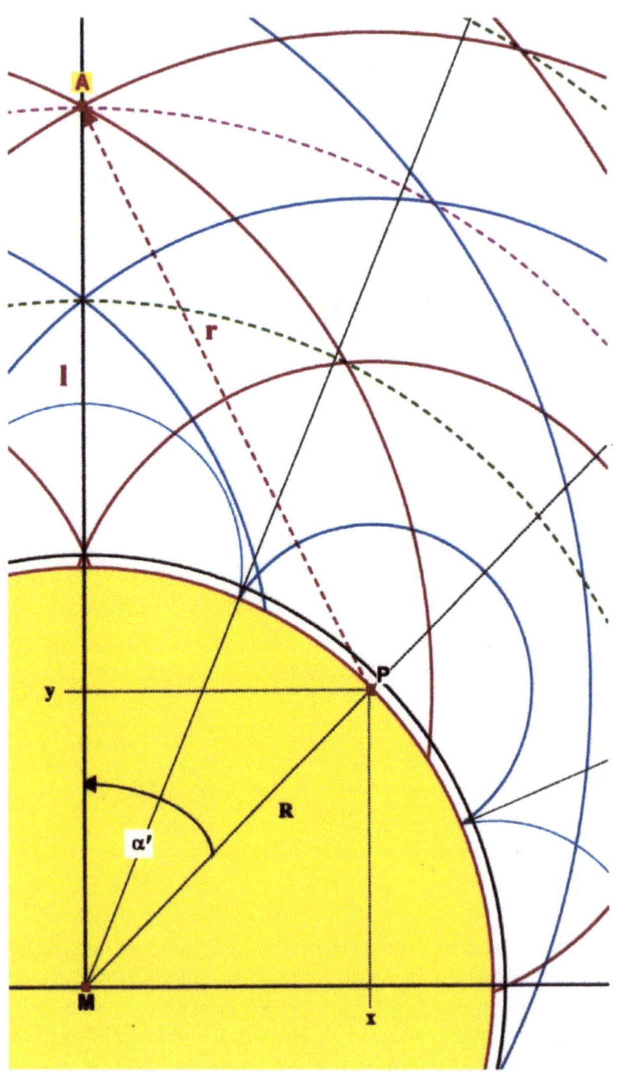

Abbildung 2.5.2.1 – Distanzberechnung der magnetischen Schichten

Zu bestimmen ist also der Mittelpunktabstand **MA = l'** einer magnetischen Schicht.

Für die Strecke **MA** in Abbildung 2.5.2.1 gilt:

$$l' = y + l$$

und

$$l = \sqrt{r^2 - x^2}$$

Es gelten folgende Beziehungen:

$$x = R \cdot \sin \alpha' \qquad \textbf{und} \quad y = R \cdot \cos \alpha'$$

Der Radius der Kugel: **R**

Beruhend auf Kapitel 2 lässt sich jeder Schwingung ein bestimmter Winkel α zuordnen:

Für den Grundwinkel gilt: $\alpha = \dfrac{2\pi}{n}$ **mit** $n \in N_0$

n ist die Anzahl der Schwingungen um den Umfang herum. (Alternativ wäre hier auch die Anwendung von Gleichung 2.0.5 möglich.)

Der Abstand von einem Quellpunkt des Feldes zum nächsten beträgt die Hälfte des Winkels Alpha. Berücksichtigt man alle Quellpunkte, so treten diese in ganzzahligen Vielfachen des halben Grundwinkels auf. Es gilt also:

Vielfache des Winkels:

$$\alpha' = m \cdot \frac{\alpha}{2} \qquad \textbf{mit} \quad m \in N_0 \quad \textbf{und} \quad m \leq n$$

In der nebenstehenden Abbildung gilt für den Quellpunkt **P: m = 2**

Die Strecke **PA = r** entspricht dem Weg den die Welle zurücklegt. Vom Quellpunkt **P** ausgehend bis zu der Schwingungsschicht (Punkt **A**), die zu bestimmen ist.
Durch den stationären Zustand bedingt, entstehen Maximal- und Minimalfronten, die sich kugelförmig um den Quellpunkt, in regelmäßigen Abständen ausbilden.
Nach Kapitel 2 entspricht jeweils ein Abstand der halben Wellenlänge. Daher ist der Weg der Welle, bis zur Schwingungsschicht, stets ein ganzzahliges Vielfaches der halben Wellenlänge:

Die von der Welle
zurückgelegte Strecke: $\quad r = k \cdot \dfrac{\lambda}{2} \quad$ **mit** $\quad k \in N_0$

In Abbildung 2.5.2 gilt für den Wellenweg **PA: k = 4**

Für die Wellenlänge gilt: $\quad \lambda = 4R \cdot \sin \dfrac{\pi}{2n} = 4R \cdot \sin \dfrac{\alpha}{4}$

Einsetzen aller behandelten Terme in die Gleichung für l' führt zu folgendem Ergebnis:

2.5.2.1 - Gleichung:

$$l' = R \cdot \left(\cos \alpha' + \sqrt{4k^2 \cdot \sin^2 \dfrac{\alpha}{4} - \sin^2 \alpha'} \right)$$

Werden Alpha und Alpha strich noch durch die entsprechenden Terme aus den vorherigen Betrachtungen ersetzt, so entsteht die folgende **Schichtengleichung**:

2.5.2.2 - Gleichung:

$$\boxed{\, L = R \cdot \left(\cos \dfrac{m\pi}{n} + \sqrt{4k^2 \cdot \sin^2 \dfrac{\pi}{2n} - \sin^2 \dfrac{m\pi}{n}} \right) \,} \quad n,m,k \in N$$

R = Radius der Kugel
n = Anzahl der Schwingungen
m = Anzahl der Quellen – aus Symmetriegründen $1 \leq m \leq n \in N$
k = Anzahl der halben Grundwellenlänge, um eine Schicht zu erreichen

n, m, k sind ganzzahlige Parameter die, bei sukzezziver Anwendung, eine Tabelle von Schichten **L** liefern.

2.5.2.3 - Satz: Mit dem Radius R der Kugel sind auch alle möglichen Schichten L gegeben.

2.5.2.4 - Definition:

Es ergibt sich diese **vereinfachte Sicht des resultierenden Feldes:**

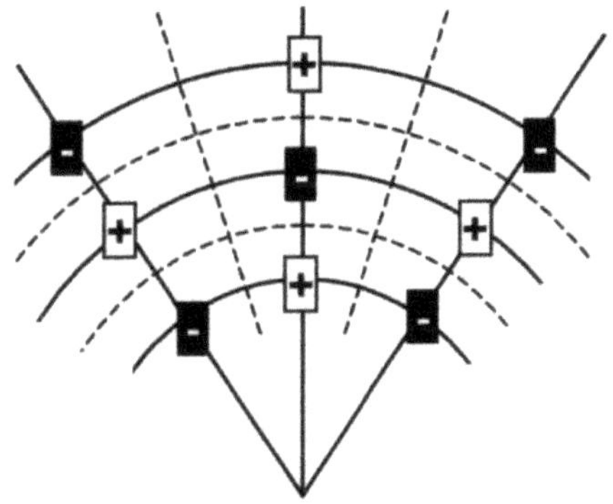

Abbildung 2.5.2.4.1 – Gitterbildung

Durchgezogene Linien = Extremal-Linien = Pol-Schichten
Gestrichelte Linien   = Null-Linien   = Nullwände

Es existieren **zwei** Betrachtungsmöglichkeiten:

2.5.2.5 - Satz: Die **Pole** bilden ein gitterförmiges **radiales Schichtensystem.**

Die Polschichten sind **stationäre Extremalzustände.**

Betrachtet man zwei direkt übereinander liegende Polschichten, so besitzen diese Schichten stets eine **gegenphasige** Ordnung der Pole zueinander.

2.5.2.6 - Satz: Die **Nullwände** bilden ein gitterförmiges, radiales **Schichtensystem.**

Die **Pole** liegen im Mittelpunkt, des jeweils **einhüllenden** Null-Feldes.

2.5.3 – Normierung

Die Schichten, auf denen die Pole liegen, lassen sich durch die Schichtengleichung 2.5.2.2 folgendermaßen berechnen:

$$L = R \cdot \left(\cos\frac{m\pi}{n} + \sqrt{4k^2 \cdot \sin^2\frac{\pi}{2n} - \sin^2\frac{m\pi}{n}} \right) \qquad n,m,k = 1,2,3,4,\ldots$$

n, m, k sind ganzzahlige Parameter die, bei sukzezziver Anwendung, eine Tabelle von Schichten **L** liefern. Mit dem Radius **R** der Kugel sind auch alle möglichen Schichten **L** gegeben.

Wenn **R = 1** gesetzt wird ist eine **Normierung** der Schichtentabelle möglich.

2.5.3.1 - Normiertes Schichtungsgefüge

n	m	k=1	2	3	4	5	6	7	8
1	1	1	3	5	7	9	11	13	15
1	2	3	5	7	9	11	13	15	17
2	1	1	$\sqrt{7}$	$\sqrt{17}$	$\sqrt{31}$	7	$\sqrt{71}$	$\sqrt{97}$	$\sqrt{127}$
2	2	$\sqrt{2}-1$	$2\sqrt{2}-1$	$3\sqrt{2}-1$	$4\sqrt{2}-1$	$5\sqrt{2}-1$	$6\sqrt{2}-1$	$7\sqrt{2}-1$	$8\sqrt{}-1$
2	3	1	$\sqrt{7}$	$\sqrt{17}$	$\sqrt{31}$	7	$\sqrt{71}$	$\sqrt{97}$	$\sqrt{127}$
2	4	$\sqrt{2}+1$	$2\sqrt{2}+1$	$3\sqrt{2}+1$	$4\sqrt{2}+1$	$5\sqrt{2}+1$	$6\sqrt{2}+1$	$7\sqrt{2}+1$	$8\sqrt{2}+1$

Auf dem **Cover** dieses Buches ist ein normiertes Schichtungsgefüge abgebildet. Deutlich ist zu erkennen, dass die Verteilung der Kreise nicht gleichmäßig ist. Es bilden sich Häufungen und auch Lücken.

2.5.3.2 - Allgemeines normiertes Schichtungsgefüge

	k	L(k)
n	**m**	
1	1	$2k-1$
1	2	$2k+1$
2	1	$\sqrt{(2k^2-1)}$
2	2	$k\sqrt{2}-1$
2	3	$\sqrt{(2k^2-1)}$
2	4	$1+k\sqrt{2}$
3	1	$\frac{1}{2}+\sqrt{(k^2-\frac{3}{4})}$
3	2	$-\frac{1}{2}+\sqrt{(k^2-\frac{3}{4})}$
3	3	$k-1$
4	1	$\frac{1}{2}\sqrt{2}+\sqrt{(k^2(2-\sqrt{2})-\frac{1}{2})}$
4	2	$\sqrt{(k^2(2-\sqrt{2})-1)}$
4	3	$-\frac{1}{2}\sqrt{2}+\sqrt{(k^2(2-\sqrt{2})-\frac{1}{2})}$
4	4	$k\sqrt{(2-\sqrt{2})}-1$
5	5	$\frac{1}{2}(\sqrt{5}-1)k-1$
6	1	$\frac{1}{2}\sqrt{3}+\sqrt{(k^2(2-\sqrt{3})-\frac{1}{4})}$
6	2	$\frac{1}{2}+\sqrt{(k^2(2-\sqrt{3})-\frac{3}{4})}$
6	3	$\sqrt{(k^2(2-\sqrt{3})-1)}$
6	6	$k\sqrt{(2--\sqrt{3})}-1$

2.6 – Radiale stehende Wellen

Die erzeugten Schichten **L** bilden eine **radiale stehende Welle**.

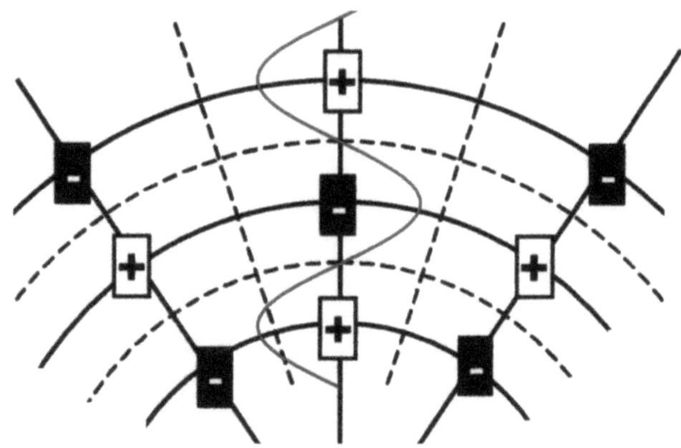

Abbildung 2.6.1 – Radiale Welle

Die resultierenden Schichtfrequenzen bzw. Wellenlängen können berechnet werden:

2.6.1 - Gleichung:

$$\lambda_n = L_{n+2} - L_n$$

Jede erzeugte Schicht **L** kann ebenfalls als **radiale stehende Welle** verstanden werden.

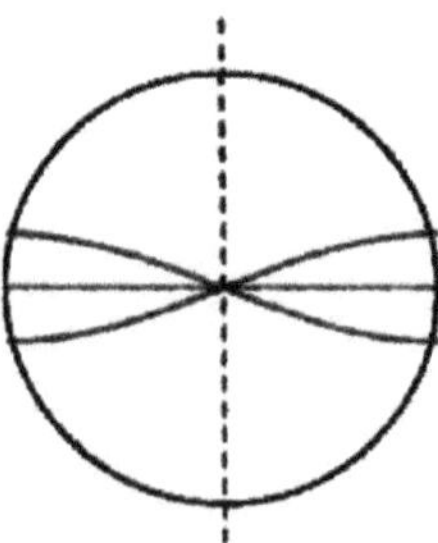

Abbildung 2.6.2 – Radiale Grundwelle

Die Schwingungsbäuche, also die Schwingungs-Maxima, befinden sich stets auf den Schalen, wie schon in Kapitel 2.4 bei der Grundfrequenz gezeigt.

Zu dieser Grundschwingung kommen noch entsprechende Oberwellen hinzu:

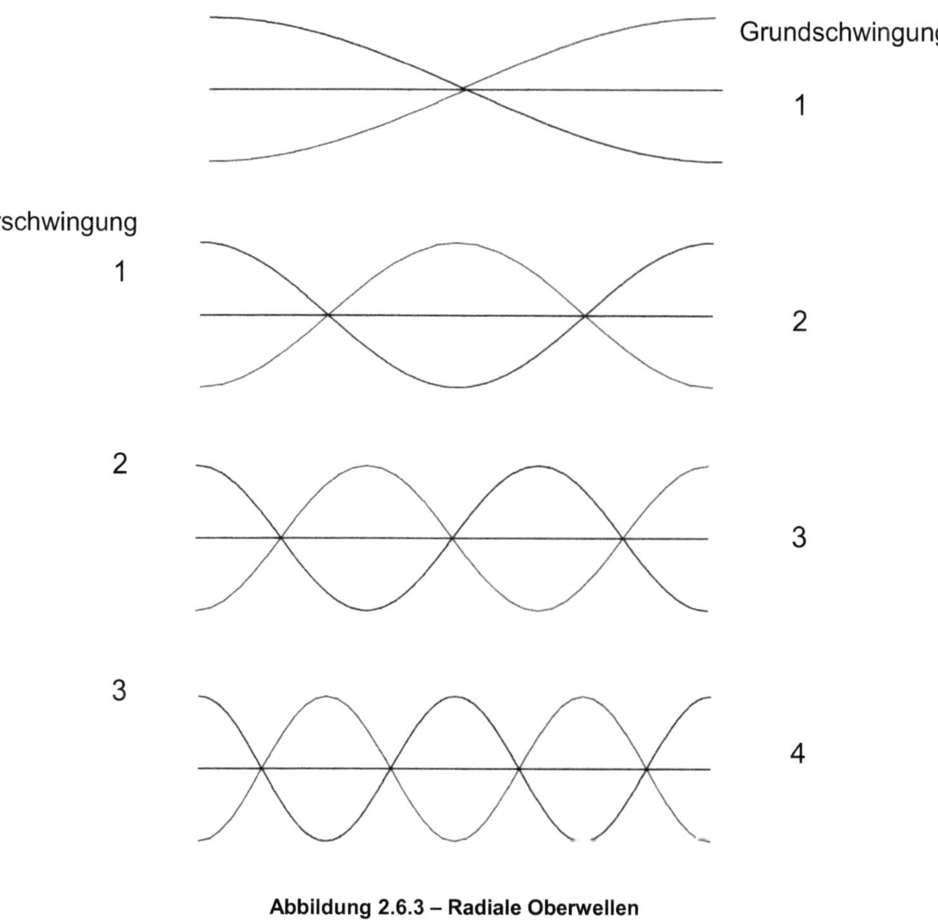

Abbildung 2.6.3 – Radiale Oberwellen

2.6.2 - Gleichung:
$$\lambda_n = \frac{4L}{n}$$
$n \in \mathbb{N}$

2.6.3 - Satz: **Die radialen Schichten sind stationäre Extremalzustände und bilden radiale stehende Wellen.**

2.7 – Schichtungsgefüge

Eine stehende Welle auf einer Kugel erzeugt ein **rotationssymmetrisches**, räumliches Gefüge:

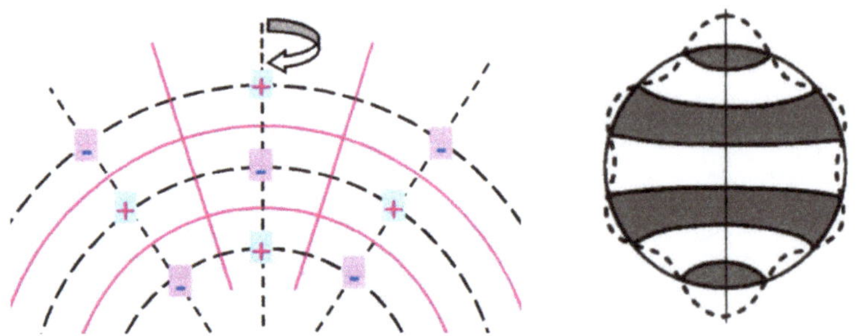

Abbildung 2.7.1 – Rotationssymmetrie

2.7.1 - Satz: Die Pole liegen kreisförmig auf konzentrischen Kugelschalen.

2.7.2 - Satz: Die Null-Flächen bilden konzentrische Kegel und konzentrische Kugelschalen.

Die konzentrischen Kegel aus Nullflächen besitzen eine erstaunliche Ähnlichkeit zu Konfigurationen aus dem Orbitalmodell. (siehe dazu 2.11.2)

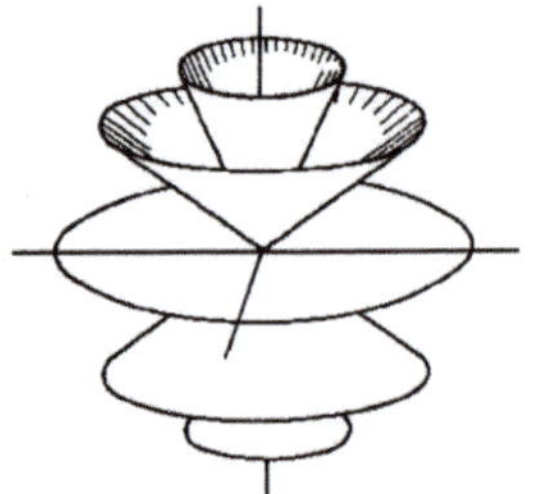

Abbildung 2.7.2 – Nullflächen

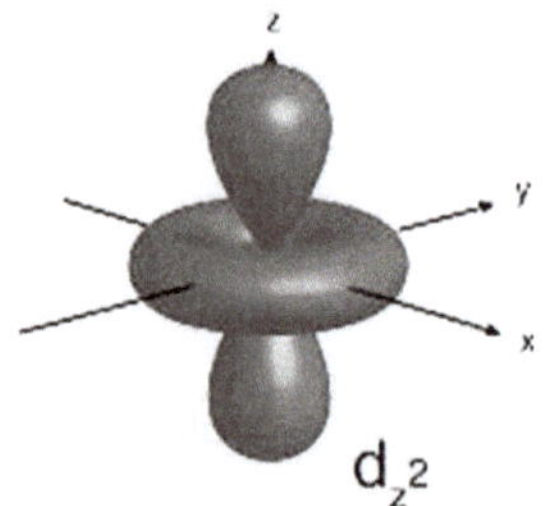

Abbildung 2.7.3 – Atomorbital

Gemeinsam besitzen diese Schwingungsfiguren noch die Eigenschaft, dass sie rotationssymmetrisch sind.

2.7.1 - Definition: <u>Schichtungsgefüge</u>

= von einer stehenden Welle erzeugte radiale Schichtungsstruktur

2.8 – Raum-Gitter

Zwei stehende Wellen auf einer Kugel erzeugen ein radiales, gitterförmiges Gefüge:

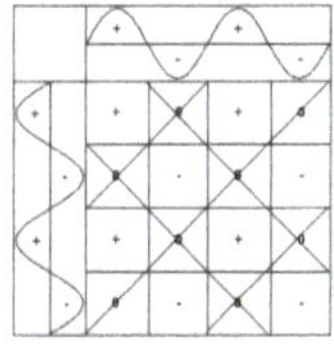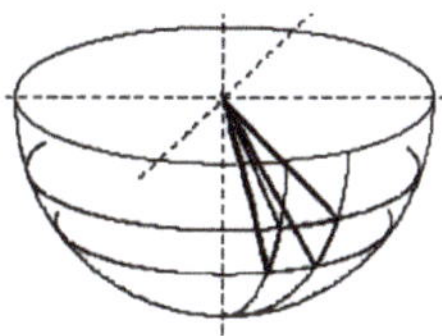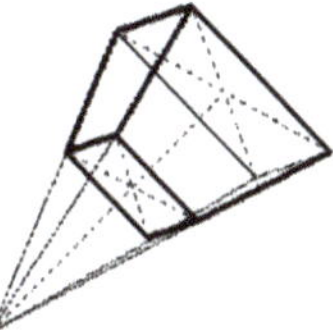

Abbildung 2.8.1 – Räumliches Gitter

2.8.1 - Definition: **Raum-Gitter**

= von zwei stehenden Wellen erzeugtes radiales Schichtungsgefüge

Es ergeben sich **zwei** Betrachtungsmöglichkeiten:

2.8.2 - Definition:

Die **Nullflächen** bilden die Wände eines gitterförmigen und radialen Schwingungssystems im folgenden **Nullgitter** genannt.

Die **Pole** liegen im Mittelpunkt des jeweils **einhüllenden** Null-Quaders.

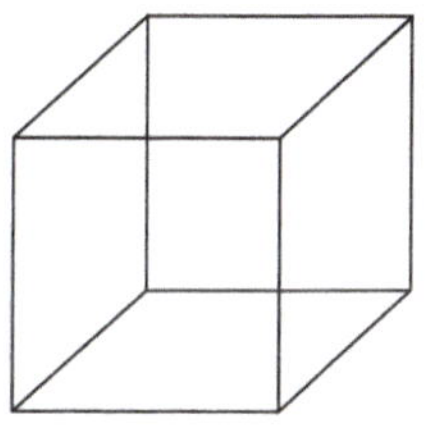

Abbildung 2.8.2 – Nullquader

2.8.3 - Definition:

Die **Pole** bilden ebenfalls ein gitterförmiges, radiales Schwingungssystem, **ähnlich einem molekularem Gitter** (z.B. NaCl) im folgenden **Polgitter** genannt.

Die **Polverbindungen** verhalten sich wie Stäbe, die an beiden Enden frei schwingen.

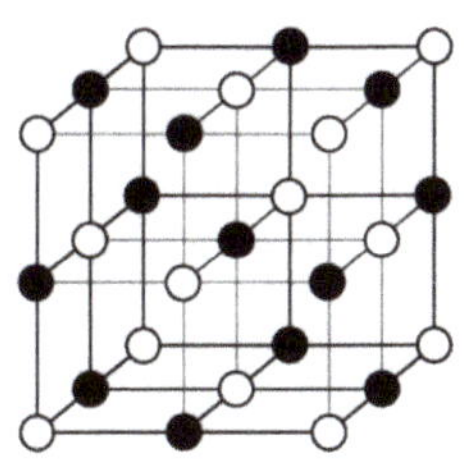

Abbildung 2.8.3 – Polgitter

2.9 – Räumliches Schwingungsgefüge

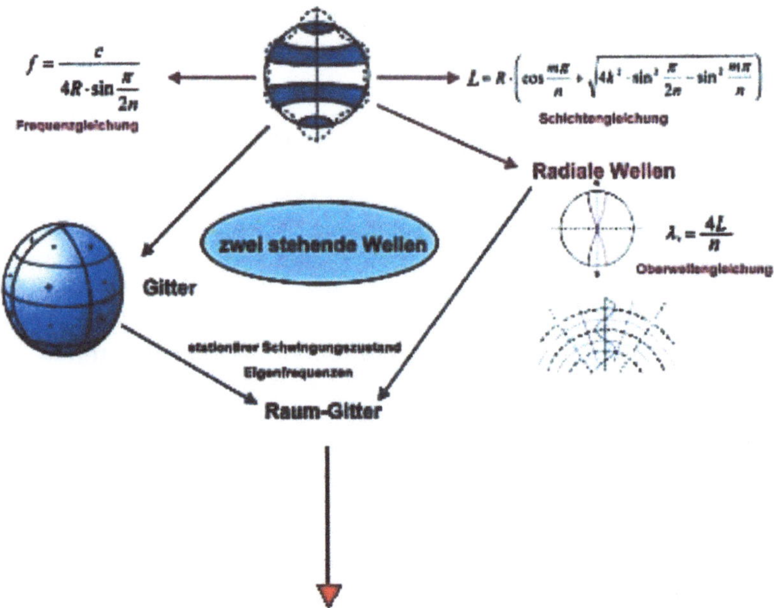

2.9.1 - Definition: räumliches Schwingungsgefüge

= **Summe** aller **möglichen Raum-Gitter auf einer Kugel**

Konsequenz:

Es ist nur **1** stehende Welle notwendig, um eine räumliche **Schichtungsstruktur** zu erzeugen.

Es sind **2** stehende Wellen notwendig, um eine räumliche **Schwingungsstruktur** zu erzeugen.

2.10 – Globalnetzgitter

Mit den Definitionen zum Raumgitter und zum Schwingungsgefüge kann man den Begriff des **Globalnetzgitter** (GNG) einführen. Allgemein lässt sich folgendermaßen definieren:

2.10.1 - Definition: <u>Globalnetzgitter</u>

= Summe von Raum-Gittern

Die beteiligten Raum-Gitter bilden dabei, in der Regel, **harmonikale** Verhältnisse. Darunter versteht man ganzrationale Zahlen bzw. Zahlen in Bruchdarstellung. Der Begriff Harmonik entstammt der Musik und meint den harmonischen Zusammenklang der Töne.

Beispiel:

Wenn ein beliebig gewählter Grundton als **1** angesetzt wird, ergibt sich die Terz mit **5:4** und die Quinte mit **3:2**. Alle drei Töne ergeben dann zusammen, die als **Dreiklang** bekannte Tonkombination. Somit stellen die Zahlen **1** und **5/4** sowie **3/2 harmonikale Verhältnisse** dar.

2.10.2 - Satz: Schwingungsgefüge

= Summe von Globalnetzgitter

Bemerkung:

Wenn Gitter durch harmonikale Verhältnisse miteinander in Beziehung stehen, existieren in der Regel **Kürzungsfaktoren**.
Geometrisch gesehen entstehen dadurch **Überlappungen** der Gitterwände bzw. Gitterlinien. Es bedeutet, dass einige Gitterwände bzw. Gitterlinien, von mindestens zwei Raumgittern, zusammen fallen.
Eine Überlappung der Gitter gehört dann zur Natur des Systems.

2.11 – Allgemeiner Ansatz

Mit der Konstruktion des räumlichen Schwingungsgefüges steht ein mathematisch/physikalisches Modell zur Verfügung, dass es ermöglicht, Strukturen der Erde auf einer Schwingungsbasis zu erklären. Die Frage ist:
Wie lautet ein allgemein möglicher Ansatz für ein Schwingungsgefüge? Die Antwort liefert die Laplace-Gleichung.
Pierre-Simon (Marquis de) Laplace (28.03.1749 bis 05.03.1827) [21] war ein französischer Mathematiker, Physiker und Astronom. Er arbeitete unter anderem auf den Gebieten der Wahrscheinlichkeitstheorie und der Differentialgleichungen.
Laplace war immer mehr Physiker als Mathematiker. Die Mathematik diente ihm nur als Werkzeug. Heute sind die mathematischen Verfahren, die Laplace entwickelte und anwandte, wichtiger geworden als sein eigentliches astronomisches Werk.
Die wichtigsten mathematischen Werkzeuge sind der **Laplace-Operator**, **die Laplace-Gleichung**, **der Laplacesche Entwicklungssatz, sowie die Laplace-Transformation**.
Der Laplace-Operator **Δ** (Nabla) ist ein mathematischer Operator, d.h. es handelt sich hier um eine allgemeine mathematische Vorschrift (Rechenweg). Der Laplace-Operator ist ein **vektorieller Differentialoperator**, innerhalb der mehrdimensionalen Analysis. [22]
Der Laplace-Operator tritt beispielsweise in der Laplace-Gleichung auf. Zweimal stetig differenzierbare Lösungen dieser Gleichung heißen **harmonische Funktionen**. Für die Laplace-Gleichung gilt:

Gleichung 2.11.01: $\quad \Delta f = 0 \qquad$ gelesen: Nabla f gleich Null

In kartesischen Koordinaten (x, y, z) ausgedrückt:

Gleichung 2.11.02: $\quad \Delta f = \dfrac{\partial^2 f}{\partial x^2} + \dfrac{\partial^2 f}{\partial y^2} + \dfrac{\partial^2 f}{\partial z^2} = 0$

In nur einer Dimension gilt dann:

Gleichung 2.11.03: $\quad \dfrac{d^2 f}{dr^2} = 0$

Das ist auch die Gleichung für einen harmonischen Oszillator, z.B. ein Pendel, oder eine Feder ohne Reibung.

Die Laplace-Gleichung stellt somit eine mathematische Formel zur Beschreibung von **Schwingungsphänomenen im Raum** dar.

Der allgemein übliche Ansatz für eine Lösung mit einer zentralen Konfiguration besteht darin, die kartesischen Koordinaten **(x, y, z)** in Kugelkoordinaten **(λ, φ, r)** zu transformieren.

Dann wird die gesamte Funktion in zwei Teilfunktionen zerlegt. Wobei eine Funktion den **Winkelanteil** und die andere Funktion den **Radialanteil** enthält.

Der allgemeine Ansatz für eine Lösungsfunktion der Laplace-Gleichung, in Kugelkoordinaten, sieht dann so aus:

Gleichung 2.11.04:
$$f(r,\lambda,\varphi) = \sum R(r) \cdot Y(\lambda,\varphi)$$

Die beiden Teilfunktionen **R** und **Y** lassen sich jeweils **einzeln** lösen.

2.11.1 – Winkelanteil

Für den Winkelanteil wird allgemein folgende Lösungsfunktion angegeben:

Gleichung 2.11.1.1:
$$Y(\lambda,\varphi) = \frac{1}{\sqrt{2\pi}} \cdot N_m \cdot P_m \cdot \cos\lambda \cdot e^{im\varphi}$$

Das sind die Kugelflächenfunktionen in komplexer Schreibweise.

Es gilt die Euler-Gleichung:

$$e^{im\varphi} = \cos(m\varphi) + i{\cdot}\sin(m\varphi)$$

Die N_m und P_m sind die sogenannten **Legendre-Polynome**, die sich in unserer Betrachtung aber wie **Konstanten** handhaben lassen.

Also gilt insgesamt:

$$Y(\lambda,\varphi) = \frac{1}{\sqrt{2\pi}} \cdot N_m \cdot P_m \cdot \cos\lambda \cdot \left(\cos m\varphi + i \cdot \sin m\varphi\right)$$

Multipliziert man die Klammer aus so ergibt sich:

$$Y(\lambda,\varphi) = \frac{1}{\sqrt{2\pi}} \cdot N_m \cdot P_m \cdot [\cos\lambda \cdot \cos m\varphi + i \cdot \cos\lambda \cdot \sin m\varphi]$$

Hier erkennt man wieder die multiplikativ verbundenen Sinus- und Kosinusfunktionen, also **tesserale Kugelflächenfunktionen** bzw. **Gitter**. Hier nur mit einem realen und einem imaginären Anteil versehen, also eine komplexe Funktion, als **allgemeine Lösung des Winkelanteils der Laplace-Gleichung**.

2.11.2 – Radialanteil

Für den Radialanteil gilt allgemein als eine mögliche Lösung:

Gleichung 2.11.2.1: $R(r) = A \cdot e^{-kr} + B \cdot e^{kr}$

Wobei hier auch **nur eine** der additativen Komponenten als Lösung auftauchen kann. Was von den jeweiligen Randbedingungen abhängig ist.
Wie noch zu sehen ist, gehorcht auch das Erdschwingungsgefüge, mit seinem Radialanteil, der Laplace-Gleichung.

Die radiale Gleichung bzw. der Ansatz auf **atomare** Konfigurationen angewendet führt zur **Schrödinger-Gleichung.** [23]
Erwin Schrödinger (*12.August 1887 - †4.Januar 1961) [24] war ein österreichischer Physiker und Wissenschaftstheoretiker. Schrödinger gilt als einer der Begründer der Quantenmechanik.
Das Verhalten von quantenmechanischen Teilchen wird durch die sogenannte Wellenfunktion beschrieben. Die Wellenfunktion wird als mathematische Lösung der Schrödinger-Gleichung gewonnen.
Allen Wellengleichungen ist gemeinsam, dass mit der Welle Energie in eine Richtung transportiert wird.
In einer Teilchenwelle der Schrödinger-Gleichung wird aber nicht nur Energie transportiert, sondern auch ein Teilchen, z.B. ein Elektron.
Wie alle anderen Wellen hat eine Teilchenwelle zwei Komponenten, die mathematisch meist als Real- und Imaginärteil einer komplexen Funktion angegeben wird.
Nach der Kopenhagener Deutung oder Wahrscheinlichkeitsinterpretation geben beide Anteile der Schrödinger-Gleichung gemeinsam die Wahrscheinlichkeit an, mit der das Teilchen anzutreffen ist. Wo

einer oder beide Anteile groß sind, ist das Teilchen mit großer Wahrscheinlichkeit zu finden. Wo beide Anteile Null sind, ist das Teilchen garantiert nicht vorhanden. Die Lösung der Schrödinger-Gleichung liefert also Wahrscheinlichkeiten für den Aufenthalt der Teilchen. Daraus entwickeln sich die sogenannten **Orbitale**, [25] so wie sie in der Chemie benutzt werden.

Da sowohl im Atommodell, als auch die in diesem Buch entwickelten Schwingungs- und Schichtungsgefüge, als Grundlage Schwingungen um ein Zentrum benutzen (siehe Kapitel 2.0), sollte es also nicht verwundern, wenn Übereinstimmungen in den Schwingungsfiguren existieren, wie in den Abbildungen 2.7.2 und 2.7.3 dargestellt.

Erstaunlich ist doch die große Ähnlichkeit, da in das Atommodell ja noch eine Reihe von physikalischen Größen wie Zentrifugalpotenzial, Coulombpotenzial und quantenmechanischer Drehimpuls eingehen.

Diese Größen bestimmen die Randbedingungen der zugrunde liegenden Differentialgleichung und erschaffen so erst die charakteristischen Figuren der Orbitale.

2.11.3 – Allgemeines

Eine Funktion die eine Lösung der Laplace-Gleichung darstellt besitzt stets zwei Eigenschaften:

1)   Sie ist zweimal stetig differenzierbar.

2)   Ihre zweite Ableitung ist gleich der Ursprungsfunktion, multipliziert mit einer Konstanten.

Allgemein lässt sich das für den Radialanteil so formulieren:

Gleichung 2.11.3.1: $$\frac{d^2 f}{dr^2} = k^2 \cdot f$$

Das gilt natürlich auch für den Winkelanteil.

Mit der Konsequenz, dass als Lösungsfunktionen für die Laplace-Gleichung praktisch nur noch **Winkelfunktionen** und **e-Funktionen** in Betracht zu ziehen sind.

Teil 2 – Anwendungen 1

In Teil 1 wurde eine mathematische und physikalische Grundlage entwickelt, um die Schwingungsstrukturen der Erde erklären zu können.

Das entwickelte Modell erlaubt jede Art von Schwingungsübertragung zu berechnen, solange diese die Grenzen der Lichtgeschwindigkeit nicht überschreiten.

Im Folgenden wird das Modell auf die geologischen Schalen und die Schichten der Atmosphäre angewendet.

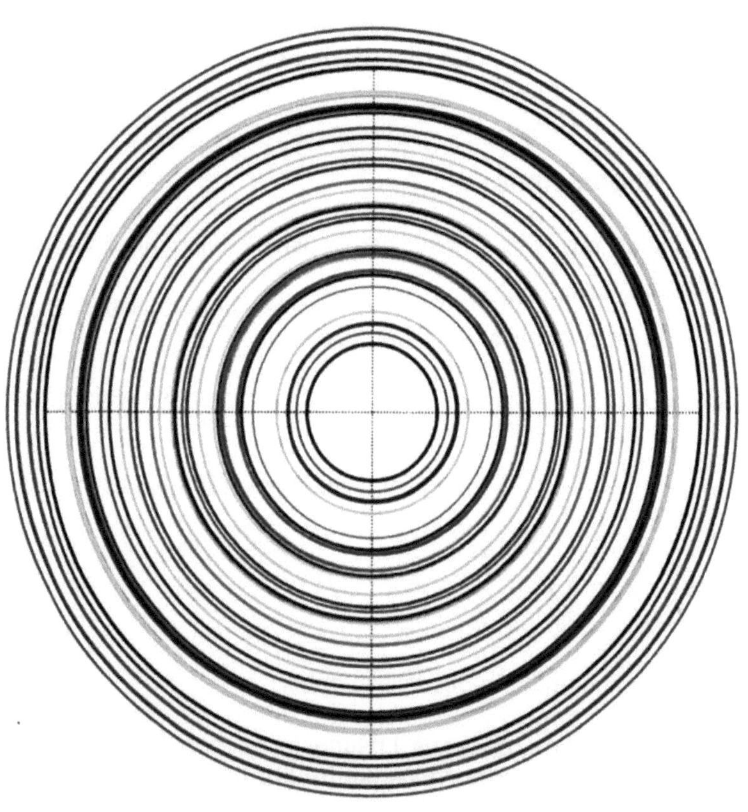

3.0 – Frequenzen der Erde

Nach Kapitel 2.4, Gleichung 2.4.2 gilt für die Grundfrequenz eines Schwingungsgefüges:

$$f = \frac{c}{4R \cdot \sin \dfrac{\pi}{2n}} \qquad n \in \mathbb{N}$$

Die Grundfrequenz **(n = 1)** für ein Schwingungsgefüge lautet nach Gleichung 2.4.3:

$$f_o = \frac{c}{4R}$$

Für die Variablen **R, c** wurden folgende Werte benutzt [10] [26]:

Es gilt: **Lichtgeschwindigkeit   c = 299792458 m/s**

Unter dem **WGS 84** [27] versteht man ein globales, geodätisches Referenzsystem, auf dessen Grundlage Positionen, auf der Erde und im erdnahen Raum, ermittelt werden. [28] Das WGS 84 liefert zwei Erdradien:

Polradius: **6356752 m**
Äquatorradius: **6378137 m**

Es existieren zwei Radien, folglich auch jeweils zwei Frequenzen:

Tabelle: Frequenzen der Erde

n	Polradius	Äquatorradius
1	**11,7903 Hz**	**11,7508 Hz**
2	16,6740 Hz	16,6181 Hz
3	23,5806 Hz	23,5016 Hz
4	30,8095 Hz	30,7062 Hz

3.0.1 - Satz: **Die Grundfrequenz der Erde beträgt
                     etwa 11,75 – 11,79 Hz.**

$$f_0 \approx 11{,}75 - 11{,}79 \text{ Hz}$$

3.1 – Sferics

Zwischen **1978** und **1979** fanden in Pfaffenhofen, durch **Hans Baumer** und **Sölling**, spezielle Frequenzmessungen statt.

Mit einer schmalbandigen Bandbreite (2 kHz) wurden die Frequenzbereiche, um 10 kHz und 27 kHz fortlaufend, über eine Empfangsanlage aufgenommen. Die Reichweite des Empfängers wurde dabei auf 400–500 km beschränkt.

Dies führte zur Entdeckung der **Sferics**, die auch als **Wetterfrequenzen** bekannt sind. [29] [30] Die Frequenzfolge wird allgemein angegeben mit:

4150,84 Hz

6226,26 Hz

8301,26 Hz Siehe dazu auch "Das natürliche elektromagneti-

10377,10 Hz sche Impuls-Spektrum der Atmosphäre", 1982

12452,52 Hz von Baumer und Eichmeier, sowie in „Sferics"

28018,17 Hz Seite 285, 1987, von Hans Baumer.

49810,08 Hz

Die Sferic-Grundfrequenz beträgt 4150,84 Hz.

Die anderen Frequenzen stellen lediglich **Oberwellen** dar, stehen also in harmonikalen Verhältnissen zur Sferic-Grundfrequenz.

Eine **Primfaktorenzerlegung** bezüglich der beiden Grundfrequenzen der Erde ergibt:

Äquatorradius $4150,84 : 11,75 = 353,263 \approx 353$ = Primzahl

Polradius $4150,84 : 11,79 = 352,064 \approx \mathbf{352}$

$$\mathbf{352 = 11 \cdot 32 = 11 \cdot 2^5}$$

Die Rückrechnung für die Sferics ergibt:

Äquatorradius: $\mathbf{11{,}75 \cdot 11 \cdot 2^5 = 4136{,}27\ Hz}$

Polradius: $\mathbf{11{,}79 \cdot 11 \cdot 2^5 = \underline{4150{,}19\ Hz}}$

Für den Äquatorradius ergibt sich eine Differenz von **14,57** Hz zur Sferic-Grundfrequenz.

Für den Polradius ergibt sich eine Differenz von **0,65** Hz zur Sferic-Grundfrequenz.

Die Sferic-Grundfrequenz wird als Referenz benutzt, um die Erd-Grundfrequenz zu definieren:

4150,84 : 352 = 11,79215909 = korrigierte Grundfrequenz

3.1.1 - Definition: f_0 = **11,7921591 Hz = Erdgrundfrequenz**

3.1.2 - Satz: **Die Sferic-Grundfrequenz ist die 5. Oktave der 10. Oberwelle, der Erdgrundfrequenz.**

4150,84 Hz = $11 \cdot 2^5 \cdot f_0$

Bemerkung:

11. Eigenschwingung = **10.** Oberwelle

Nimmt man eine beliebige Frequenz als Grundschwingung, dann wird diese auch als erste Eigenschwingung bezeichnet. Die erste Oberwelle zur Grundschwingung ist dann die zweite Eigenschwingung.

Allgemein: die **n-te** Oberwelle ist die **(n+1)-te** Eigenschwingung.

Vergleicht man die gemessene Sferic-Frequenz mit den beiden abgeleiteten Frequenzen, ist die Konsequenz, dass die Sferic-Frequenz in Relation zum **Polradius** steht und nicht zum Äquatorradius.

3.1.3 - Satz: **Die Sferic-Grundfrequenz steht in Abhängigkeit zum Poldurchmesser der Erde.**

Der Unterschied zwischen Polfrequenz und Äquatorfrequenz beträgt immerhin etwa **14 Hertz**. In seinem Buch „Die kosmische Oktave" (Seiten 38-41) stellt **Hans Cousto** einen Zusammenhang zwischen Sferic-Frequenz und Sterntag her. [31]

Nach einem siderischen Tag steht die Sonne, in Bezug auf die Sterne, wieder an der gleichen Stelle des Himmels. Dies entspricht einer geometrisch vollständigen Umdrehung der Erde von 360°, in einem sternfixiertem System. Der **mittlere siderische Tag** der Erde dauert **23** Stunden, **56** Minuten, **4,099** Sekunden.

Der Vergleich der Sferics mit der Erdrotation liefert eine Differenz von etwa **3 Hz**. Um den Zusammenhang zwischen Sferics und Sterntag aufrecht zu erhalten, musste Cousto die Sferic-Frequenzen **her-**

unter teilen und kann sie dann erst, mit der siderisch erzeugten Tonleiter, vergleichen.
Durch diese Teilung wird auch der Fehler entsprechend verkleinert.
Stellt man von vornherein den Bezug zum Polradius her, ist dieser „Rechentrick" nicht nötig.

Manchmal ist noch nachzulesen, dass die Differenz als Messfehler interpretiert wird. Hier sollte man sich aber folgendes vor Augen halten:
Der gemessene Wert für die Sferic-Grundfrequenz wird mit **2** Stellen hinter dem Komma angegeben. Damit beläuft sich der Fehler aber höchstens auf ±0,05 Hz, oder mit einer gewissen Großzügigkeit auf **± 0,1 Hz**.
Richtet man sich nach Cousto`s Angabe und interpretiert den Messwert mit einem Fehler von **14 Hz**, so wäre die ganze Messung sinnlos, da dann ein **systematischer Fehler** vorläge.

Heutige Messungen, gerade im elektrotechnischen Bereich (also auch bei Frequenzen), sind jedoch sehr exakt, so dass die Angabe von **4150,84 Hz** als korrekt anzusehen ist.
Wie der Schwingungsansatz zeigt, lässt sich die Sferic-Grundfrequenz mit hinreichender Genauigkeit (**Ungenauigkeit < 0,7 Hz**) ableiten.

Die durch die Erdgrundfrequenz erzeugten Oberwellen sind, über das gesamte Frequenzspektrum der Sferics hinweg, mit einer Ungenauigkeit **kleiner 0,7 Hz** behaftet.
Während bei Cousto die Differenz zwischen Sferic-Wert und errechnetem, äquatorialem Wert bei steigenden Frequenzen immer **größer** wird. Wegen dieser mangelnden Konvergenz ist dies, mathematisch gesehen, ein **sicherer** Indikator dafür, dass die von Cousto publizierte Lösung nur eine **Näherung** darstellt.

3.2 – Grundhülle

Die korrigierte Grundfrequenz erlaubt eine Rückrechnung für den **Erdradius**, bzw. für die Schicht auf denen sich die Schwingungen bilden. Ein Umstellen der Gleichung 2.4.3 für die Grundfrequenz ergibt:

$$f_o = \frac{c}{4R} \qquad \longrightarrow \qquad \boxed{R = \frac{c}{4f_o}}$$

Für die Variablen **c, f_0** wurden folgende Werte benutzt [10]:

Erdgrundfrequenz $\quad$ **f_0 = 11,7921591 Hz**
Lichtgeschwindigkeit c = 299792458 m/s

Für den Radius ergibt sich:

3.2.1 - Definition: $\qquad$ **R = 6355758,426 m = L_0 = Grundhülle**

Der Vergleich mit dem Geodätischen Referenzsystem **WGS84** zeigt:

Polradius: $\qquad\qquad$ **6356752 m**
Äquatorradius: $\qquad\quad$ **6378137 m**

Die Grundhülle, auf der die Null-Linien und **Extrema** (Quellpunkte) liegen, befindet sich auf einem Radius, der zwischen **einem und zwanzig Kilometer unter** der Erdoberfläche liegt.

Durch den stationären Zustand der Schwingungsstruktur bedingt, entstehen außer Maximal- und Minimalfronten auch **Nullfronten**, die sich kugelförmig um die Quellpunkte, in regelmäßigen Abständen ausbilden.
Da der Grundhüllenradius kleiner als die Erdoberfläche ist, entstehen an der Oberfläche keine Linien, sondern Streifen. Die folgende Abbildung 3.2.1 veranschaulicht die daraus abzuleitende Entstehung von Streifen auf der Erdoberfläche.

Die Streifen bilden Gebiete **verminderter Intensität**, also keine Null-zonen.

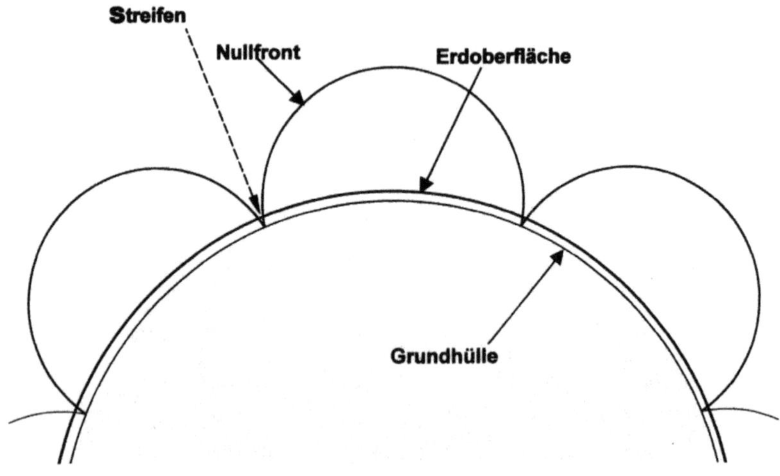

Abbildung 3.2.1 – Streifenbildung

Als Konsequenz ergibt sich, dass ein Teil der Streifen, global gesehen, in ihrer Breite nicht konstant sind. Die Streifen, die die „Meridiane" des Schwingungssystems bilden, haben am „Äquator" ihre größte Breite und werden zu den „Polen" hin schmaler.
Lediglich die Streifen, die die „Breitenkreise" des Schwingungssystems bilden, verfügen über eine konstante Breite.

Siehe dazu auch „Gitterstrukturen des Erdmagnetfeldes", Kapitel
11.2, Die Streifenbildung der Gitterlinien, Seite 83–85. [3]

Mit der Grundhülle lässt sich das Schwingungsgefüge für die Erde
definieren:

3.2.2 - Definition: <u>**Erd-Schwingungsgefüge**</u>

**= Summe aller möglichen Raum-Gitter auf
der Grundhülle**

3.3 – Erdschwingungsgefüge

Durch einsetzen der Grundhülle L_0 in die Gleichung 2.5.2.2 für ein Schichtungsgefüge erhält man die Gleichung für die **Schichten des Erdschwingungsgefüges**.

3.3.1 - Gleichung:

$$L_{Erde} = L_o \cdot \left(\cos\frac{m\pi}{n} + \sqrt{4k^2 \cdot \sin^2\frac{\pi}{2n} - \sin^2\frac{m\pi}{n}} \right) \qquad n,m,k \in \mathbb{N}.$$

Aus der Gleichung resultiert die **Tabelle aller Erdschichten**. Hier ein Auszug bis **n = 4**:

Tabelle: Erdschichten

n	m	k 1	2	3	4	5	6	7	8	
1	1	6355,76	19067,28	31778,79	44490,31	57201,83	69913,34	82624,86	95336,38	Km
2	1	6355,76	16815,76	26205,46	35387,37	44490,31	53554,57	62596,96	71625,76	Km
2	2	2632,64	11621,04	20609,44	29597,84	38586,24	47574,64	56563,04	65551,44	Km
2	4	15344,16	24332,56	33320,96	42309,36	51297,76	60286,16	69274,56	78262,96	Km
3	1	6355,76	14635,89	21433,41	27997,91	34476,36	40913,10	47326,39	53725,14	Km
4	1	6355,76	13122,94	18378,41	23426,02	28397,82	33333,04	38247,73	43149,72	Km
4	2		7365,95	13136,72	18390,65	23477,33	28486,50	33452,99	38393,37	Km
4	3		4134,54	9390,01	14437,62	19409,42	24344,64	29259,33	34161,32	Km
4	4		3373,22	8237,70	13102,19	17966,68	22831,16	27695,65	32560,14	Km

Es muss jetzt noch eine **Umsortierung** nach Größe erfolgen. Mit der sortierten Tabelle ist ein **direkter Vergleich** mit den Tiefen der geologischen Schalen und den Höhen der atmosphärischen Schichten, möglich.

Eine Tabelle der Schichten für n ≤ 10 ist in „Gitterstrukturen des Erdmagnetfeldes", Kapitel 12.2, Seite 99–101, zu finden. [3]

3.4 – Auswertungsverfahren

Die konzentrischen Schichten sind nicht gleichmäßig verteilt, sondern häufen sich in manchen Bereichen.

Zur besseren optischen Auswertung kommt, außer dem direkten Vergleich, noch das **Mittelschichtenverfahren** zur Anwendung.

Ziel dieses Verfahrens ist es Bereiche mit Schwingungshäufungen zu ermitteln und so die **Maxima** des Schwingungsgefüges zu erfassen.

Beispiel für die atmosphärischen Schichten:

Aus der **Tabelle der Erdschichten** werden für **n ≤ 20** alle Werte heraus gesucht die, **außerhalb** der Erde, bis zu einer Höhe von etwa **700 km** liegen.

Auf 636 km entfallen 92 Werte ⇒ 6,9 km pro Wert = Mittelwert

Der Mittelwert stellt die **mittlere Verteilungsrate** der erzeugten Schichten des Schwingungsgefüges dar.

Wie in der linken Abbildung zu sehen ist, treten in manchen Gebieten Häufungen und in anderen Gebieten Verdünnungen in der Schichtenverteilung auf.

Häufung
= der Abstand der Schichten ist kleiner als der Mittelwert

Verdünnung
= der Abstand der Schichten ist größer als der Mittelwert

Die Schichten, bei denen eine Verdünnung vorliegt, entfallen da hier nur die Schwingungsmaxima interessieren.

Um eine noch größere Komprimierung der Maximabereiche zu erhalten werden die Bereiche, die Anhäufungen bilden, jeweils zu einer Mittelwertschicht zusammen gefasst.

3.4.1 - Satz: Die Mittelwertschichten zeigen Häufungen von Schwingungsschichten auf.

3.5 – Geologische Schalen

Aus der **Tabelle aller Erdschichten** werden für **n ≤ 10** alle Werte heraus gesucht, die **innerhalb** der Erde liegen.

Auf 6355,76 km entfallen 62 Werte   ⇒   **102,5 km pro Wert**

Dann gilt für die Tiefe der ermittelten Maxima-Schichten:

3.5.1 - Gleichung: **Tiefe = R_E – L**

Als physikalischer Radius der Erde wird der, in der Physik übliche, mittlere Radius **R_E = 6371 km** benutzt.

Die geologischen Schalen [32] werden mit den Werten aus dem Mittelschichtenverfahren verglichen. Das folgende Bild 3.5.1 zeigt die Schichten für **n ≤ 10**:

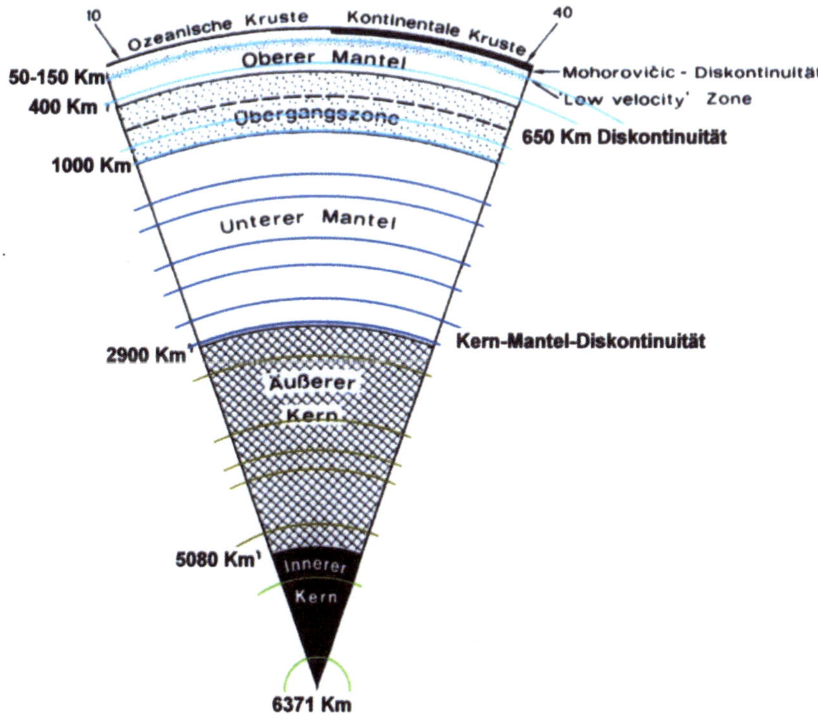

Abbildung 3.5.1 – Geologische Schalen für n ≤ 10

Betrachtet man die Distanzwerte für den Schalenaufbau und vergleicht diese mit den nächsten magnetischen Distanzwerten, so entsteht die folgende Tabelle.

Tabelle: Mittelpunktabstand geologische Schalen

Mittelpunktabstand	Differenz/Genauigkeit	Schale
6371		**Oberer Mantel**
6355,76	15,24 km – 0,24%	
6039,09	68,01 km – 1,07%	
5971		**Übergangszone**
5406,17	35,17 km – 0,55%	
5371		**Unterer Mantel**
3554,95	83,95 km – 1,32%	
3471		**Äußerer Kern**
1291		**Innerer Kern**
1100,31	190,69 km – 3%	

Vom äußeren Kern bis zur Oberfläche sind alle Werte des Schalenaufbaus im Erd-Schichtungsgefüge enthalten. Es existieren **mehr** Schichten als geologische Schalen.

Eine komplette Liste der erzeugten Schichten und nähere Erläuterungen sind in „Gitterstrukturen des Erdmagnetfeldes", Kapitel 13, Der Schalenaufbau der Erde, Seite 105–114, zu finden. [3]

Eine größere Genauigkeit lässt sich nur erreichen, wenn **n**, also die Anzahl der Schwingungen, erhöht wird.

Es erfolgt die Auswertung für **n ≤ 16**.

Die geologischen Schalen werden wieder mit den Werten aus dem Mittelschichtenverfahren verglichen. Die folgende Abbildung 3.5.2 zeigt die Schichten für **n ≤ 16**:

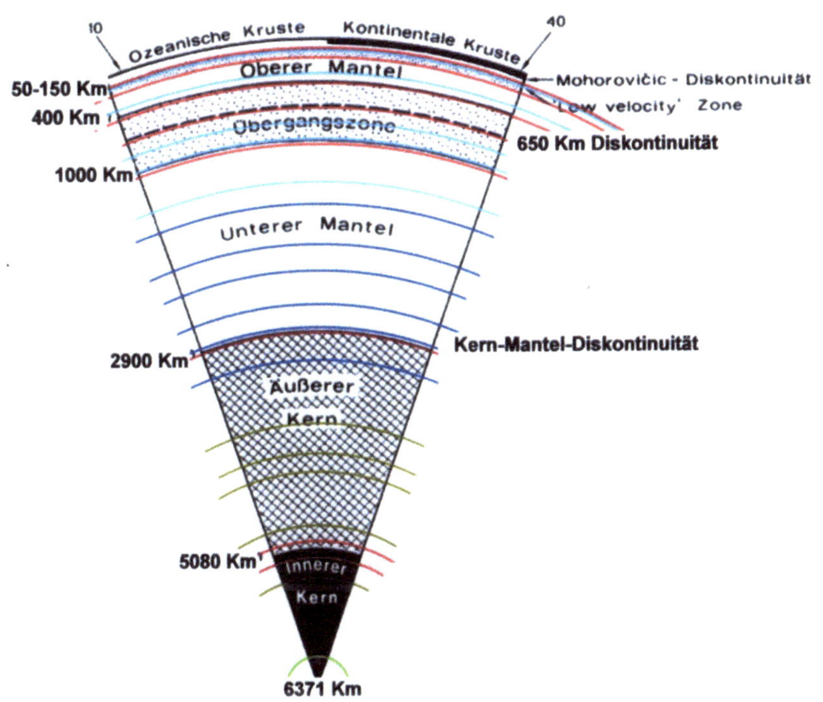

Abbildung 3.5.2 – Geologische Schalen für n ≤ 16

Es sind **alle** Werte des Schalenaufbaus im Erd-Schichtungsgefüge enthalten. Es existieren **mehr** Schichten als geologische Schalen.

3.5.2 - Satz: Die magnetischen Schichten bilden die Grenzen zwischen zwei Materiephasen.

Bei einem direktem Vergleich der Schichten, mit den geologischen Schalen, ergibt sich eine maximale Abweichung von **14 km** für alle Schichten, was einer Ungenauigkeit von **0,22 Prozent** entspricht.
Eine Ausnahme bildet die Kern-Mantel-Diskontinuität mit **62 km** Differenz, was einer Ungenauigkeit von **1 Prozent** entspricht.

Nähere Erläuterungen sind im Buch „Gitterstrukturen des Erdmagnetfeldes" Kapitel 13, Der Schalenaufbau der Erde, Seite 105–114, zu finden. [3]

Insgesamt gilt daher:

3.5.3 - Satz:

Schalenaufbau der Erde ⇔ Erd-Schwingungsgefüge

Der Schalenaufbau der Erde ist äquivalent zum Erd-Schwingungsgefüge.

Genau gilt:

3.5.4 - Satz:

Schalenaufbau der Erde ⊂ Erd-Schwingungsgefüge

Der Schalenaufbau der Erde ist Teilmenge des Erd-Schwingungsgefüges.

3.5.5 - Folgerung: Die geologischen Schalen der Erde sind als Schwingungsphänomen darstellbar.

Da die Schalen mindestens **3** Milliarden Jahre alt sind muss auch, zur damaligen Zeit, das Erdschwingungsgefüge bestanden haben.

Die Kernfrage ist also:

Welcher physikalische Zusammenhang besteht zwischen dem Modell des Erdschwingungsgefüges und der Ausbildung der geologischen Schalen?

Die Antwort darauf ist in Kapitel 5.2 enthalten.

3.6 – Geologische Schalen und Laplace

Es lassen sich **16** relevante geologische Schalen aus der gängigen Literatur zusammen tragen. Hierbei werden die einzelnen Schichten nach Tiefe geordnet und durchnummeriert.

Tabelle: geologische Schichten

n	Tiefe [km]	Schicht		ln(Tiefe)
	6371	Erdmittelpunkt		
1	5100	Grenze innerer Kern/äußerer Kern		8,53699582
2	2900	Grenze äußerer Kern/ unterer Mantel		7,97246602
3	1700	1700 km Diskontinuität		7,43838353
4	1200	1200 km Diskontinuität		7,09007684
5	1000	Grenze unterer Mantel/Übergangszone		6,90775528
6	920	920 km Diskontinuität	900-1080 km	6,82437367
7	720	720 km Diskontinuität		6,57925121
8	660	660 km Diskontinuität		6,49223984
9	520	520 km Diskontinuität		6,25382881
10	410	Grenze Übergangszone/oberer Mantel/410km-Disk.		6,01615716
11	300	X-Diskontinuität	250-350 km	5,70378247
12	250	Lehmann Diskontinuität	190-250 km	5,52146092
13	190	Lehmann Diskontinuität		5,24702407
14	100	low velocity zone		4,60517019
15	80	Grenze oberer Mantel/Lithosphäre		4,38202663
16	60	Grenze Lithosphäre/Kruste		4,09434456
	0	Erdoberfläche		

Rechts in der Tabelle befindet sich der **Logarithmus naturalis** (Logarithmus zur Basis **e**) für die jeweiligen Tiefen.
Die Logarithmusbildung geschieht, weil sich eine Analyse in diesem Fall einfacher gestalten lässt, da Funktionsverläufe besser erkennbar sind.
Der Logarithmus der Tiefe wird als **Funktion einer Nummerierung** dargestellt:

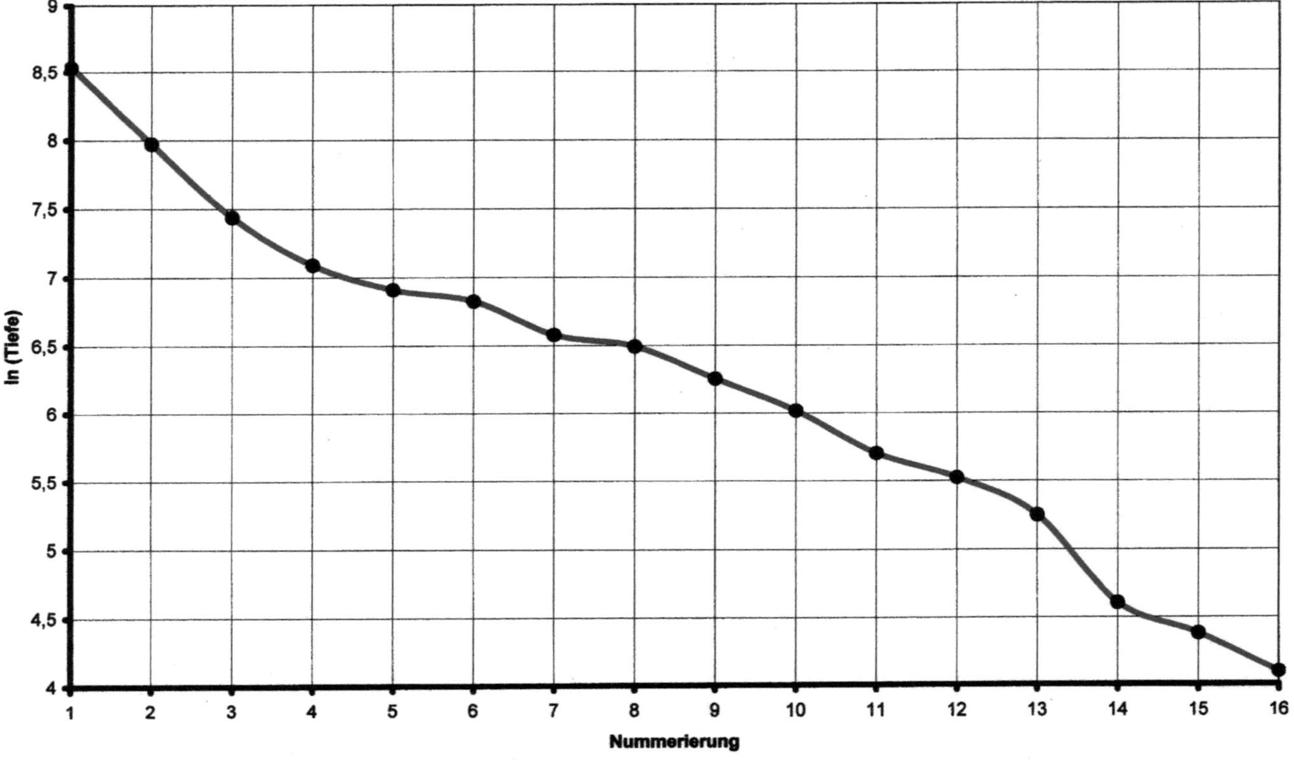

Abbildung 3.6.1 – Logarithmierte Tiefen

Die Funktion in Abbildung 3.6.1 zeigt sich, bis auf Teilstücke, zuerst mal nur annähernd linear. Schaut man sich den Verlauf näher an so erkennt man:

a) Zwischen Punkt **8** und **13** ist die Steigung annähernd konstant

b) Zwischen Punkt **1** und **2**, sowie zwischen Punkt **2** und **3** und zwischen den Punkten **13** und **14** ist die Steigung so groß, dass dort noch ein Punkt eingeschoben werden kann, um die Steigung abzuflachen.

c) Zwischen Punkt **5** und **6**, sowie zwischen **7** und **8** ist die Steigung so klein, dass dort die Nummerierung auf ein halb gesetzt werden kann, um so die Steigung zu erhöhen.

Aus Gründen der praktischen Handhabung bzgl. der zu bestimmenden Funktion, ist es besser die Nummerierung mit **Null** zu beginnen. Das ergibt dann die folgenden Tabelle:

n	Tiefe [km]	Schicht		ln(Tiefe)
	6371	Erdmittelpunkt		
0	5100	Grenze innerer Kern/äußerer Kern		8,53699582
1				
2	2900	Grenze äußerer Kern/ unterer Mantel		7,97246602
3				
4	1700	1700 km Diskontinuität		7,43838353
5	1200	1200 km Diskontinuität		7,09007684
5,5	1000	Grenze unterer Mantel/Übergangszone		6,90775528
6	920	920 km Diskontinuität	900-1080 km	6,82437367
7	720	720 km Diskontinuität		6,57925121
7,5	660	660 km Diskontinuität		6,49223984
8	520	520 km Diskontinuität		6,25382881
9	410	Grenze Übergangszone/oberer Mantel/410km-Disk.		6,01615716
10	300	X-Diskontinuität	250-350 km	5,70378247
11	250	Lehmann Diskontinuität	190-250 km	5,52146092
12	190	Lehmann Diskontinuität		5,24702407
13				
14	100	low velocity zone		4,60517019
15	80	Grenze oberer Mantel/Lithosphäre		4,38202663
16	60	Grenze Lithosphäre/Kruste		4,09434456
	0	Erdoberfläche		

Deutlich sind in der Tabelle die neu hinzugekommenen Schichten bei den Nummerierungen **1**, **3** und **13** zu erkennen. Die korrigierte Funktion sieht dann so aus:

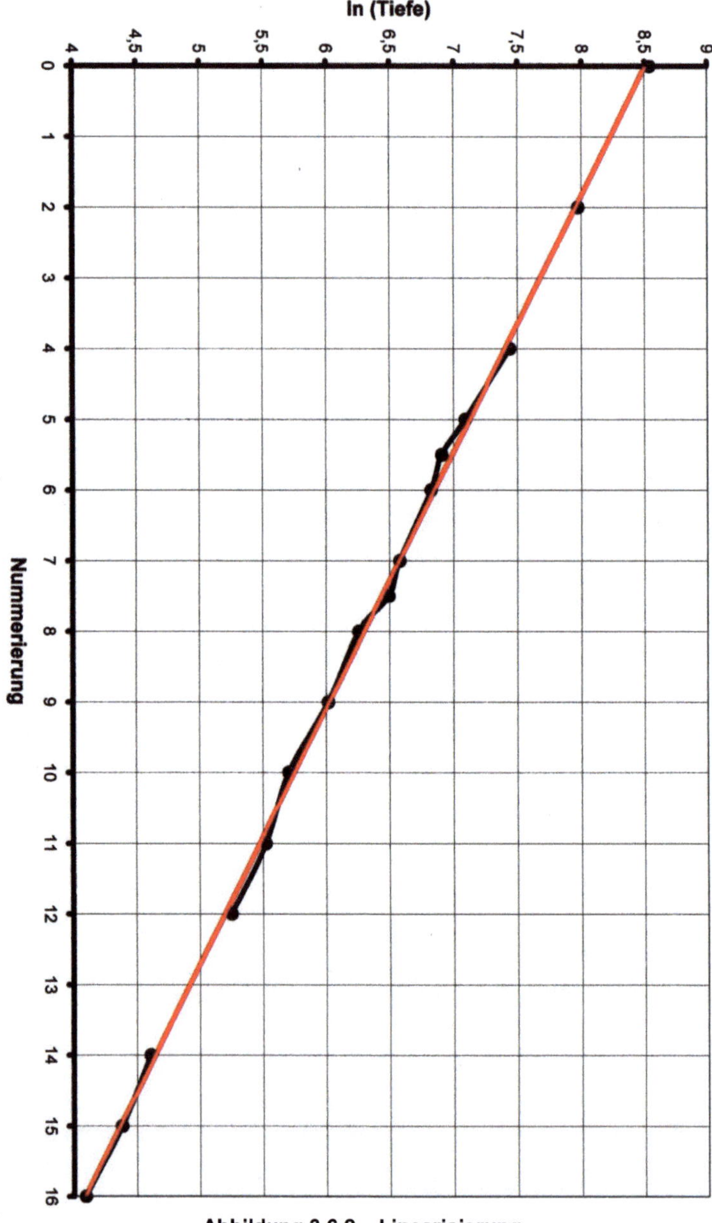

Abbildung 3.6.2 – Linearisierung

Die **graue** Linie in Abbildung 3.6.2 stellt eine Gerade dar, die durch lineare Regression aus der korrigierten Tabelle ermittelt wurde. Wie zu sehen ist, stimmen die Schalenwerte gut mit der Näherungsgeraden überein. Für die Näherungsgerade lassen sich die folgenden Werte ermitteln.

Es gilt für die additative Konstante:

$$b = \ln w_{Max} = \ln T_n = \ln 5100 = 8{,}536995$$

Es gilt für die Steigung der Geraden:

$$\Delta y = \ln w_{Max} - \ln w_{Min} = \ln 5100 - \ln 60 = 4{,}442651$$
$$\Delta x = n = 16$$

$$a = \Delta y / \Delta x = 4{,}442651/16 = 0{,}277665$$

Es kann hier also eine lineare Funktion für die geologischen Schichten, als Lösungsansatz, benutzt werden. Allgemein gilt für die Gerade aus Abbildung 3.6.2:
:

$$y = \ln(\text{Tiefe}) = -a{\cdot}x + b$$

Die gefundenen Werte werden in die Geradengleichung eingesetzt :

$$y = \ln(\text{Tiefe}) = -\,0{,}277 \cdot x + 8{,}537$$

Durch Umstellen erhält man:

3.6.1 - Gleichung: $\text{Tiefe} = 5100 \cdot e^{-\,0{,}277 \cdot x}$ [km]

Setzt man **x = n**, so sind In Abbildung 3.6.3 auf der folgenden Seite die Tiefen als e-Funktion dargestellt.

Gleichung 3.6.1 besitzt alle Eigenschaften, die nach 2.11.3 notwendig sind, um als Lösungsfunktion der Laplace-Gleichung in Betracht zu kommen. Damit stellen die geologischen Schalen eine Lösung der Laplace-Gleichung, speziell des Radialanteils, dar. In der Konsequenz lässt sich folgender Satz aufstellen:

3.6.2 - Satz: **Die geologischen Schalen sind Ausdruck eines Schwingungsphänomens.**

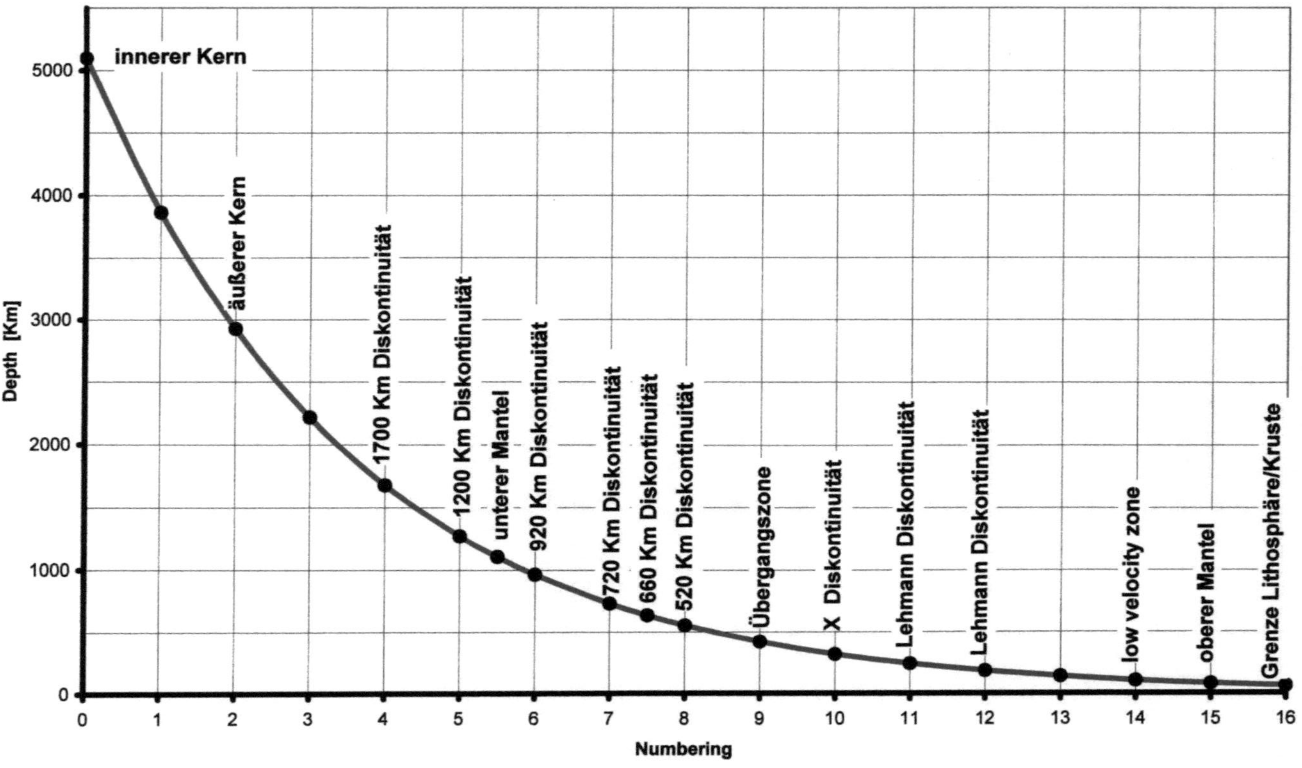

Abbildung 3.6.3 – Tiefen als e-Funktion

Es lassen sich an der Gleichung 3.6.1 noch Vereinfachungen vornehmen.

Es gilt:
$$0,277 = 3,6^{-1} = 5/18$$

Sämtliche Werte eingesetzt ergeben die Gleichung für die Tiefe der geologischen Schalen::

3.6.3 - Gleichung:
$$T_n = 5100 \cdot e^{\frac{-5n}{18}} \qquad \text{[km]}$$

Es kann folgende Beziehung aufgestellt werden (siehe Satz 5.1.5):

$$r_{ik} \approx R_E/5 \qquad r_{ik} = \text{innerer Kern und } R_E = 6371 \text{ km}$$

und es gilt weiterhin:

$$5100 = R_E - r_{ik} = 4/5\, R_E = 4 r_{ik}$$

Daraus folgt für die **geologischen Schalen**:

3.6.4 - Gleichung:
$$\boxed{T_n = 4 \cdot r_{ik} \cdot e^{\frac{-5n}{18}}} \qquad \text{[km]}$$

Es ergibt sich weiterhin für die geologischen Schalen:

3.6.5 - Gleichung:
$$\boxed{T_n = \frac{4}{5} \cdot R_E \cdot e^{\frac{-5n}{18}}} \qquad \text{[km]}$$

Die Schichten nach Tiefe geordnet und die errechneten Werte ergeben die folgende Tabelle:

Tabelle: geologische Schichten

n	Tiefe [km]	Schicht	Tiefe gerechnet [km]
0	5100	Grenze innerer Kern/äußerer Kern	5100
1			**3863,505**
2	2900	Grenze äußerer Kern/ unterer Mantel	2926,798
3			**2217,196**
4	1700	1700 km Diskontinuität	1679,637
5	1200	1200 km Diskontinuität	1272,409
5,5	1000	Grenze unterer Mantel/Übergangszone	1107,471
6	920	920 km Diskontinuität 900-1080 km	963,913
7	720	720 km Diskontinuität	730,212
7,5	660	660 km Diskontinuität	635,557
8	520	520 km Diskontinuität	553,172
9	410	Grenze Übergangszone/oberer Mantel/410km-Disk.	419,055
10	300	X-Diskontinuität 250-350 km	317,455
11	250	Lehmann Diskontinuität 190-250 km	240,488
12	190	Lehmann Diskontinuität	182,182
13			**138,012**
14	100	low velocity zone	104,551
15	80	Grenze oberer Mantel/Lithosphäre	79,202
16	60	Grenze Lithosphäre/Kruste	60

Der mittlere Fehler der errechneten Werte, für die geologischen Schalen, liegt unter **1 Prozent**.

Zusätzlich entstehen noch einmal **drei** Schalen.

3.7 – Schichten der Atmosphäre

Aus der **Tabelle aller Erdschichten** werden für **n ≤ 20** alle Werte heraus gesucht, die **außerhalb** der Erde liegen, bis **640 km** Höhe.

Auf 639 km entfallen 104 Werte $\Rightarrow$ **6,14 km pro Wert**

Dann gilt für die Höhe der ermittelten Maxima-Schichten:

3.7.1 - Gleichung: $\quad$ **Höhe = L – R_E**

Als physikalischer Radius der Erde wird der mittlere Radius **R_E = 6371 km** benutzt, so wie er in der Physik üblich ist. [33]

Die Schichten der Atmosphäre werden direkt mit allen anfallenden Schichten verglichen und dann dem Mittelschichtenverfahren unterzogen.
Die Abbildung 3.7.1 auf der nächsten Seite zeigt alle anfallenden Schichten aus dem Vergleichsverfahren.
Die Abbildung 3.7.2 auf der übernächsten Seite zeigt alle Mittelwertschichten aus dem Vergleichsverfahren.

Beim Mittelschichtenverfahren liegen, bis auf zwei Schichten, alle erzeugten Schichten in den Bereichen, die als atmosphärische Schichten bezeichnet werden.

Nähere Erläuterungen sind im Buch „Gitterstrukturen des Erdmagnetfeldes" Kapitel 14, Die Schichten der Atmosphäre, Seite 115–128, zu finden. Dort sind auch mehrere Tabellen der berechneten Schichten zu finden. [3]

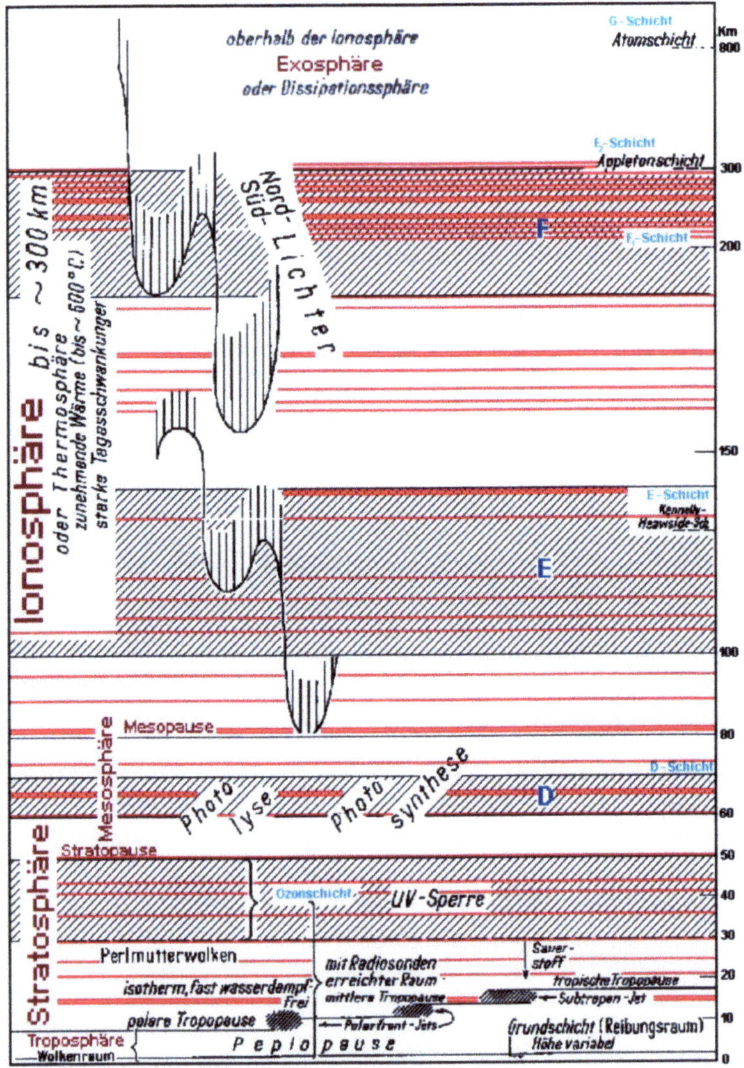

Abbildung 3.7.1 – Atmosphärische Schichten und Vergleichsverfahren

In den Bereichen der Ozon-, D-, E- und F-Schicht kommt es zu Ansammlungen bzw. Verdichtungen von magnetischen Schichtungen. Gut zu sehen ist auch, dass die Räume zwischen Ozon-, D-, E- und F-Schicht ebenfalls zum Schwingungsspektrum gehören.

Mittelwertschichten

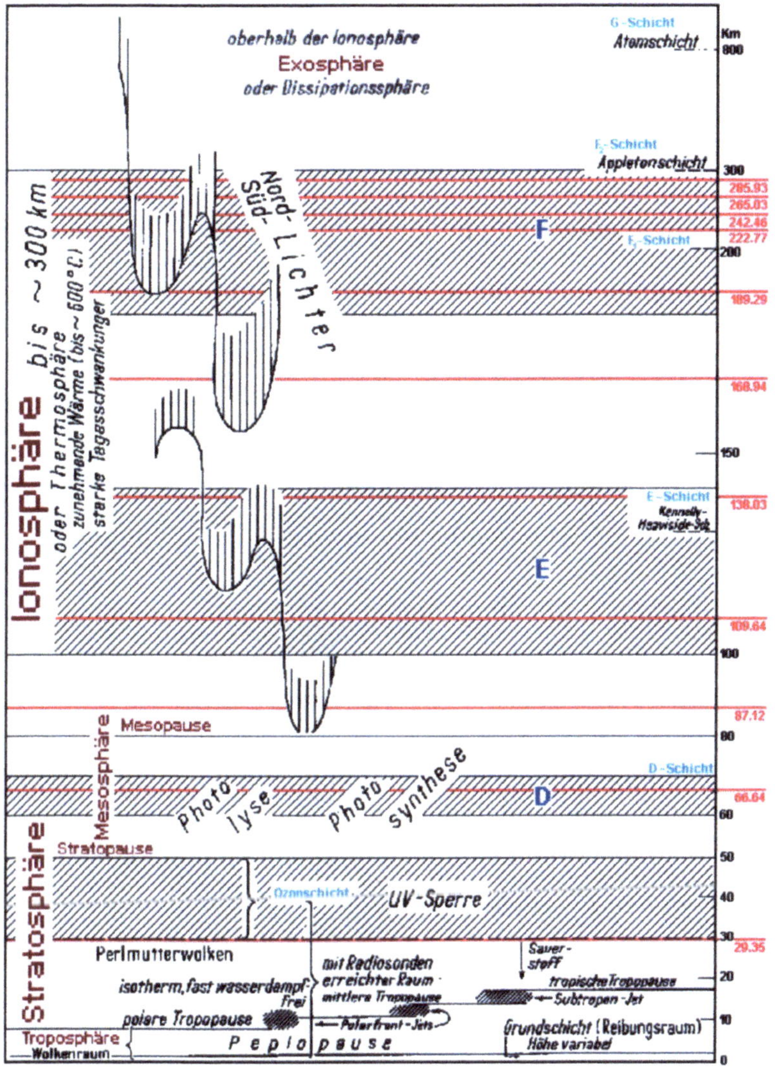

Abbildung 3.7.2 – Atmosphärische Schichten und Mittelwertschichten

Die Mittelwerte stellen die Bereiche dar, in denen es zu Ansammlungen von magnetischen Schichtungen kommt. Alle Werte des Mittelwertspektrums passen in die atmosphärischen Schichtungen.

Alle Schichten der Atmosphäre, bis **300 km Höhe**, sind so im **Erd-Schichtungsgefüge** enthalten.
Die **Ozon-, D-, E-, F-Schicht** sind daher als Schwingungsphänomen darstellbar. Auch in den Lücken zwischen den Schichten entstehen Schwingungshäufungen. [34]

3.7.2 - Folgerung: Die gesamte Atmosphäre ist als ein Schwingungsphänomen interpretierbar.

3.7.3 - Auswertung für die atmosphärischen Schichten

Tabelle: atmosphärische Schichten

Schicht	Höhe [km]	Mittelpunktabstand [km]	Schicht [km]	n	m	k
Ozon	30	6401	6401,658	18	2	2
Ozon	50	6421	6421,979	15	2	2
D	60	6431	6431,846	14	2	2
D	70	6441	6444,102	13	2	2
E	100	6471	6477,747	18	3	3
E			6479,551	11	2	2
E	140	6511	6510,603	20	13	11
E			6510,584	16	3	3
E			6505,909	10	2	2
F	180	6551	6558,809	14	3	3
F			6546,103	11	7	6
F			6545,820	17	17	11
F			6541,736	9	2	2
F	300	6671	6674,749	13	8	7
F			6666,665	7	2	2

Bei direktem Vergleich ist für **m = k = 2** jeweils eine Schicht vorhanden. Das lässt sich für eine Vereinfachung der Schichtengleichung nutzen.

Für **m = k = 2** sind die atmosphärischen Schichten, bezogen auf den Mittelpunkt der Erde, **direkt ableitbar aus dem Erd-Schichtungsgefüge**. Es gilt dann:

3.7.4 - Gleichung:

$$L = L_o \cdot \left(\cos\frac{2\pi}{n} + \sqrt{16 \cdot \sin^2\frac{\pi}{2n} - \sin^2\frac{2\pi}{n}} \right) \qquad n \in N$$

Atmosphärengleichung

3.7.5 - Mittelwertschichten für $1 \leq n \leq 20$

n	Mittelpunktabstand [km]	Höhe [km]
1	31778,792	25407
2	11621,041	5250
3	8280,127	1909
4	7365,952	994,9
5	6982,090	611,1
6	6783,318	412,3
7	6666,665	295,6
8	6592,213	221,2
9	6541,736	170,7
10	6505,909	134,9
11	6479,551	108,5
12	6459,588	88,5
13	6444,102	73,1
14	6431,846	60,8
15	6421,979	50,9
16	6413,917	42,9
17	6407,244	36,2
18	6401,658	30,6
19	6396,936	25,9
20	6392,907	21,9

Die **Atmosphärengleichung** bzw. Schichtengleichung liefert für **7** ≤ **n** ≤ **20** insgesamt **13** Schichten, von **22 km** bis **300 km** Höhe. Trägt man diese Schichten in eine Zeichnung für die Atmosphäre ein, so ergibt sich das folgende Bild.

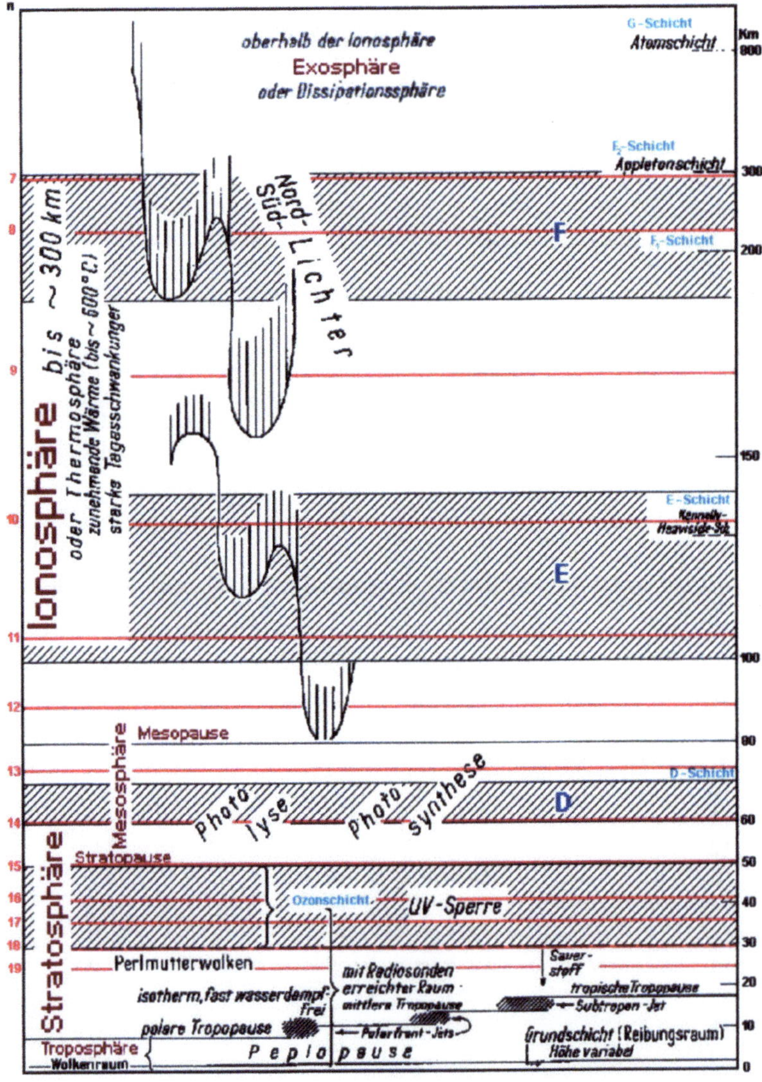

Abbildung 3.7.3 – Atmosphärische Schichten und Atmosphärengleichung

3.7.6 - Folgerung: **Die gesamte Atmosphäre ist als ein Schwingungsphänomen darstellbar.**

Es gilt:

3.7.7 - Satz:

atmosphärische Schichten ⇔ Erd-Schwingungsgefüge

Der atmosphärischen Schichtenaufbau der Erde ist äquivalent zum Erd-Schwingungsgefüge.

Genau gilt:

3.7.8 - Satz:

atmosphärische Schichten der Erde ⊂ Erd-Schwingungsgefüge

Der atmosphärischen Schichtenaufbau der Erde ist Teilmenge des Erd-Schwingungsgefüges.

Die **Ozon-, D-, E- und F-Schicht** bilden ebenfalls die elektrisch leitfähigeren Schichten der Atmosphäre. Und sind durch ihren Potentialaufbau erheblich am elektrischen Feld der Erde beteiligt. Atmosphärische Schichten und das elektrische Feld der Erde sind so miteinander **gekoppelt**.

Die Frage ist also:

Welcher physikalische Zusammenhang besteht zwischen dem Modell des Erdschwingungsgefüges und der Ausbildung der atmosphärische Schichten bzw. des elektrischen Feldes der Erde?

Die Antwort darauf lesen sie in Kapitel 5.3.

3.8 – Schichten der Atmosphäre und Laplace

Es lassen sich **11** relevante atmosphärische Schichten zusammen tragen. Hierbei werden die einzelnen Schichten nach Höhe geordnet und durchnummeriert.

Tabelle: atmosphärische Schichten

n	Höhe [km]	Name	ln(Höhe)
0	20	Tropopause	2,99573227
1	30	Ozon	3,40119738
2	50	Ozon	3,91202301
3	60	d	4,09434456
4	70	d	4,24849524
5	100	e	4,60517019
6	140	e	4,94164242
7	180	f1	5,19295685
8	200	f1	5,29831737
9	300	f2	5,70378247
10	800	g	6,68461173

Rechts in der Tabelle befindet sich der **Logarithmus naturalis** für die jeweiligen Höhen.

Der Logarithmus der Höhe wird als Funktion einer Nummerierung dargestellt, wie in der nebenstehenden Abbildung 3.8.1 dargestellt.

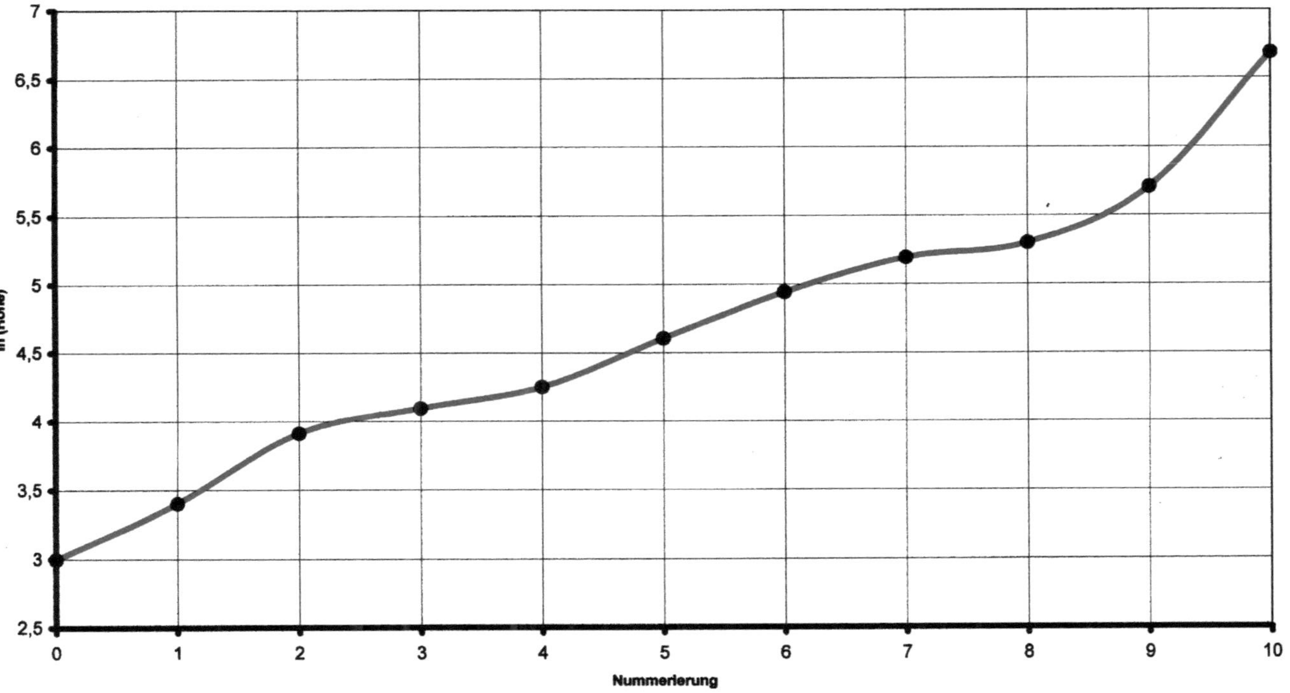

Abbildung 3.8.1 – Logarithmierte Höhen

81

Die Funktion in Abbildung 3.8.1 sieht bis auf Teilstücke, zuerst nicht sehr linear aus. Schaut man sich den Verlauf näher an, so erkennt man:

a) Zwischen Punkt **2** bis **7** ist die Steigung annähernd konstant

b) Zwischen Punkt **1** und **2**, sowie zwischen Punkt **8** und **9** ist die Steigung so groß, dass dort noch ein Punkt eingeschoben werden kann, um die Steigung abzuflachen.

c) Zwischen Punkt **9** und **10** die Steigung so groß, dass dort noch mehrere Punkte eingeschoben werden können. Daher entfällt Punkt **10** erst mal.

d) Zwischen Punkt **7** und Punkt **8** ist die Steigung so klein, dass dort die Nummerierung auf ein halb gesetzt werden kann, um so die Steigung zu erhöhen.

Die in der Nummerierung korrigierten Schichten, nach Höhe geordnet, ergeben dann die folgenden Tabelle:

n	Höhe [km]	Name	ln(Höhe)
0	20	Tropopause	2,99573227
1	30	Ozon	3,40119738
2			
3	50	Ozon	3,91202301
4	60	d	4,09434456
5	70	d	4,24849524
6	100	e	4,60517019
7	140	e	4,94164242
8	180	f1	5,19295685
8,5	200	f1	5,29831737
9			
10	300	f2	5,70378247

Deutlich sind in der Tabelle die neu hinzugekommenen Schichten bei den Nummerierungen **2** und **9** zu erkennen. Die korrigierte Funktion ist in der nebenstehenden Abbildung 3.8.2 dargestellt.

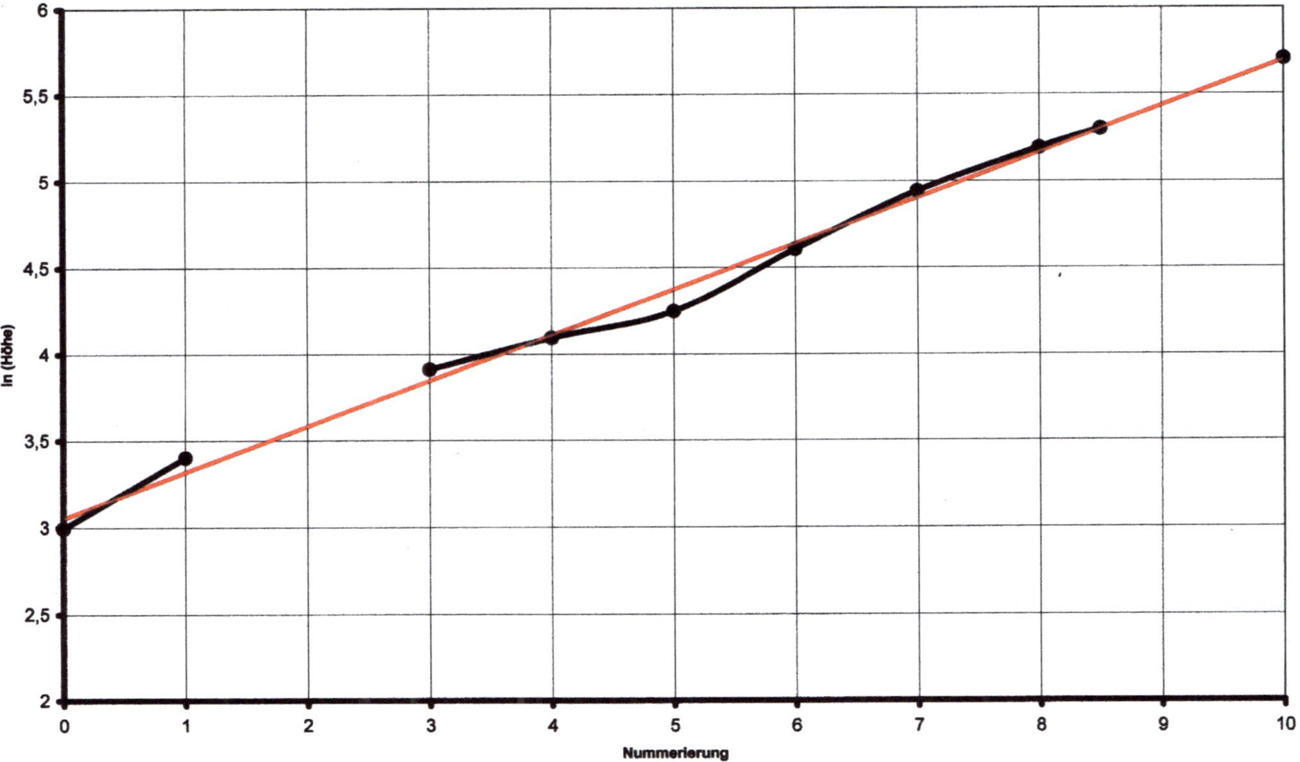

Abbildung 3.8.2 – Linearisierung

Die **graue** Linie in Abbildung 3.8.2 stellt eine Gerade dar, die durch lineare Regression aus der korrigierten Tabelle ermittelt wurde. Wie zu sehen ist, stimmen die Schalenwerte jetzt gut mit der Näherungsgeraden überein. Für die Näherungsgerade lassen sich die folgenden Werte ermitteln.

Es gilt für die additative Konstante:

$$b = \ln w_{Min} = \ln H_0 = \ln 20 = 2{,}995732$$

Es gilt für die Steigung der Geraden:

$$\Delta y = \ln w_{Max} - \ln w_{Min} = \ln 320 - \ln 20 = 2{,}772588$$
$$\Delta x = n = 10$$

$$a = \Delta y / \Delta x = 2{,}772588/10 = 0{,}277258$$

Es kann hier also eine lineare Funktion für die atmosphärischen Schichten, als Lösungsansatz, benutzt werden. Allgemein gilt für die Gerade aus Abbildung 3.8.2:

$$y = \ln(\text{Höhe}) = a{\cdot}x + b$$

Die gefundenen Werte werden in die Geradengleichung eingesetzt :

Es ergibt sich: $\ln(\text{Höhe}) = 0{,}277 \cdot x + 2{,}9957$

Durch Umstellen erhält man:

3.8.1 - Gleichung: $\text{Höhe} = 20 \cdot e^{0{,}277{\cdot}x}$ [km]

Setzt man **x = n**, so sind In Abbildung 3.8.3 auf der folgenden Seite die Tiefen als e-Funktion dargestellt.

Gleichung 3.8.1 besitzt alle Eigenschaften, die nach 2.11.3 notwendig sind, um als Lösungsfunktion der Laplace-Gleichung in Betracht zu kommen. Damit stellen die atmosphärischen Schichten eine Lösung der Laplace-Gleichung, speziell des Radialanteils, dar. In der Konsequenz lässt sich folgender Satz aufstellen:

3.8.2 - Satz: **Die atmosphärischen Schichten sind Ausdruck eines Schwingungsphänomens.**

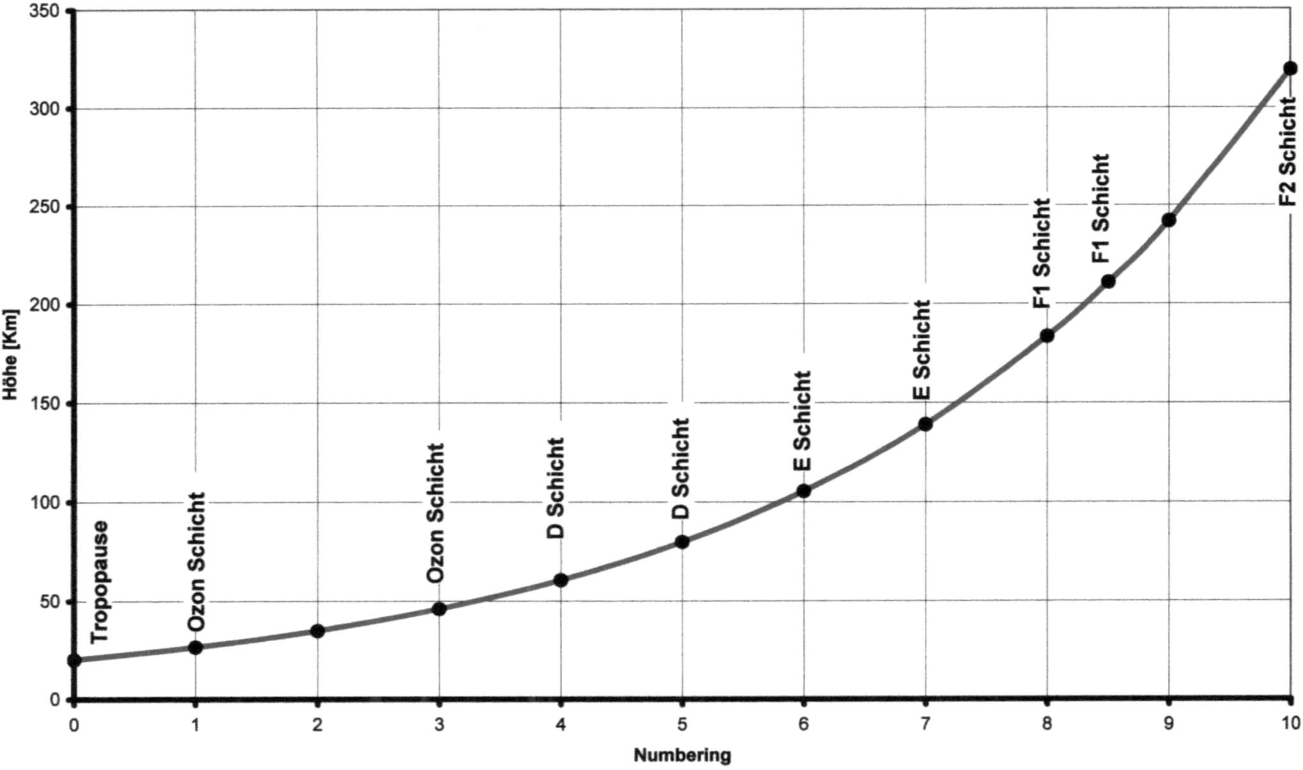

Abbildung 3.8.3 – Höhen als e-Funktion

Es lassen sich an der Gleichung noch Vereinfachungen vornehmen.

Es gilt: $\qquad\qquad 0{,}277 = 3{,}6^{-1} = 5/18$

Sämtliche Werte eingesetzt ergeben die Gleichung für die Höhe der atmosphärischen Schichten:

3.8.2 - Gleichung: $\qquad H_n = 20 \cdot e^{\frac{5n}{18}}$ $\qquad$ [km]

Es kann folgende Beziehung aufgestellt werden (siehe Satz 5.1.5):

$r_{ik} \approx R_E/5$ $\qquad\qquad$ r_{ik} = **innerer Kern** und R_E = **6371 km**

und es gilt weiterhin:

$5100 = R_E - r_{ik} = 4/5 \cdot R_E = 4r_{ik}$

$5100 = 255 \cdot 20$ $\qquad$ => $\qquad 20 = 4/255 \cdot r_{ik}$

Dann lässt sich für die **atmosphärischen Schichten** schreiben:

3.8.3 - Gleichung: $\qquad \boxed{H_n = \frac{4}{255} \cdot r_{ik} \cdot e^{\frac{5n}{18}}}$ $\qquad$ [km]

Daraus folgt weiterhin für die atmosphärischen Schichten:

3.8.4 - Gleichung: $\qquad \boxed{H_n = \frac{4}{1275} \cdot R_E \cdot e^{\frac{5n}{18}}}$ $\qquad$ [km]

Die Schichten nach Höhe geordnet und die errechneten Werte ergeben die folgende Tabelle:

Tabelle: atmosphärische Schichten

n	Höhe [km]	Name	Höhe errechnet [km]
0	20	Tropopause	20
1	30	Ozon	26,383
2			**34,803**
3	50	Ozon	45,912
4	60	d	60,565
5	70	d	79,896
6	100	e	105,396
7	140	e	139,035
8	180	f1	183,411
8,5	200	f1	210,657
9			**241,950**
10	300	f2	319,172

Der mittlere Fehler der errechneten Werte, für die Schichten, liegt
unter **2 Prozent**.

Zusätzlich entstehen noch einmal **zwei** Schichten.

3.9 – Planetare Schwingungssysteme

Die Erde mit ihren geologischen Schalen und die Atmosphäre mit ihren Schichtungen stellen Lösungen des Radialanteils der Laplace-Gleichung dar. Sie sind demzufolge Schwingungsphänomene.

Nach Gleichung 3.6.4 lässt sich allgemein für die **geologischen Schalen** schreiben:

$$T_n = 4 \cdot r_{ik} \cdot e^{\frac{-5n}{18}}$$

Nach Gleichung 3.8.3 lässt sich allgemein für die **atmosphärischen Schichten** schreiben:

$$H_n = \frac{4}{255} \cdot r_{ik} \cdot e^{\frac{5n}{18}}$$

Es sei:

    K = 0   **für atmosphärische Schichten**
    K = 1   **für geologische Schalen**

Dann gilt für alle Schichten der Erde:

3.9.1 - Gleichung:
$$H_{k,n} = 255^{k-1} \cdot 4r_{ik} \cdot e^{(-1)^k \cdot \frac{5n}{18}} \qquad [\mathrm{km}]$$

mit $r_{ik} \approx R_E/5$ und r_{ik} = **innerer Kern** und R_E = **6371 km**

kann man auch schreiben:

3.9.2 - Gleichung:
$$H_{k,n} = 255^{k-1} \cdot \frac{4}{5} R_E \cdot e^{(-1)^k \cdot \frac{5n}{18}} \qquad [\mathrm{km}]$$

Für die geologischen Schalen und die atmosphärischen Schichten wurde auf zweierlei Art und Weise gezeigt, dass es sich um Schwingungsphänomene handelt:

a) direkter Vergleich mit berechneten Schichten

b) als Lösung des Radialanteils der Laplace-Gleichung

Die geologischen Schalen und die Atmosphäre, mit ihren Schichtungen, sind daher **Planetare Systeme mit einem Schwingungsgefüge**.

3.9.3 - Definition: <u>Planetare Schwingungssysteme</u>

**= Planetare Systeme
mit Schwingungsgefüge**

3.9.4 - Satz: Der Aufbau der zwei Planetaren Schwingungssysteme, geologische Schalen und atmosphärische Schichten, sind durch ein einziges Schwingungsgefüge darstellbar.

3.9.5 - Satz:

Erdschichten ⊂ Laplace-Lösung ⊂ Erd-Schwingungsgefüge

Allgemein lässt sich damit folgende Aussage ableiten:

3.9.6 - Satz: Schichtenbildung um oder in einem Zentralkörper ist stets der Ausdruck eines Schwingungsphänomens.

Wie gesehen gehorchen die geologischen Schalen, die atmosphärische Schichten und auch Elektronen auf ihren Orbitalen um die Kerne den gleichen Schwingungsgesetzen, die sich aus der Laplace-Gleichung ergeben.

Hier entsteht somit die Frage, ob dieses Schwingungsprinzip vielleicht viel allgemeinerer Natur ist und es sich hier um ein Strukturprinzip des Universums handelt?

3.10 – Schichten und Frequenzen

Nach Kapitel 2.6 kann jeder Schicht eine Frequenz zugeordnet werden. Die Grundschwingung verhält sich dabei so, als würde der Poldurchmesser der Erde, an seinen Polen, frei schwingen.

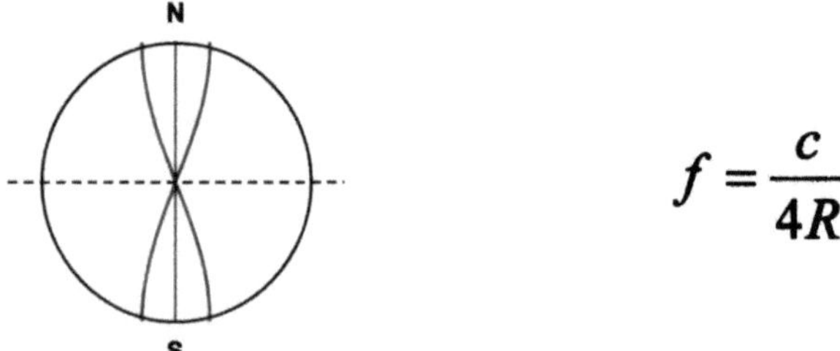

$$f = \frac{c}{4R}$$

Abbildung 3.10.1 – Grundschwingung

Aus der Tabelle der Erdschichten lässt sich so eine **Frequenztabelle** generieren. Für **n = m = 1** ergibt sich:

Tabelle: Frequenzen der Erde

k	1	2	3	4	5	6	7	8	
n m									
1 1	11,79	**3,93**	2,358	1,68	1,31	1,07	0,907	0,786	Hz
		6355,76	19067,28	31778,79	44490,31	57201,83	69913,34	82624,86	95336,38	Km

Für **n = 1, k = 2** ergibt sich:
3,93 Hz = die <u>halbe Schumann-Frequenz</u> = $f_S/2$

Für **n = m = 1** existiert noch ein weiterer einfacher Zusammenhang zwischen der Grundhülle und den anderen erzeugten Schichten:

Tabelle: Schichten

k	1	2	3	4	5	6	7	8
n **m**								
1 1	L_0	$3L_0$	$5L_0$	$7L_0$	$9L_0$	$11L_0$	$13L_0$	$15L_0$

Daraus ergibt sich folgender Zusammenhang:

3.10.1 - Gleichung:

$$\frac{f_s}{2} = \frac{f_o}{3} \qquad\longrightarrow\qquad \boxed{f_s = \frac{2}{3} f_o}$$

Die Erdgrundfrequenz ist die Quinte der Schumannfrequenz

Nach Kapitel 2.6 gilt dann für die erste Oberwelle:

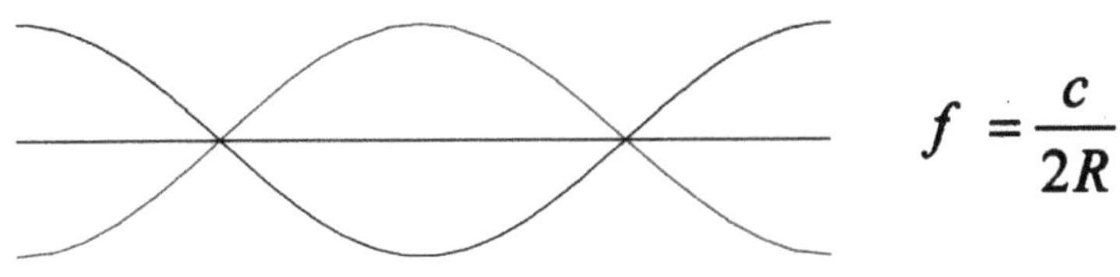

$$f = \frac{c}{2R}$$

Abbildung 3.10.2 – Oberschwingung

Für **n = m = 1** ergibt sich:

Tabelle: Oberwellen

k	1	2	3	4	5	6	7	8	
n m									
1 1	23,584	7,**861**	4,716	3,369	2,62	2,143	1,814	1,572	Hz
	6355,76	19067,28	31778,79	44490,31	57201,83	69913,34	82624,86	95336,38	Km

3.10.2 - Satz: Die Schumann-Frequenz ist im Frequenzspektrum der Erde enthalten.

Als Dreiklang wird in der Musik ein dreitöniger Akkord bezeichnet, wobei die „Terz-Quint-Gestalt" als Grundstellung des Akkords bezeichnet wird. Schumann- und Erdfrequenz stehen im Verhältnis einer Quinte (3:2) zueinander. Um einen Dreiklang zu erhalten bedarf es noch der Terz, also 4:5 bzw. 5:6. Der gesamte **biologische** Dreiklang sieht dann so aus:

$$7,83 - 9,78 - 11,75$$
$$7,86 - 9,82 - 11,79$$

3.11 – Schumann-Frequenz

Winfried Otto Schumann (*20.Mai 1888 - †22.September 1974) [35] war ein deutscher Physiker von der Technischen Universität München. **1952** stellte er seinen Studenten Übungsaufgaben zur Elektrizitätslehre. Thema war damals die Berechnung von **Hohlraumresonatoren**.
Dabei gab er vor, dass die Unterseite der Ionosphäre, also die Heavisideschicht, die eine Kugel und die Erdoberfläche die andere Kugel des Resonators sein sollte. Die Aufgabe bestand darin, die Eigenfrequenz (Resonanz) dieses Hohlraumresonators zu ermitteln. Als Ergebnis erhielt er **7,8 Hz**.

Diese Aufgabe lässt sich nur mittels der Differential- bzw. Integralrechnung lösen. Die Lösung erfolgt über die Ermittlung sogenannter transversal-magnetischer Wellen (TM-Wellen) in einem Hohlraumresonator. Diese werden heute als **Schumannwellen** oder auch **Schumann-Resonanzen** bezeichnet. [36] [37]

Ein Hohlraum-Resonator braucht eine Anregung, um selber ins Schwingen zu geraten. Dies erfolgt im Fall des Schumann-Resonators durch den Sonnenwind und durch Gewitter (weltweit täglich etwa 3000). Durch Schwankungen der anregenden Einflüsse ist die resultierende Schwingung ebensolchen Schwankungen unterworfen, sowohl in der Intensität als auch in der Frequenz.
Die Schumann-Frequenz ist die Eigenfrequenz des Erdoberflächen-Ionosphären-Hohlraumresonators. Die Konsequenz ist:

3.11.1 - Satz: Die Schumann-Frequenz ist die Eigenfrequenz der Atmosphäre.

3.11.2 - Definition: Schumannfrequenz = f_S = 7,83 Hz

Die von W. O. Schumann ermittelte Frequenz wird heute als „**biologisches Normal**" bezeichnet, da sich durch Messungen an freiwilligen Versuchspersonen gezeigt hat, dass der Mensch diese Signale braucht. Dies wurde bis heute durch mehrere unabhängige Wissenschaftler bestätigt.
Einer davon ist **Michael A. Persinger** der im Auftrag der NASA handelte. Während der ersten bemannten Raumflüge stellten sich erhebliche physiologische Probleme bei den Astronauten ein, und dies konnte nur durch die Installation von Schumannwellen - Generatoren behoben werden. [38]
Ein anderer Wissenschaftler ist **Rüdger Wever** am Max Planck-

Institut in Erling - Andechs. Er führte Experimente mit Freiwilligen durch, die einen Monat lang in einem magnetisch abgeschirmten Bunker beobachtet wurden. Dabei traten Störungen bei den sogenannten circadianen Rhythmen (innere Uhren) auf. D.h. es kam zur Destabilisierung des Wach-Schlaf-Rhythmus, des Tagesganges der Körpertemperatur und des Cortison-Spiegels im Blut, um nur einige Beispiele zu nennen. [39]

Bemerkenswert ist hier die Arbeit von **O'Keefe** und **L. Nadel**, die nachweisen konnten, dass die Frequenz von 7,8 Hz im Hippocampus, vorkommt. Dieses Hirnareal ist für Aufmerksamkeit und Konzentration wichtig, und ist praktisch bei allen Säugern vorhanden. [40] Die Erdfrequenz von 11,75 - 11,79 Hertz liegt im Alpha-Bereich der menschlichen Gehirnwellen. Die Schumann-Frequenz von 7,83 Hertz liegt im Theta-Bereich der menschlichen Gehirnwellen.

Aus den Gleichungen 2.4.3 und 3.10.1 lassen sich zwei einfache Relationen der Erdgrundfrequenz und der Schumann-Frequenz zur Grundhülle L_0 ableiten:

3.11.3 - Gleichungen:

$$f_O = \frac{c}{4L_O} \qquad\qquad f_S = \frac{c}{6L_O}$$

Tabelle: Erdfrequenzen

Für den Polradius	$f_{OP} = \dfrac{c}{4R_P}$	= **11,7899 Hz**
Für den Äquatorradius	$f_{OA} = \dfrac{c}{4R_A}$	= **11,7503 Hz**

Tabelle: Schumannfrequenzen

Für den Polradius	$f_{SP} = \dfrac{c}{6R_P}$	= **7,8602 Hz**
Für den Äquatorradius	$f_{SA} = \dfrac{c}{6R_A}$	= **7,8339 Hz**

Es existiert noch folgender Zusammenhang zu den Sferics:

Sferic-Grundfrequenz: 4150,84 Hz = $11 \cdot 2^5$ f_0 und f_0 = 3/2 f_S

Es gilt daher auch:

Sferic-Grundfrequenz: 4150,84 Hz = $33 \cdot 2^4$ f_S

33. Eigenschwingung = 32. Oberwelle

3.11.3 - Satz: Die Sferic-Grundfrequenz ist die 4. Oktave der 32. Oberwelle der Schumannfrequenz.

3.12 – Gemeinsame Frequenzen

Nach Gleichung 3.10.1 gilt:

$$f_s = \frac{2}{3} f_o$$

Aus der Gleichung lässt sich noch ein allgemeiner Zusammenhang zwischen Erdfrequenz und Schumann-Frequenz ableiten.
Die Beziehung **$f_o/3 = f_s/2$** bleibt ja auch dann erhalten, wenn man die Gleichung mit einer ganzrationalen Zahl, also einem Bruch, multipliziert. Damit ergibt sich allgemein:

3.12.1 - Gleichung
$$f_{os} = \frac{n \cdot f_o}{3k} = \frac{n \cdot f_s}{2k}$$

n und **k** sind dabei Elemente der natürlichen Zahlen (1, 2, 3, 4...)

Durch Gleichung 3.12.1 entsteht ein komplettes **Spektrum** an gemeinsamen Frequenzen **f_{os}**, so dass die Erdfrequenz und die Schumann-Frequenz miteinander in einem **funktionalen** Zusammenhang stehen.
Systematisches Einsetzen der Parameter **n** und **k** in Gleichung 3.12.1 führt zu einer Tabelle, in der dann alle gemeinsamen Frequenzen enthalten sind
Die Berechnung der Tabellenwerte erfolgte über eine gerundeter Grundfrequenz von **f_o = 11,792 Hz**.

Tabelle: gemeinsame Frequenzen für n ≤ 16, k ≤ 8

k / n	1	2	3	4	5	6	7	8	
1	3,9307	1,9653	1,3102	0,9827	0,7861	0,6551	0,5615	0,4913	Hz
2	7,8613	3,9307	2,6204	1,9653	1,5723	1,3102	1,123	0,9827	Hz
3	11,792	5,896	3,9307	2,948	2,3584	1,9653	1,6846	1,474	Hz
4	15,7227	7,861	5,2409	3,9307	3,1445	2,6204	2,2461	1,9653	Hz
5	19,6533	9,8267	6,5511	4,9133	3,9307	3,2756	2,8076	2,4567	Hz
6	23,584	11,792	7,8613	5,896	4,7168	3,9307	3,3691	2,948	Hz
7	27,5147	13,7573	9,1716	6,8787	5,503	4,5858	3,9307	3,4393	Hz
8	31,4453	15,7227	10,4818	7,8613	6,2891	5,2409	4,4922	3,9307	Hz
9	35,376	17,688	11,792	8,844	7,0752	5,896	5,0537	4,422	Hz
10	39,3067	19,6533	13,1022	9,8267	7,8613	6,5511	5,6152	4,9133	Hz
11	43,2373	21,6187	14,4124	10,8093	8,6475	7,2062	6,1768	5,4047	Hz
12	47,168	23,584	15,7227	11,792	9,4336	7,8613	6,7383	5,896	Hz
13	51,0987	25,5493	17,0329	12,7747	10,2197	8,5164	7,2998	6,3873	Hz
14	55,0293	27,5147	18,3431	13,7573	11,0059	9,1716	7,8613	6,8787	Hz
15	58,96	29,48	19,6533	14,74	11,792	9,8267	8,4229	7,37	Hz
16	62,8907	31,4453	20,9636	15,7227	12,5781	10,4818	8,9844	7,8613	Hz

Dabei ist $f_o/3 = f_s/2 = 3,9307$ **Hz** die erste kleinste natürliche Frequenz, die Erdfrequenz und Schumann-Frequenz **gemeinsam** besitzen.

Die Tabelle mit den gemeinsamen Frequenzen enthält ebenfalls alle Oberwellen der Schumann-Frequenz. Damit gehört das Schumann-Spektrum zum Frequenzspektrum der obigen Tabelle, d.h. **das gesamte Schumann-Spektrum lässt sich aus den Erdfrequenzen ableiten**.

Die von der Erdfrequenz und der Schumann-Frequenz erzeugten gemeinsamen Frequenzen kann man als **biologische Frequenzen** bezeichnen.

Ein weiterer Zusammenhang aus Gleichung 3.12.1 für die Sferic-Frequenzen ergibt sich wenn größere **n**, also höhere Frequenzen, betrachtet werden:

Tabelle: gemeinsame Frequenzen für $1056 \leq n \leq 2672$, $k \leq 8$

k	1	2	3	4	5	6	7	8	
n									
1056	**4150,784**	2075,392	1383,595	1037,696	830,157	691,797	592,969	518,848	**Hz**
1584	**6226,176**	3113,088	2075,392	1556,544	1245,235	1037,696	889,454	778,272	**Hz**
2112	**8301,568**	**4150,784**	2767,189	2075,392	1660,314	1383,595	1185,938	1037,696	**Hz**
2640	**10376,96**	5188,48	3458,987	2594,24	2075,392	1729,493	1482,423	1297,12	**Hz**
3168	**12452,35**	**6226,176**	**4150,784**	3113,088	2490,47	2075,392	1778,907	1556,544	**Hz**
7128	**28017,79**	14008,89	9339,264	7004,448	5603,558	4669,632	4002,542	3502,224	**Hz**
12672	**49809,41**	24904,7	16603,14	**12452,35**	9961,882	**8301,568**	7115,63	**6226,176**	**Hz**

Die spektralen Maxima der Sferic-Frequenzen befinden sich in sehr schmalbandigen Bereichen die allgemein, wie folgt, angegeben werden:

4150,84 Hz - 6226,26 Hz - 8301,26 Hz - 10377,10 Hz - 12452,52 Hz - 28018,17 Hz - 49810,08 Hz

Der Vergleich des Sferic-Spektrums mit den Tabellenwerten liefert eine gute Übereinstimmung der Werte. Über das ganze Spektrum gesehen liegt der maximale Fehler unter 0,7 Hz.

Wie durch Gleichung 3.12.1 und die erzeugte Tabelle für $1056 \leq n \leq 12672$ gezeigt worden ist sind die Sferic-Frequenzen, mit hinreichender Genauigkeit, im Spektrum der gemeinsamen Erdfrequenzen und Schumann-Frequenzen enthalten.

3.13 – Zusammenfassung

Die Sferics sind physikalisch als elektromagnetische Wellen nachgewiesen.

Die Sferic-Grundfrequenz ist die **5.** Oktave der **10.** Oberwelle der Erdgrundfrequenz. Die Sferic-Grundfrequenz ist gleichzeitig die **4.** Oktave der **32.** Oberwelle der Schumannfrequenz.

Die Sferic-Frequenzen sind im Spektrum der Erdfrequenzen enthalten.

Die Schumann-Frequenz ist physikalisch als elektromagnetische Welle nachgewiesen.

Die Schumann-Frequenz beträgt zwei Drittel der Erdfrequenz – Die Erdgrundfrequenz ist die **Quinte** der Schumannfrequenz.

Die Schumann-Frequenz ist im Spektrum der Erdfrequenzen enthalten.

Es besteht ein Zusammenhang von elektromagnetischen Schwingungen mit dem Erd-Schwingungsgefüge.

Hier entsteht die Frage, ob ein Zusammenhang des Magnetfeldes bzw. des elektrischen Erdfeldes mit dem Erd-Schwingungsgefüge existiert?
Dazu muss das Erdmagnetfeld betrachtet werden, was im nächsten Teil geschehen wird.

Ergänzende Informationen sind in dem Buch „Gitterstrukturen des Erdmagnetfeldes" Kapitel 15, Magnetische Schichten und Frequenzen 1, Seite 129–136, zu finden. [3]

Teil 3 – Anwendungen 2

Mit der Konstruktion des Schwingungsgefüges in Teil 1 steht ein mathematisch-physikalisches Modell zur Verfügung, dass es ermöglicht konzentrische Strukturen, wie den Schalenaufbau der Erde auf der Basis eines Schwingungsgefüges zu erklären.
Mit den Anwendungen in Teil 2 wird die Anwendung des Modells auf die geologischen Schalen und die Schichten der Atmosphäre gezeigt.
Aufgrund der Aussagen und der Fragestellung aus Kapitel 3.12 erfolgt jetzt die Anwendung des Modells auf das elektromagnetische Feld der Erde.

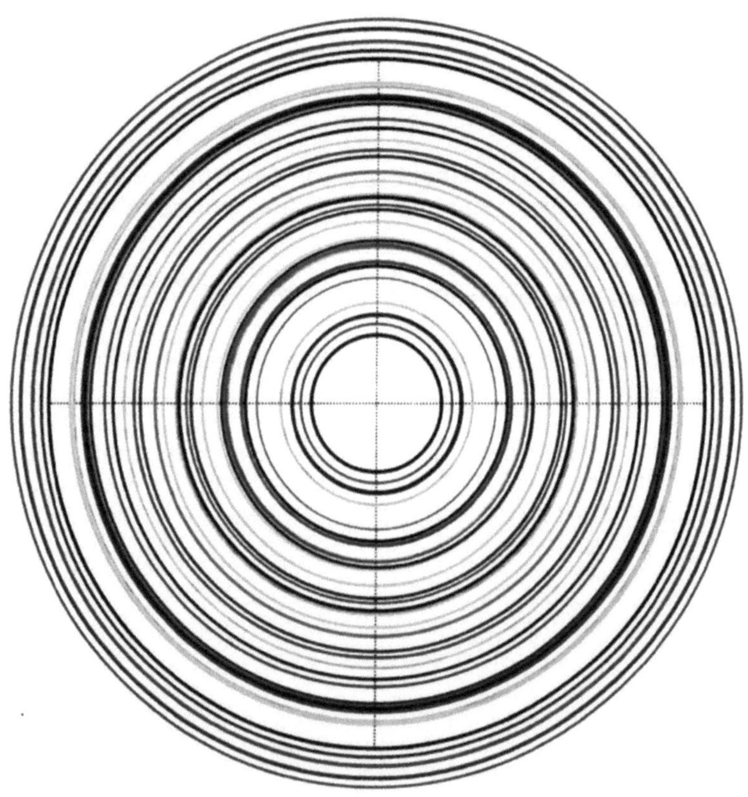

4.0 – Magnetisches Erdfeld

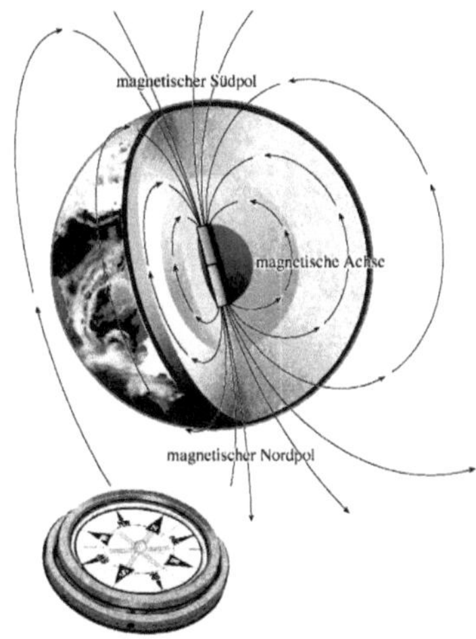

Aus der Schule, und aus den Medien kennen wir das Magnetfeld der Erde stets als ein Feld, dass dem Feld eines Stabmagneten entspricht. Es ist das sogenannte **Dipolfeld**.

Historisch bedingt erklärt diese Sichtweise des Magnetfeldes das Verhalten einer Inklinationsnadel.

Die Nadel steht am Pol **senkrecht** zur Erdoberfläche und am Äquator **waagerecht** zur Erdoberfläche. [41] [42]

Abbildung 4.0.1 – Dipolfeld

Nimmt man gemessene Werte des Feldes, so lässt sich an den auftretenden **4** magnetischen Polen (siehe Bild 3.4.2) anschaulich zeigen, dass das Dipolmodell nicht genügt, um das reale Erdmagnetfeld hinreichend genau zu erklären.

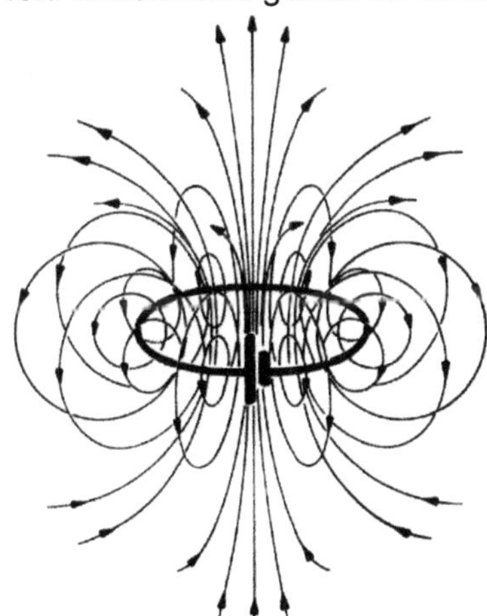

Der physikalische Ansatz für ein solches Dipolfeld besteht in einer Betrachtung des Magnetfeldes, einer so genannten **Leiterschleife**.

Die mathematische Ableitung führt zu einer Differentialgleichung, in der ein **elliptisches Integral** auftaucht, für das keine geschlossene mathematische Lösung – in Form einer Gleichung – existiert. [14]

Abbildung 4.0.2 – Leiterschleife

Der mathematisch allgemein übliche Ansatz besteht darin den auftretenden Term, im Integral, **in eine unendliche Reihe umzuwandeln:**

Vereinfacht lässt sich das so schreiben:

$$B = a_1 \cdot x^1 + a_2 \cdot x^2 + a_3 \cdot x^3 + a_4 \cdot x^4 + \dots$$

Dann **schneidet man diese Reihe nach dem ersten Glied einfach ab**. Wird das Übriggebliebene integriert, so entsteht die allgemeine Gleichung für das Dipolfeld die nur von der geographischen Breite φ abhängig ist.

4.0.1 - Gleichung: $\quad B = \dfrac{\mu_0 \cdot m}{4 \cdot \pi \cdot r^3} \cdot \sqrt{1 + 3 \cdot \cos^2(90 - \varphi)} \qquad \mu T$

In der Gleichung steht **B** für die magnetische Flussdichte und φ für die geographische Breite.
Das magnetische Moment der Erde mit **m = 6,6845·10^{22} Am^2**. Die magnetische Permeabilität $\boldsymbol{\mu = 10^{-7}}$ **Vs/Am**.[10] [20]
Für den Erdradius **r** nimmt man den Äquatorwert aus einem geodätischen System, in diesem Fall das **WGS84**, [27] dass diesen angibt mit: **r = 6378137 m**.

Die hier dargestellte Vorgehensweise zur Erreichung der Dipolgleichung kann aufgrund der abgeschnittenen Restglieder lediglich als eine **erste Näherung** betrachtet werden.
Integriert man die restlichen Glieder der unendlichen Reihe (aus der Leiterschleifenbetrachtung), so erhält man das Quadrupolfeld, das Oktupolfeld usw. Insgesamt nennt man das **Multipolentwicklung**.

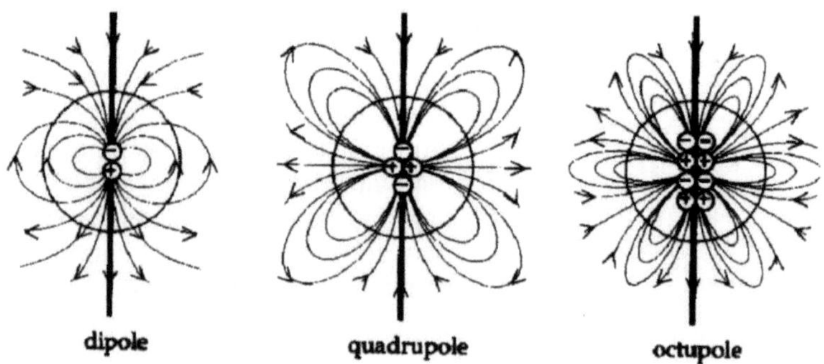

Abbildung 4.0.3 – Multipolentwicklung

Siehe dazu „Gitterstrukturen des Erdmagnetfeldes", Kapitel 1, Das Dipolfeld der Erde, Seite 17–23. [3]

4.1 – Gauß und Weber

Schon **C.F. Gauß** [43] und **W. Weber** [44] erkannten **1838** durch ihre Versuche mit dem Erdmagnetfeld, dass das Magnetfeld nicht einfach durch das Modell eines Stabmagneten bzw. einer Leiterschleife erklärt werden kann.
Johann Carl Friedrich Gauß (*30.April 1777 - †23.Februar 1855) war ein deutscher Mathematiker, Statistiker, Astronom, Geodät und Physiker. Wilhelm Eduard Weber (*24.Oktober 1804 - †23.Juni 1891) war ein deutscher Physiker.
1838 erschien die „Allgemeine Theorie des Erdmagnetismus" von Gauß und Weber, [45] in der sie folgende Potentialgleichung für das Erdmagnetfeld angeben:

4.1.1 - Gleichung:

$$V(\varphi,\lambda,r,t) = a \cdot \sum_{n=1}^{N} \sum_{m=0}^{n} \left(g_n^m(t) \cdot \cos(m\lambda) + h_n^m(t) \cdot \sin(m\lambda) \right) \cdot \left(\frac{a}{r} \right)^{n+1} \cdot P_n^m \cdot \sin\varphi$$

Die magnetische Flussdichte **B** lässt sich als Vektor mittels des **Gradienten** aus der Potentialgleichung ableiten:

4.1.2 - Gleichung: $B(\varphi,\lambda,r,t) = -\nabla V(\varphi,\lambda,r,t)$

Nach Gleichung 4.1.2 ist die magnetische Flussdichte **B** abhängig von Breitengrad φ, Längengrad λ und Abstand **r** zum Mittelpunkt sowie der Zeit **t**.

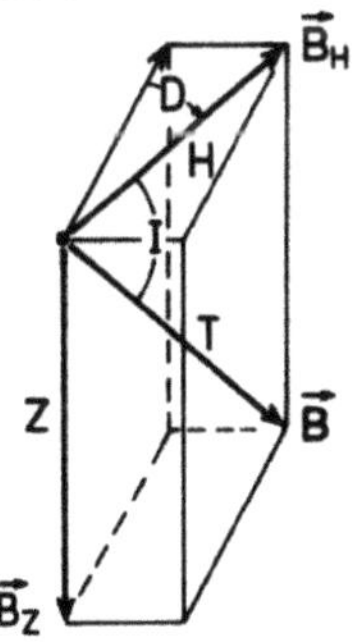

Aus diesem Vektor lassen sich die sogenannten
Feldelemente des Magnetfeldes generieren.
Also, die Deklination, die Inklination und die Totalintensität usw.
In der nebenstehenden Abbildung sind die Beziehungen zueinander abgebildet. [46]

Abbildung 4.1.1 – Feldelemente

Die Gleichungen von Gauß und Weber für das Erdmagnetfeld werden bis heute benutzt. Aus der Potentialgleichung bzw. der Theorie

lassen sich aber die real auftretenden Koeffizienten in der Potentialgleichung **nicht** ermitteln. Dies geschieht über eine **Messung** des realen magnetischen Feldes der Erde.
Man passt die Koeffizienten g_n und h_n in Gleichung 4.1.1 dem Multipolmodell an. Dazu wird das Erdfeld auf ein Potentialfeld zurückgeführt, welches nach den Kugelflächenfunktionen entwickelt wird. Dadurch ist die Darstellung des Magnetfeldes aber weiterhin noch eine **Näherung**.

Bemerkung:

Werden die Klammern in der Potentialgleichung aufgelöst, so treten in der Gleichung von Gauß lediglich Produkte von Sinus- bzw. Kosinus-Funktionen also tesserale Kugelflächenfunktionen bzw. Gitter, auf. Das heißt: Schon Gauß und Weber legten bei ihren Betrachtungen des Erdmagnetfeldes **Kugelflächenfunktionen** zugrunde!!!
Siehe dazu auch „Gitterstrukturen des Erdmagnetfeldes", Kapitel 2.7, Der Ansatz von Gauß, Seite 32–33. [3]

4.2 – Meßstationen

Das Magnetfeld der Erde wird weltweit durch mehr als **200** Meßstationen erfasst.

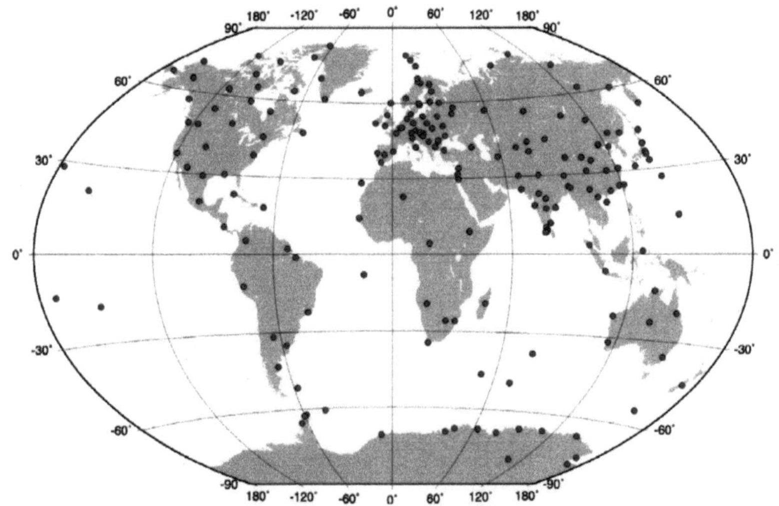

Abbildung 4.2.1 – Meßstationen

Seit einigen Jahrzehnten wird das Magnetfeld von Satelliten aus vermessen. Der erste Satellit war **Magsat** [47], der bis 1980 sechs Monate lang die Intensität und das gesamte Magnetfeld registrierte.
Seit 1999 befindet sich der dänische Satellit **Ørstedt** [48] auf einer Erdumlaufbahn. Seit Juli 2000 arbeitet der deutsche Satellit **Champ** [49] und seit November 2013 umkreist der Satellit **Swarm** [50] die Erde.

Alle anfallenden Daten, über das Erdmagnetfeld, werden von der **IUGG** bzw. der **IAGA** [51] erfasst und ausgewertet. Diese Werte dienen, unter anderen als Grundlage, zur Erstellung der Modelle **IGRF** (International Geomagnetic Reference Field) [52] und **WMM** (World Magnetic Model). [53]
Diese Modelle werden als Kartensätze für Deklination, Totalintensität, größte totale Änderungen, Horizontalintensität, Inklination, Nordintensität, Ostintensität und Vertikalintensität herausgegeben. Siehe dazu: http://www.ngdc.noaa.gov/IAGA/

4.3 – Totalintensität – WMM 2005

Das "**World Magnetic Model**" (WMM) ist ein Erzeugnis der U.S. National Geospatial-Intelligence Agency (NGA). [54]

Das WMM 2005 kann man über das „National Geophysical Data Center" (NGDC) und mittlerweile über das Internet beziehen.
Das NGDC und das British Geological Survey (BGS) fertigten das WMM mit Unterstützung der NGA in den USA an, zusammen mit der „Defence Geographic Imagery" und der „Intelligence Agency" (DGIA) aus Großbritannien.

Das WMM wird für das US Department of Defense, das UK Ministry of Defence, der North Atlantic Treaty Organization (NATO) und dem World Hydrographic Office (WHO) als Standardmodell benutzt.
Es ist inzwischen auch in der zivilen Navigation weit verbreitet. Das Modell, die zugehörige Software und Dokumentation werden von der NGDC und der NGA verwaltet und für jeweils **5** Jahre angefertigt.

Wichtig für diese Untersuchung ist die Karte der Totalintensität, da hier eine bestimmte Art der Auswertung möglich ist.
Das Gesamtfeld, also die Totalintensität an der Erdoberfläche, für das **World Magnetic Model 2005**, ist in der folgenden Abbildung 4.3.1 zu sehen.

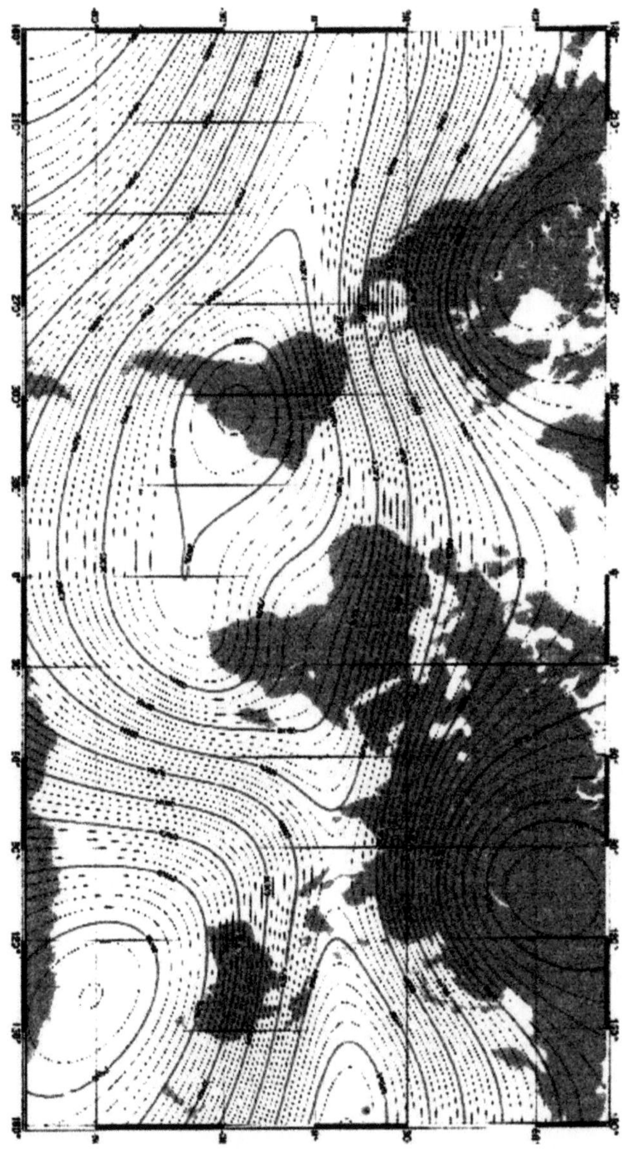

Abbildung 4.3.1 – WMM 2005

Auffallend sind die **vier** Extremwerte des Feldes (nicht nur zwei wie beim Dipolmodell) wobei **drei Maxima** und **ein Minimum** vorliegen. Hinzu kommt ein **Sattelpunkt** (in der Region Indonesien).

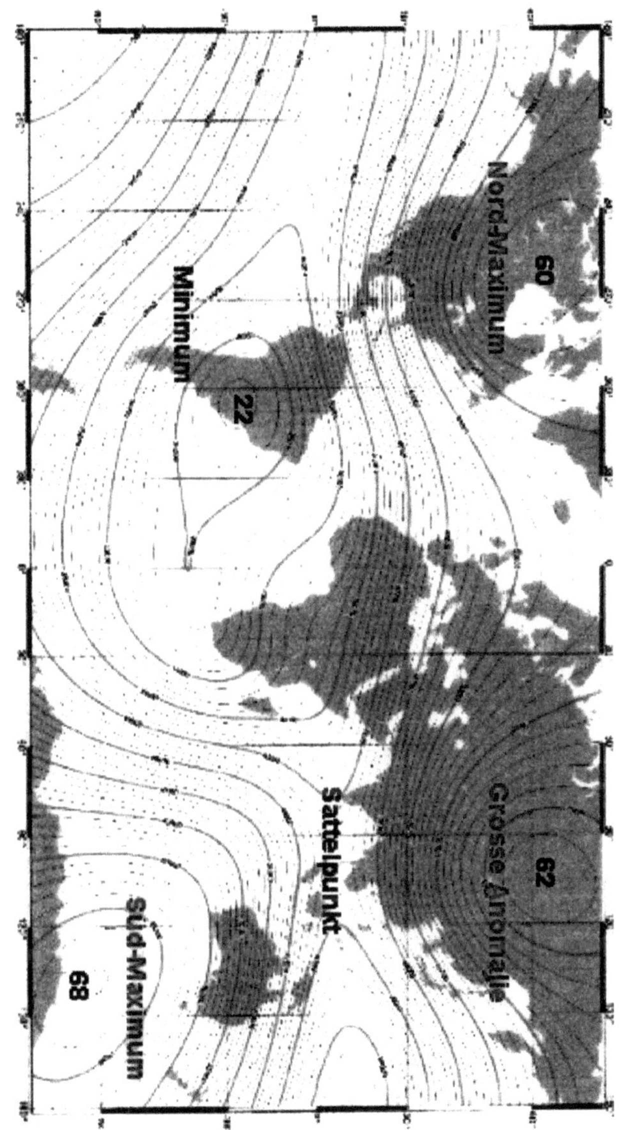

Abbildung 4.3.2 – Extremwerte des Feldes

Die Bezeichnungen der Extremwerte des magnetischen Feldes sind in der Geophysik so üblich. **Die Vierpolbildung ist mit der Dipoltheorie nicht mehr erklärbar.** Und bei Heranziehung des Multipolmodells gilt: Durch die Umwandlung des Terms in eine Reihe ist der gesamte Vorgang ein **mathematisch approximativer**, die Lösung nur eine **mathematische Näherung**.

Die Frage nach **physikalischer Relevanz** bleibt dabei völlig offen! Es ist daher mit Recht bezweifelbar, dass die Natur hier die gleiche Umsetzung benutzt hat.

4.4 – Temporäre Stabilität

Das gesamte Magnetfeld verändert - langfristig gesehen - seine Form. Diese langsame Änderung wird als **Säkularvariation** bezeichnet und führt im Laufe der Zeit auch dazu, dass sich das Erdmagnetfeld in seiner Polarität umkehrt. Laut Geoforschungszentrum Potsdam [55] liegt die letzte Umpolung etwa **750.000 Jahre** zurück. Laut A. Hanslmeier etwa **786.000 Jahre**, der diese Umpolung als „Brunhes-Matuyama Reversal" benennt. [56]

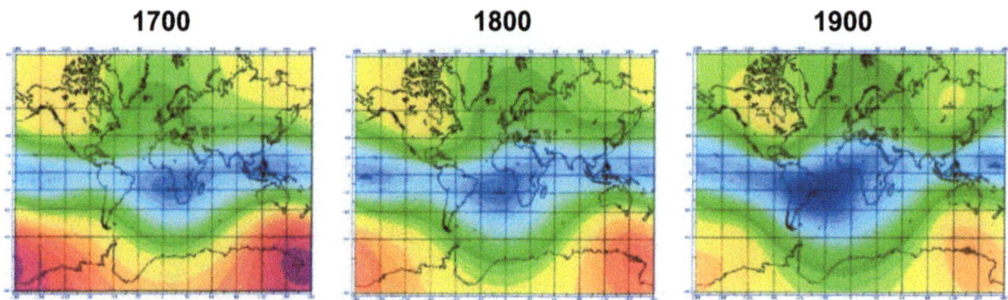

Abbildung 4.4.1 – Temporäre Stabilität über 200 Jahre

In den Abbildungen 4.4.1 vom „World Data Center for Geomagnetism" in Kyoto ist die Situation, noch einmal für **200 Jahre**, dargestellt. Die Bilder beruhen auf geologischen Funden und Langzeitrückrechnungen des Erdmagnetfeldes. [57]

Vergleicht man diese Abbildungen mit den heutigen Modellen von 2005, 2010, 2015, so lässt sich keine Änderung in der Feldstruktur feststellen. Es ändern sich zwar Intensitäten und auch die Extrema etwas ihre Lage, aber auch hier lässt sich **keine wesentliche Änderung in der Gesamtfeldstruktur** feststellen.

**Das Feld der Totalintensität ist also temporär,
über längere Zeiträume, <u>konstant</u>.**

Daher ist es auch für eine allgemeine Analyse des Erdfeldes bestens geeignet.

Abbildung 4.4.2 – Totalintensität 1980

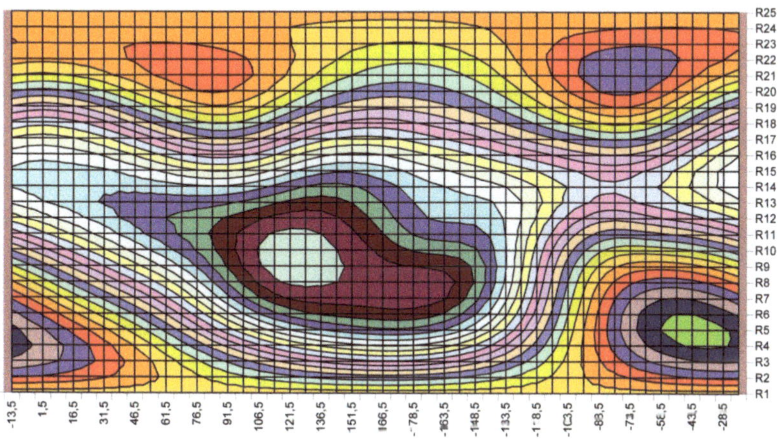

Abbildung 4.4.3 – Totalintensität 2010

Der Vergleich der Abbildungen zeigt, dass in der Struktur des Feldes keine größeren Abweichungen zwischen **1980** und **2010** vorhanden sind.

Das Magnetfeld (Totalintensität) ist also während der letzten **30** Jahre hinreichend konstant geblieben.

Siehe dazu auch „Gitterstrukturen des Erdmagnetfeldes", Kapitel 2, Das Gesamtfeld der Erde, Seite 24–33. [3]

4.5 – Fourier-Analyse Erdmagnetfeld

Der Ansatz ist, auch hier eine Schwingungsbasis für das Erdmagnetfeld zu finden.

Es existiert bereits eine mathematische Methode, nämlich die **Fourier-Analyse**, [58] mit der eine gegebene periodische Funktion in eine Summe von Sinus- und Kosinusfunktionen zerlegt werden kann.

Jean Baptiste Joseph Fourier (*21.März 1768 - †16.Mai) [59] war ein französischer Mathematiker und Physiker, der im Jahr 1822 in seiner *„Théorie analytique de la chaleur"* [60] Fourier-Reihen untersuchte und dabei die nach ihm benannte Analyse beschrieb.

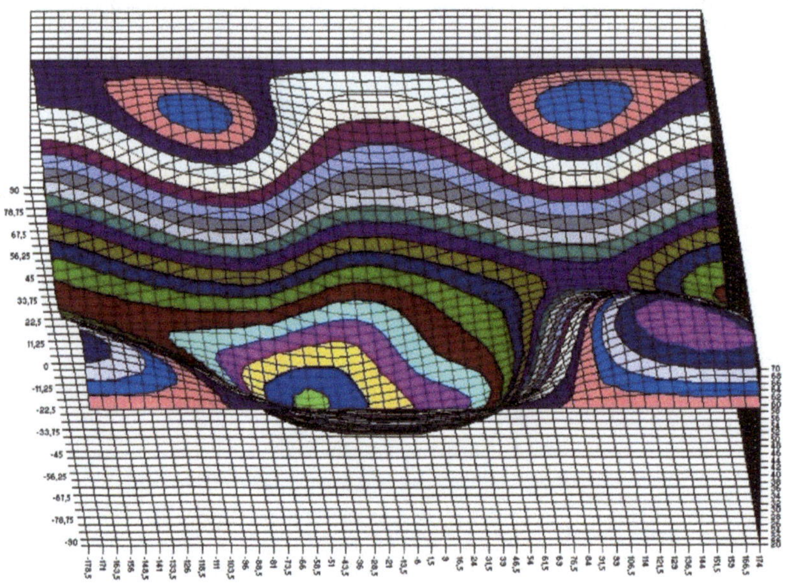

Abbildung 4.5.1 – Totalintensität als 3D-Darstellung

Dazu wird die Graphik 4.5.1 für die Totalintensität in eine **Tabelle** der Totalintensitäten umgewandelt. So ist die Möglichkeit einer Auswertung gegeben.

Außerdem wird dadurch erst die 3D-Darstellung des Erdmagnetfeldes, an der Erdoberfläche, möglich.

Die Auswertung erfolgt hier über eine **zweidimensionale Fourier-Analyse.** Da eine Fourier-Analyse eine Zerlegung einer gegebenen Funktion in eine Summe von Sinus- und Kosinusfunktionen liefert, erhält man bei einer zwei-dimensionalen Fourier-Analyse eine Summe von **Kugelflächenfunktionen**.

Beim Erdmagnetfeld gelingt es tatsächlich, eine Zerlegung in Kugel-flächenfunktionen vorzunehmen.

4.5.1 – Fourier-Analyse

Das Gesamtfeld wird in einzelne – in diesem Fall in horizontale – **Schnitte** zerlegt. Mit jedem Schnitt lässt sich eine eindimensionale Fourier-Analyse ausführen.
Jeder Schnitt verläuft entlang eines **Breitenkreises**. Von **+90** Nord bis **–90** Süd werden die Schnitte im Abstand von **7,5 Grad** angelegt. Daraus ergeben sich **25 Schnitte**. (7,5 Grad = 800 km)
Jeden Schnitt wird einer eindimensionalen (numerischen) Fourier-Analyse, mit der Variablen λ und der Schrittweite **7,5** Grad, d.h. mit **48** Punkten pro Schnitt unterzogen. So ergeben sich insgesamt **1106** Datenpunkte für die Analyse des Erdfeldes.

Als Grundlage bzw. Werkzeug der gesamten Analyse dient ein **numerisches** (eindimensionales) harmonisches Verfahren, wie es im Buch „Mathematik für Ingenieure" von Brauch/Dreyer/Haacke beschrieben wird und auch als **Algorithmus von Goertzel** (und Reinsch) bekannt ist. [61] Der Algorithmus wurde 1958 von Gerald Goertzel entwickelt und stellt eine besondere Form der diskreten Fourier-Transformation (DFT) dar.

Dann lassen sich die **25** Schnitte, durch die Fourier-Analyse bedingt, allgemein so darstellen:

$$Y_0 = \sum_{i=0}^{n}\left(a_{i0}\cdot\cos i\lambda + b_{i0}\cdot\sin i\lambda\right) \quad \text{bis} \quad Y_m = \sum_{i=0}^{n}\left(a_{im}\cdot\cos i\lambda + b_{im}\cdot\sin i\lambda\right)$$

Es entsteht ein Gleichungssystem von **m+1** Gleichungen, mit jeweils **n+1** Gliedern.

Über die erzeugte Koeffizientenmatrix mit den $\mathbf{A_m}$ und $\mathbf{B_m}$ kann eine **weitere** Fourier-Analyse, mit der Variablen φ durchgeführt werden.
Für jeden Punkt auf der Erde mit den Koordinaten λ, φ gilt dann:

$$Y = \sum_{j=0}^{m}\left(a_{j0}\cdot\cos j\varphi + b_{j0}\cdot\sin j\varphi\right) + \sum_{i=1}^{n}\sum_{j=0}^{m}\left(a_{ji}\cdot\cos j\varphi + b_{ji}\cdot\sin j\varphi\right)\cdot\left(\cos i\lambda + \sin i\lambda\right)$$

Das gesamte Verfahren der Fourier-Analyse sieht dann so aus:

$$Y_0 = a_{00} + a_{10}\cdot\cos\lambda + b_{10}\cdot\sin\lambda + a_{20}\cdot\cos 2\lambda + b_{20}\cdot\sin 2\lambda + \ldots + a_{n0}\cdot\cos n\lambda + b_{n0}\cdot\sin n\lambda$$

$$Y_k = a_{0k} + a_{1k}\cdot\cos\lambda + b_{1k}\cdot\sin\lambda + a_{2k}\cdot\cos 2\lambda + b_{2k}\cdot\sin 2\lambda + \ldots + a_{nk}\cdot\cos n\lambda + b_{nk}\cdot\sin n\lambda$$

$$Y_m = a_{0m} + a_{1m}\cdot\cos\lambda + b_{1m}\cdot\sin\lambda + a_{2m}\cdot\cos 2\lambda + b_{2m}\cdot\sin 2\lambda + \ldots + a_{nm}\cdot\cos n\lambda + b_{nm}\cdot\sin n\lambda$$

$$Y = \sum_{j=0}^{m}\left(a_{j0}\cdot\cos j\varphi + b_{j0}\cdot\sin j\varphi\right)$$

$$+ \sum_{j=0}^{m}\left(a_{j1}\cdot\cos j\varphi + b_{j1}\cdot\sin j\varphi\right)\cdot\cos\lambda$$

$$+ \sum_{j=0}^{m}\left(a_{j1}\cdot\cos j\varphi + b_{j1}\cdot\sin j\varphi\right)\cdot\sin\lambda$$

$$+ \sum_{j=0}^{m}\left(a_{j2}\cdot\cos j\varphi + b_{j2}\cdot\sin j\varphi\right)\cdot\cos 2\lambda$$

$$+ \sum_{j=0}^{m}\left(a_{j2}\cdot\cos j\varphi + b_{j2}\cdot\sin j\varphi\right)\cdot\sin 2\lambda$$

$$+$$

$$+$$

$$+ \sum_{j=0}^{m}\left(a_{jn}\cdot\cos j\varphi + b_{jn}\cdot\sin j\varphi\right)\cdot\cos n\lambda$$

$$+ \sum_{j=0}^{m}\left(a_{jn}\cdot\cos j\varphi + b_{jn}\cdot\sin j\varphi\right)\cdot\sin n\lambda$$

Der erste Term für **Y** (also der zonale, sektorielle Teil) kann so ergänzt werden:

$$\sum_{j=0}^{m}\left(a_{j0}\cdot\cos j\varphi + b_{j0}\cdot\sin j\varphi\right)$$

$$= \sum_{j=0}^{m}\left(a_{j0}\cdot\cos j\varphi + b_{j0}\cdot\sin j\varphi\right)\cdot\cos 0 + \sum_{j=0}^{m}\left(a_{j0}\cdot\cos j\varphi + b_{j0}\cdot\sin j\varphi\right)\cdot\sin 0$$

Durch die quantitative Analyse einerseits und dem mathematischen Verfahren andererseits bedingt, lässt sich folgende Gesamtgleichung für die magnetische Flussdichte an der Erdoberfläche erstellen:

4.5.1.1 - Gleichung:

$$B = \sum_{i=0}^{n} \sum_{j=0}^{m} \left(a_{ji} \cdot \cos j\varphi + b_{ji} \cdot \sin j\varphi \right) \cdot \left(\cos i\lambda + \sin i\lambda \right)$$

Löst man die Klammern auf, so treten nur **tesserale Kugelflächen-funktionen**, also **Gitter** auf.

4.5.1.2 - Satz: Das Magnetfeld der Erde (an der Erdoberfläche) lässt sich vollständig durch eine Summe von Gittern beschreiben.

Gleichzeitig stellt diese Funktion eine Lösung des Winkelanteils der Laplace-Gleichung dar. In der Konsequenz gilt dann:

4.5.1.3 - Satz: Magnetfeld der Erde (an der Erdoberfläche)

= zweidimensionales Schwingungsgefüge

So stellt sich die Frage, ob ein Zusammenhang zwischen dem zwei-dimensionalen magnetischen Schwingungsmodell und dem Erd-Schwingungsgefüge existiert.

Aufgrund des allgemeinen Ansatzes der Fourier-Analyse und Glei-chung 4.5.1.1 lässt sich noch folgende allgemeine Aussage machen:

4.5.1.4 - Satz: Jedes Schwingungsgefüge um eine Kugel lässt sich vollständig durch eine Summe von tessera-len Kugelflächenfunktionen beschreiben.

Mit Kapitel 2.11.1 lässt sich sogar formulieren:

4.5.1.5 - Satz: Jedes Schwingungsphänomen um eine Kugel lässt sich als Lösung des Winkelanteils der La-place-Gleichung darstellen.

4.5.2 – Quantitative Fourier-Analyse Erdmagnetfeld

Die quantitative, also die rein **numerische**, Fourier-Analyse des Erd-magnetfeldes (IGRF1984) [37] [38] ergibt folgendes Ergebnis für die magnetische Flussdichte an der Erdoberfläche:

4.5.2.1 - Gleichung:

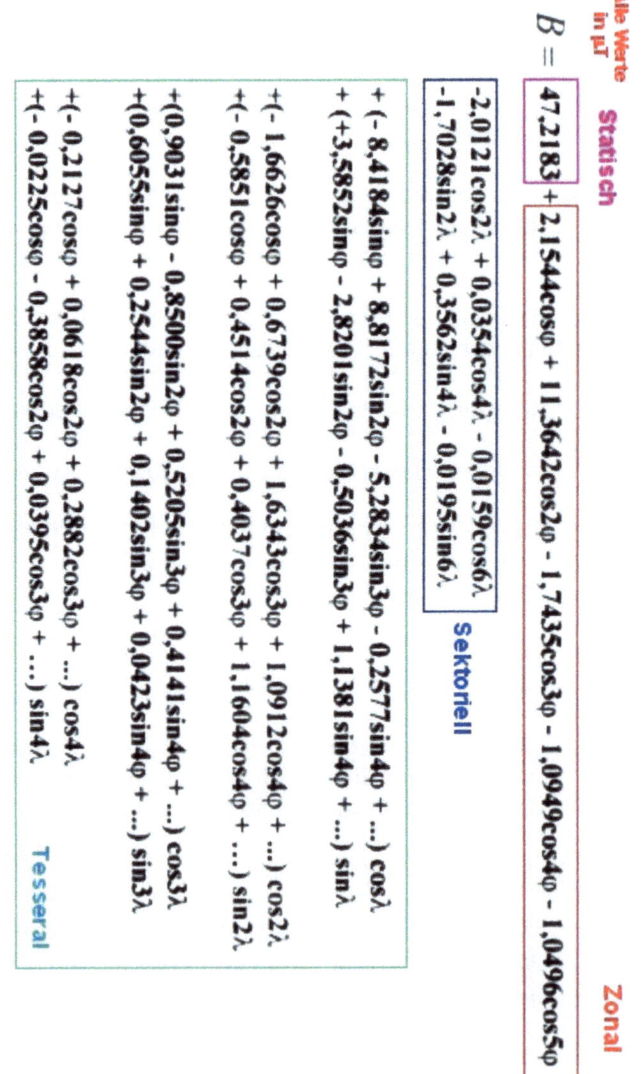

Die Auswertung liefert alle drei Arten von Kugelflächenfunktionen, also **zonale, sektorielle** und **tesserale** Formen, sowie einen **statischen** Anteil.

Der zonale und sektorielle Teil der Kugelflächenfunktionen lässt sich zu einem Gitter zusammen fassen, dem **Gitter ZS**. Dieses verhält sich folgerichtig wie eine tesserale Kugelflächenfunktion, also wie ein Gitter.

4.5.2.2 - Gleichung: Gitter ZS = Zonal + Sektoriell

$$B_{ZS} = B_z + B_S$$

4.5.2.3 - Gleichung: $B_{Gesamt} = B_{Statisch} + B_{ZS} + B_{Tesseral}$

Bemerkung:

In der Gleichung 4.5.2.1 existieren **17** Intensitätswerte die zwischen einem und elf **Mikrotesla** liegen. **Alle** anderen Werte liegen im **Nanotesla**-Bereich!!!

4.6 – Weitere Auswertungen

Die einzelnen Teile, aus der Fourier-Analyse (Kugelflächenfunktionen), erlauben eine graphische Darstellung der magnetischen Gesamtsituation.

In die Karte der **Totalintensität** werden alle Extremwerte, magnetischen Strukturen und Quellpunkte eingetragen, die sich durch die Fourier-Analyse ergeben, wie in der Abbildung 4.6.1 auf der nächsten Seite zu sehen ist.

Es gilt für die Farbzuweisung in der folgenden Abbildung:

Blau   – Dreiachsiges Ellipsoid

Rot   – Zonal, Sektoriell (Gitter ZS)

Grün   – Tesseral

Schwarz   – Huygensche Quellpunkte

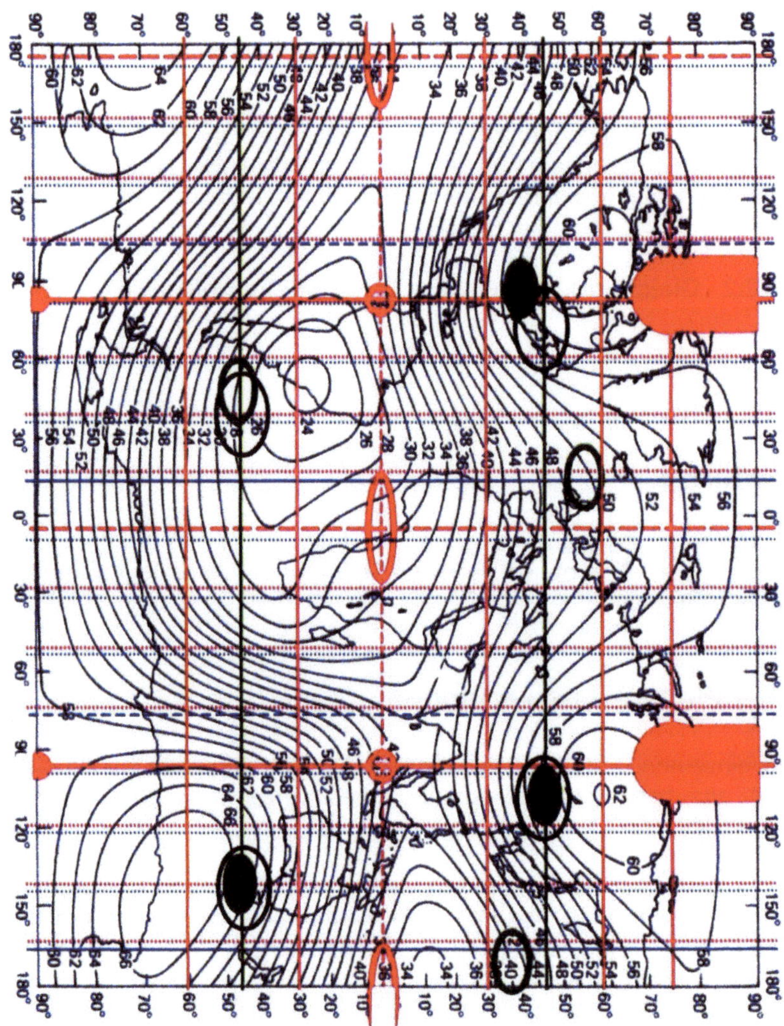

Abbildung 4.6.1 – Auswertung der Fourier-Analyse

Aus der Abbildung 4.6.1 ergeben sich Zusammenhänge, die auf den nächsten Seiten detailliert dargestellt werden.

Dabei handelt es sich um die Beziehungen des Erdmagnetfeldes zur Erdgestalt, die Auswirkungen des Gitter ZS auf die magnetischen Verhältnisse in der Arktis sowie die Lage des tesseralen Feldes und die Position der huygenschen Quellpunkte.

114

4.6.1 – Dreiachsiges Ellipsoid

Mit Hilfe der Satellitengeodäsie sind **1966** durch **C.A. Lundquist** und **G. Veis** [62] folgende Parameter ermittelt worden, um die Erde als **echtes** dreiachsiges Ellipsoid darzustellen:

$$a_1 - a_2 = 69 \text{ Meter}$$
$$\lambda_0 = -14{,}75° \text{ West}$$

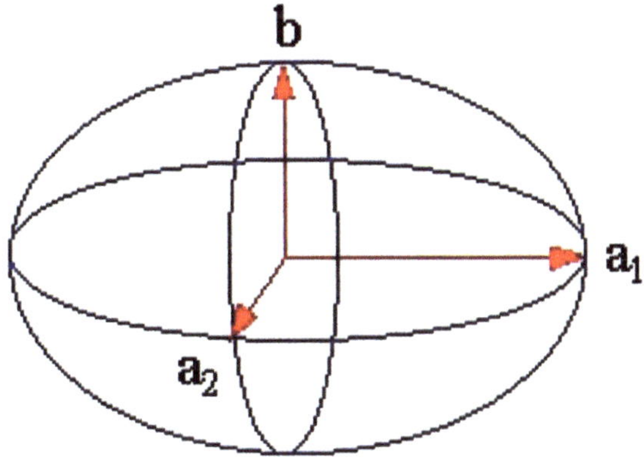

Abbildung 4.6.1.1 – Dreiachsiges Ellipsoid

Das blaue Ellipsoidgitter, in Abbildung 4.6.1, orientiert sich an den Werten von Lundquist und Veis und ist zum roten magnetischen System um **1,25 Grad** verschoben.
Global gesehen ist eine gute Übereinstimmung festzustellen.

Eine Analyse der geographischen Positionen aller auftretenden magnetischen Extrema ergibt einen funktionalen Zusammenhang für deren geographische Länge, die **Längenpositionsgleichung**.
Die Ableitung der folgenden Gleichung ist im Buch „Gitterstrukturen des Erdmagnetfeldes", Kapitel 4.4, Der Nullpunkt, Seite 39–41 und Kapitel 9.5, Das Gitter ZS, Seite 70–71, zu finden. [3]

4.6.1.1 - Gleichung: $\qquad \lambda_E = 3{,}75° \cdot m - 13{,}5°$

m ist Element der ganzen Zahlen (...-2,-1,0,1,2,...)

4.6.1.2 - Satz: Das Erdmagnetfeld steht in Relation zur Erdgestalt.

Siehe dazu auch „Gitterstrukturen des Erdmagnetfeldes", Kapitel 17, Die Gestalt der Erde, Seite 146–158. [3]

4.6.2 – Gitter ZS

Das rote magnetische System in der Abbildung 4.6.1 stellt das **Gitter ZS,** also den zonal-sektoriellen Anteil dar.
In der Gleichung 4.5.2.1 taucht im zonalen Anteil der Term **11,3642 cos 2φ** auf. Dies entspricht dem Dipol-Anteil des Erdfeldes. Der Dipolanteil macht etwa **84 %** des Gesamtfeldes aus.
Da hier noch die sektoriellen Anteile hinzu kommen, entsteht ein magnetischer Rücken am Nordpol, während am Südpol nur eine punktförmige Maximalzone vorhanden ist.

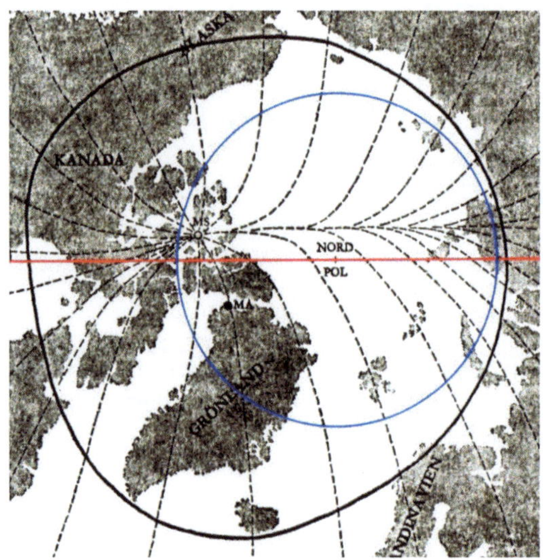

Die Abbildung zeigt die Nordlichtzone (schwarzer Kreis) und die geomagnetischen Verhältnisse in der Arktis.
Eingetragen sind die zonale (blauer Kreis) und die sektorielle (rote Linie) Maximalzone. Durch Addition des zonalen mit dem sektoriellen Anteil lässt sich der magnetische Rücken in der Arktis erklären.

Abbildung 4.6.2.1 – Magnetische Verhältnisse in der Arktis

Der magnetische Rücken stellt die Maximalzone des Grundfeld **ZS** dar. Die zonale Maximalzone reicht vom **Pol** bis zu etwa **67°** nördlicher Breite. Dies stimmt gut mit der **Polarlichtzone** überein.
Das magnetische Feld am nördlichen Polarkreis wird hauptsächlich durch das Grundfeld **ZS** geprägt
Die Maximumzone = **magnetischer Hauptmeridian** (dick rot), in Abbildung 4.6.1, ist gut zu erkennen, und zwar bei Lambda = **– 83,5°** West und Lambda = **96,5°** Ost.
Die Minimumzonen (rot gestrichelt) liegen bei Lambda = **5,25°** Ost

und bei Lambda = **– 174,25°** West. Die globalen Verhältnisse des Gitter ZS sind noch einmal in Abbildung 4.6.2.2 dargestellt.
Die blauen senkrechten Linien stellen die Hauptachsen für einen dreiachsigen Ellipsoid dar.

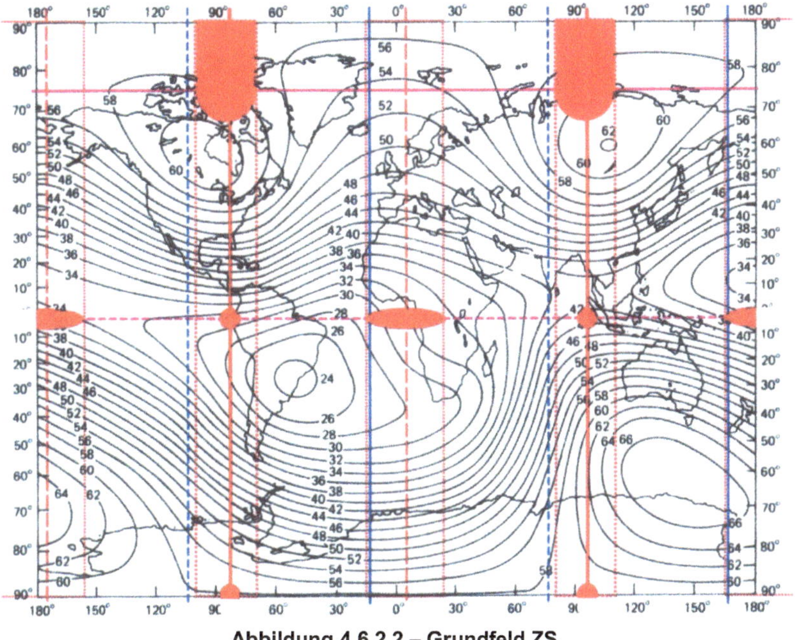

Abbildung 4.6.2.2 – Grundfeld ZS

In der Äquatorebene befinden sich zwei Minimalzonen (rote Ellipsen) und zwei Sattelpunkte (rote Kreise), mit jeweils 90 Grad Abstand.

4.6.2.1 - Satz: Alle Extremwertzonen des Gitter ZS liegen auf den Ecken eines Oktaeders.

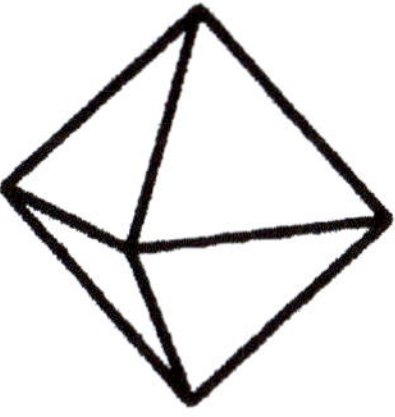

Abbildung 4.6.2.3 – Oktaeder

Siehe dazu auch „Gitterstrukturen des Erdmagnetfeldes", Kapitel 9.2–9.7, Seite 64–72. [3]

4.6.3 – Tesserales Feld

Das **grüne** System, in Bild 4.6.1, stellt den **tesseralen** Anteil dar. Alle Extremwerte liegen etwa bei **±45°** Breite.
Die grünen Punkte stellen die Maximal- bzw. Minimalpunkte des **reinen** (tesseralen) **Gitteranteils** des Erdmagnetfeldes dar.
Die globalen Verhältnisse des tesseralen Feldes sind noch einmal in Abbildung 4.6.3.1 dargestellt.

Vollgrün = Maximum
Grün Umrandet = Minimum

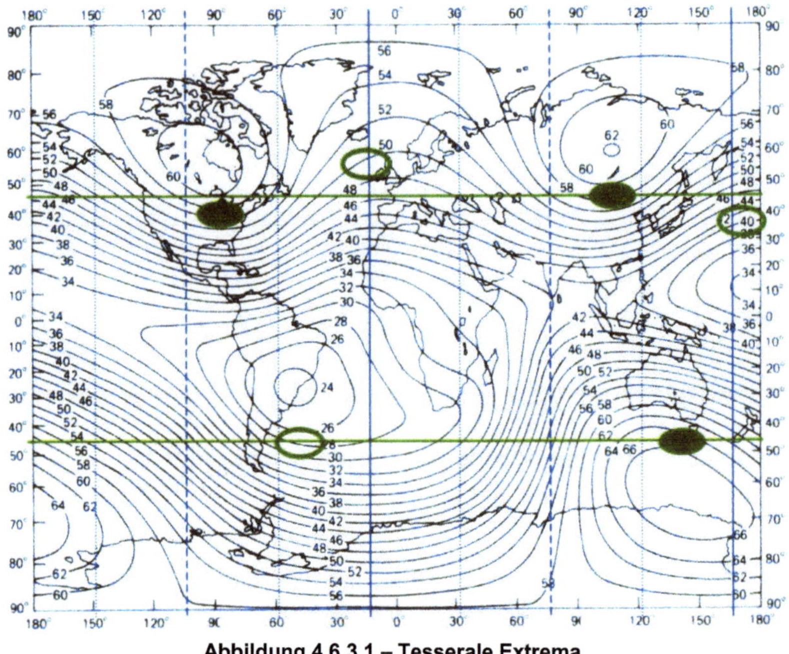

Abbildung 4.6.3.1 – Tesserale Extrema

Die **blauen** senkrechten Linien stellen die Hauptachsen für einen dreiachsigen Ellipsoid dar.
Auf der Nordhalbkugel liegen alle Extremwerte annähernd auf einem **Quadrat**.
Die Extremalzonen auf der Südhalbkugel sind um etwa **35-40°** gegenüber den nördlichen Extremalzonen **verschoben**.
Durch die **45°** Breite wird koordinatenmäßig in der Erde ein verdrehter **Spat (Kubus)** aufgespannt.

4.6.3.1 - Satz: **Die Extremwertzonen des tesseralen Feldes liegen auf den Ecken eines verdrehten Kubus.**

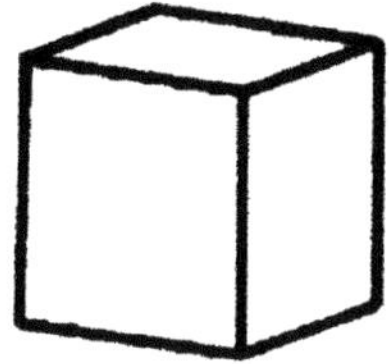

Abbildung 4.6.3.2 – Kubus

Siehe dazu auch „Gitterstrukturen des Erdmagnetfeldes", Kapitel 9.8, Der tesserale Anteil, Seite 73–75. [3]

Der tesserale Anteil ist nahezu identisch mit dem **non-Dipol-Feld**, welches etwa **16%** des gesamten Erdmagnetfeldes ausmacht.
Wie beim Gitter ZS gilt auch für den tesseralen Anteil die Längenpositionsgleichung 4.6.1.1 für die Extremalwerte.

4.6.4 – Huygensche Quellpunkte

Die **Schwarz** umrandeten Ellipsen, in Bild 4.6.1, stellen die huygenschen **Quellpunkte** des Gesamtfeldes dar.
Das Grundfeld- bzw. Gittermodell und das Huygensche Prinzip vorausgesetzt, stellen diese vier Pole die **theoretischen Quellpunkte** dar, von denen aus sich das **gesamte äußere magnetische Feld an der Erdoberfläche** aufspannen lässt.
Die Quellpunkte liegen auf den Ecken eines Tetraeders. Dagegen sind die Quellen auf der Südhalbkugel um **45°** verschoben.

4.6.4.1 - Satz: **Die huygenschen Quellpunkte befinden sich auf den Ecken eines verdrehten Tetraeders.**

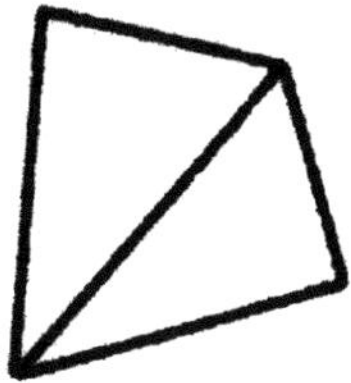

Abbildung 4.6.4.1 – Tetraeder

Es ist **Übereinstimmung der Quellbereiche mit den vier Haupt-textrema** des tesseralen Feldes festzustellen.
Siehe dazu auch „Gitterstrukturen des Erdmagnetfeldes", Kapitel 11.7, Die Bestimmung der Quellpunkte, Seite 90,91. [3]
Die globalen Verhältnisse der huygenschen Quellpunkte sind noch einmal in Abbildung 4.6.4.2 dargestellt.
Die durchgezogenen roten, senkrechten Linien stellen den magneti-schen Hauptmeridian dar.

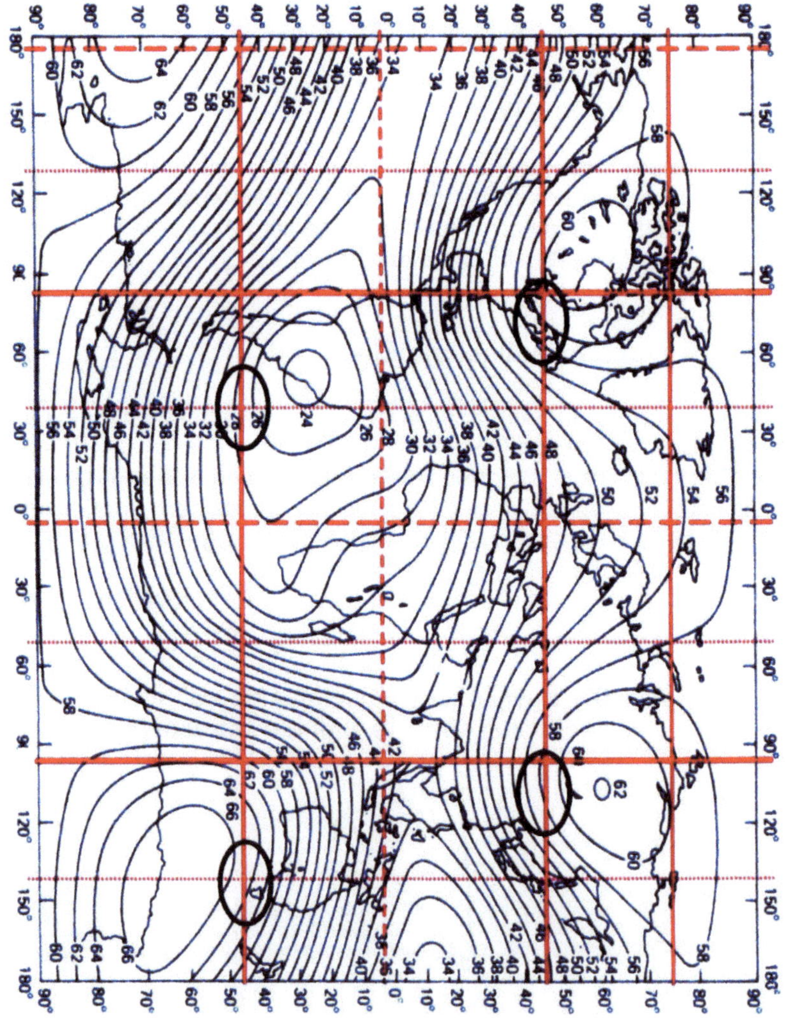

Abbildung 4.6.4.2 – Huygensche Quellpunkte

4.6.5 – Zusammenfassung

Laut der numerischen Fourier-Analyse beträgt der statische Anteil des Erdfeldes in Gleichung 2.5.2.1 **47,2183 uT**.
Der minimalste Wert des Feldes liegt bei **24 uT**, der maximalste Wert beträgt **62 uT**. Daraus erklärt sich, dass sich etwa **75 %** des Feldes wie ein **permanenter Magnet** verhalten, d.h.: nur **25 %** des Feldes bilden das magnetische Schwingungsgefüge.

Alle Extremwertzonen des Gitter ZS liegen auf den Ecken eines **Oktaeders**.

Die Extremwertzonen des tesseralen Feldes liegen auf den Ecken eines verdrehten **Kubus** bzw. eines **Spat**.

Die huygenschen Quellpunkte des Feldes liegen auf den Ecken eines verdrehten **Tetraeders**.

Die magnetischen Extrema sind in Form der einfacheren platonischen Körper (Tetraeder, Kubus, Oktaeder) angeordnet.

Bemerkung:

Ein **Parallelepiped** (Synonyme: Spat, Parallelflach, Parallelotop) ist ein geometrischer Körper, der von sechs Parallelogrammen begrenzt wird. Die Bezeichnung **Spat** stammt vom Kalkspat ab, dessen kristalline Form die eines Paralelepipeds ist.

Das Erdmagnetfeld steht in Relation zur Erdgestalt. Das Ellipsoidgitter ist zum magnetischen System nur um **1,25 Grad** verschoben.

Eine Analyse aller auftretenden magnetischen **Extrema** ergibt einen funktionalen Zusammenhang, für deren geographische Länge:

$$\lambda_E = 3,75° \cdot m - 13,5° \qquad 3,75° \Leftrightarrow \text{96er Teilung}$$

Durch die **96er-Teilung** ist eine ausreichende Differenzierung vorhanden, um **alle** auftretenden Winkel für Polyeder, bzw. für die platonischen Körper, zu enthalten.

4.6.5.1 - Satz: Alle Platonischen Körper sind als Schwingungsfiguren des Erdschwingungsgefüges möglich.

4.7 – Huygensche Quellpunkte des Erdmagnetfeldes

Wie in Kapitel 2.2, Definition 2.2.6 aufgeführt, existieren zwei Betrachtungsweisen eines Gitters. Einerseits kann man das Gitter in seiner eigenen Entfaltungsebene beschreiben. Dies geschieht z.B. in der bisher durchgeführten Fourier-Analyse.
Andererseits kann man das Gitter in der Ebene der Grundschwingungen beschreiben. Dies wird im Folgenden geschehen.

4.7.1 – Ideale Quellpunktanordnung

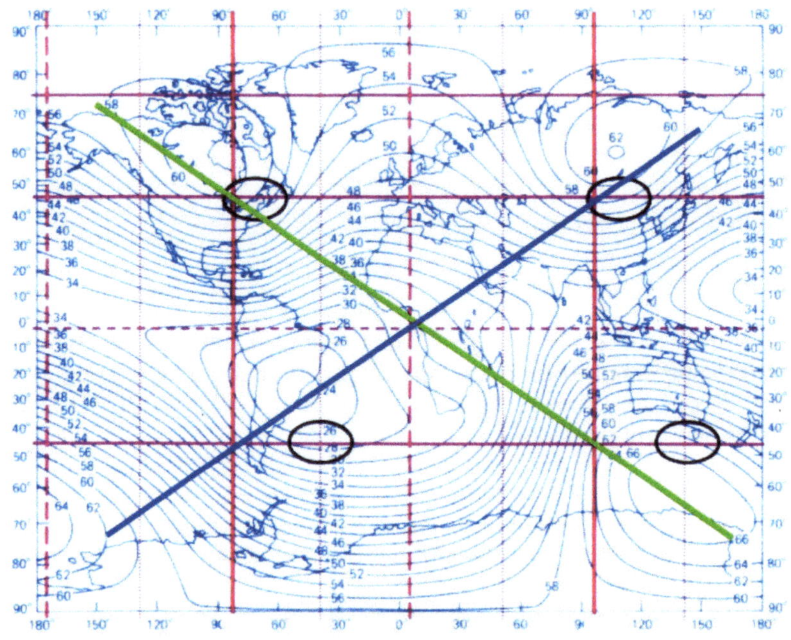

Abbildung 4.7.1 – Ideale Quellpunkte des Magnetfeldes

Das Bild zeigt noch mal die ermittelten huygenschen Quellbereiche des Gesamtfeldes (**schwarz**), mit dem magnetischen Hauptmeridian. (dick rot senkrecht)
Die blaue und die grüne Linie stellen die theoretische (mathematische) Verbindung zwischen idealen Quellpunkten dar.
Es ist zu erwarten, dass die Lage der Extrema der Totalintensität auf diesen Verbindungen liegt und die Extrema sich in Nähe der Quellpunkte befinden – dort wo die Quellpunkte sind, sollten auch die

größten Intensitäten vorkommen.
Sichtbar wird, dass auf der südlichen Halbkugel eine Abweichung (Störung) von der idealen Konfiguration vorliegt. !!!

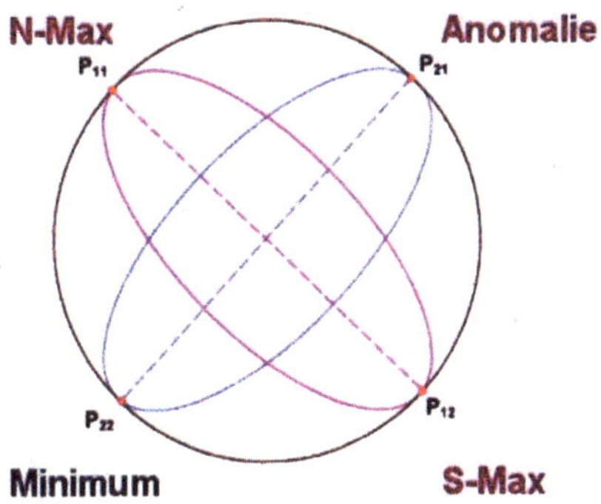

Abbildung 4.7.2 – Anordnung der Extrema

Auf der **N-Max–S-Max–Achse** baut sich eine Schwingung auf, die sich wie eine **gerade** Schwingung verhält – zwei Maxima stehen sich gegenüber.
Auf der **Minimum-Anomalie–Achse** baut sich eine Schwingung auf, die sich wie eine **ungerade** Schwingung verhält – ein Maximum und ein Minimum stehen sich gegenüber.

Der Kreis, der alle Quellpunkte miteinander verbindet, steht senkrecht auf beiden Ebenen und ist **identisch** mit dem magnetischen **Hauptmeridian**.

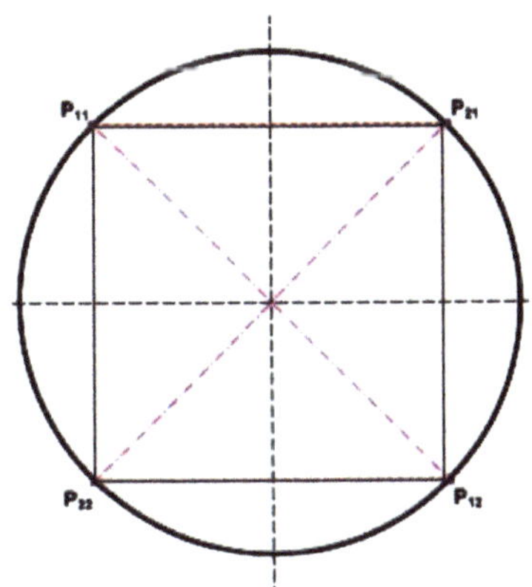

Bei einer idealen (ungestörten) Quellpunktanordnung liegen **alle Quellen** in der Ebene des **Hauptmeridians**, auf den Eckpunkten eines **Quadrates**.

Abbildung 4.7.3 – Ideale Anordnung

4.7.2 – Reale Quellpunktanordnung

Auf der nördlichen Halbkugel liegen die Pole bzw. Quellen am magnetischen Hauptmeridian in guter Übereinstimmung mit der ungestörten Quellpunkt-Anordnung. Auf der südlichen Halbkugel hingegen liegt eine Abweichung, von **45** Grad, in östlicher Richtung vor.
Es existieren zwei Möglichkeiten der Quellpunktanordnung:

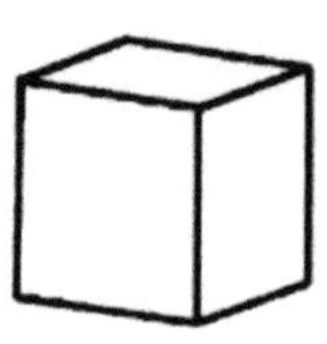

Die Quellpunkte auf der Nordhalbkugel liegen sich oben auf dem Würfel diagonal gegenüber. Für die Quellpunkte der Südhalbkugel kann man nun wählen:
Entweder unten am Würfel direkt unter den nördlichen Punkten oder unten am Würfel um **90** Grad versetzt.
In beiden Fällen wird der untere Teil des Würfels danach um **±45** Grad verdreht, um die realen Positionen zu erhalten.

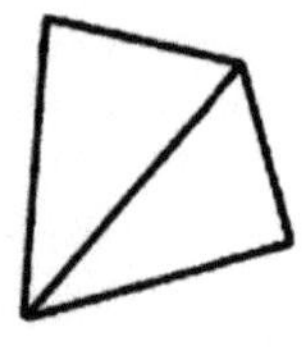

Die Quellpunkte auf der Nordhalbkugel liegen sich oben auf dem Tetraeder gegenüber.
Die Quellpunkte der Südhalbkugel liegen sich unten am Tetraeder gegenüber
Der untere Teil des Tetraeders wird um **45** Grad in westlicher Richtung verdreht, um die realen Positionen zu erhalten.

Abbildung 4.7.4 –
Reale Anordnungen

4.7.2.1 - Satz: Räumliche Ordnungsstrukturen für die realen (huygenschen) Quellpunkte sind Polyeder.

5.0 – Erzeugende und erzeugte Elemente

Als physikalische Ursache des Erdmagnetfeldes werden Strömungen, des flüssigen Magmas, im Erdkern angesehen. Der äußere Erdkern liegt in einer Tiefe zwischen rund **2900** km und **5100** km bzw. einem Mittelpunktabstand von **1271** km bis **3471** km. Dort rotiert eine flüssige, kugelförmige Masse aus einem Eisen-Nickel-Gemisch um sich selbst. Diese Masse erzeugt magnetische, pulsierende Felder aufgrund elektrischer bewegter Ladungen.. Durch die „eiernde" Bewegung der Erde, mit ihrer geneigten Achse, um die Sonne entsteht ein „Rühreffekt", um ein elliptisches Zentrum. Das ruft die Pulsationen des Feldes hervor.

Die erdmagnetfelderzeugenden Elemente sind magmatische Ströme, von etwa 2900 km Tiefe an abwärts.

Diese Ströme sind zu träge und auch zu stark um von kurzfristigen geologischen oder solaren Ereignissen beeinträchtigt zu werden. Das magnetische Erdfeld, das magnetische Schwingungsgefüge und damit das magnetische Gittersystem besitzen daher ein gewisses **Beharrungsvermögen**, das allen äußeren Einflüssen entgegen wirkt. Veränderung des Erdmagnetfeldes, in Intensität und Struktur, kann daher nur durch Veränderung der magmatischen Ströme in ihrem Verlauf, oder ihrer Fließgeschwindigkeit bzw. -dichte bewirkt werden. Mögliche Faktoren sind hier die Corioliskraft, thermische sowie chemische Konvektion und die Rückwirkung des erzeugten Magnetfeldes auf den Erdkern.

Die Existenz von **vier** Polen hinsichtlich der Totalintensität weist auf **zwei** Strömungen bzw. Strömungssysteme hin. Die Störung des Erdmagnetfeldes auf der Südhabkugel zeigt, dass hier (mindestens) zwei Strömungen bzw. Strömungssysteme vorliegen, die nicht richtig symmetrisch zueinander liegen und auch nicht synchronisiert, bzw. fest miteinander gekoppelt sind.

Wenn zwei magnetfelderzeugende Strömungssysteme vorhanden sind, entstehen vier Pole. Daraus resultieren drei mögliche Schwingungsgrundstrukturen:

a) Es bauen sich zwei gerade Schwingungen auf – vier Maxima

b) Es bauen sich zwei ungerade Schwingungen auf – zwei Maxima und zwei Minima

c) Es baut sich eine gerade und eine ungerade Schwingungen auf – drei Maxima und ein Minimum.

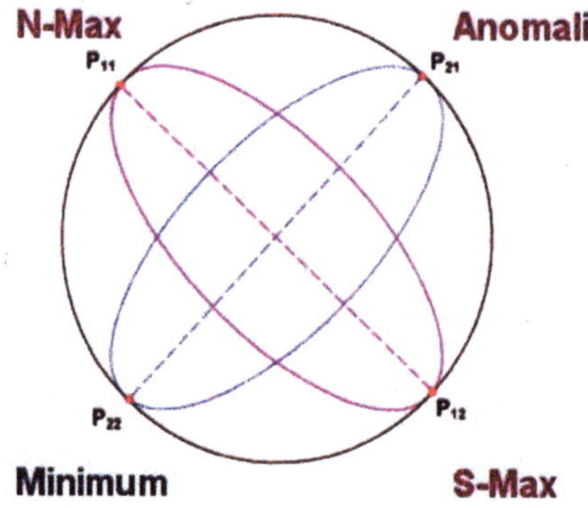

Abbildung 5.0.1 – Schwingungsebenen

Das Bild zeigt die **vier** Pole des Feldes und die zugehörigen **Schwingungsebenen**.

Der Kreis durch alle vier Pole stellt den **Hauptmeridian** des gesamten Systems dar.

Aufgrund der physikalischen Gesetze sollten diese Grundschwingungen schon auf der **Kernkugel** beginnen, auf der sich die Magnetfeld erzeugenden Ströme bewegen.

5.1 – Kernkugeln

Einen Ansatz für die Kernkugeln liefert das Schwingungsgefüge selbst. Voraussetzung ist die Schichtengleichung.

Für **n = 1** existiert ein einfacher Zusammenhang zwischen dem Radius der (erzeugenden) Kugel und dem Mittelpunktabstand der erzeugten Schichten. Wenn man den **Radius = 1** setzt (und dadurch normiert) erhält man:

	k	1	2	3	4	5	6	7	8
n	m								
1	1	1	3	5	7	9	11	13	15

Für **k = 1** ergibt sich immer der Radius der erzeugenden Kugel. Zwei Fälle sind hier interessant:

5.1.1 – FALL 1

Der erste Fall ist **k = 2. Der Proportionalitätsfaktor ist dann drei bzw. ein Drittel.** Ein zur Grundhülle kompatibles Schwingungsgefüge wird von einer Kernkugel erzeugt, die einen Radius besitzt, der ein Drittel des Grundhüllenradius beträgt.

Grundhülle = L₀ = 6355,76 km   **ein Drittel = 2118,59 km**

Dies ist eine Tiefe von **4252,41 km**. Der **äußere** Erdkern liegt in einer Tiefe zwischen rund **2900 km** und **5100 km**. Die Kernkugel liegt mitten im äußeren Erdkern genau in der Zone, in der sich die magnetfelderzeugenden, magmatischen Ströme befinden.

5.1.1.1 - Satz: **Das durch die magmatischen Ströme, im äußeren Erdkern, erzeugte magnetische Feld ist in seiner Struktur kompatibel zum Erd-Schwingungsgefüge.**

Die **Grundfrequenz** der **Kernkugel** ist dreimal größer als die Erdfrequenz, also **35,37 Hz**.

5.1.2 – FALL 2

Der zweite Fall ist **k = 3**. **Der Proportionalitätsfaktor ist dann fünf bzw. ein Fünftel.** Ein zur Grundhülle kompatibles Schwingungsgefüge wird von einer Kernkugel erzeugt, die einen Radius besitzt, der ein Fünftel des Grundhüllenradius beträgt.

Grundhülle = L₀ = 6355,76 km   **ein Fünftel = 1271,15 km**

Das entspricht einer Tiefe von **5099,85 km**. Der **innere** Kern der Erde erstreckt sich zwischen **5100 km** und dem Mittelpunkt bei **6371 km** unter der Erdoberfläche. **Diese Kernkugel mit Fünftel-Radius ist identisch mit dem inneren Erdkern und kann als <u>innere Kernkugel</u> bezeichnet werden.**

5.1.2.1 - Satz: **Das durch den inneren Erdkern erzeugte Schwingungsgefüge ist in seiner Schwingungsstruktur kompatibel zum Erd-Schwingungsgefüge.**

Die **Grundfrequenz** der **inneren Kernkugel** ist fünfmal größer als die Erdfrequenz und beträgt **58,96 Hz**.

Die drei Schwingungsgefüge, die auf der Grundhülle, im äußeren Erdkern und auf dem inneren Erdkern fundieren, stehen in **harmonikalen** Verhältnissen zueinander und sind zum Teil auch in ihrer Gitterstruktur identisch, besitzen also die **gleiche Schwingungsstruk-**

tur, die **äquivalent** zum Erd-Schwingungsgefüge ist.

5.1.3 - Satz: **Innerer Kern : D''-Schicht : Grundhülle = 1 : 3 : 5**

Bemerkung:

Die **D''-Schicht** bildet den untersten Teil des unteren Erdmantels und stellt somit die Übergangszone zwischen dem Erdmantel und dem Erdkern dar. Die Mächtigkeit dieser Schicht beträgt etwa **200** bis **300** km. [63]

Vereinfacht lässt sich schreiben:

5.1.4 - Satz: **Innerer Kern : Äußerer Kern : Erdradius ≈ 1 : 3 : 5**

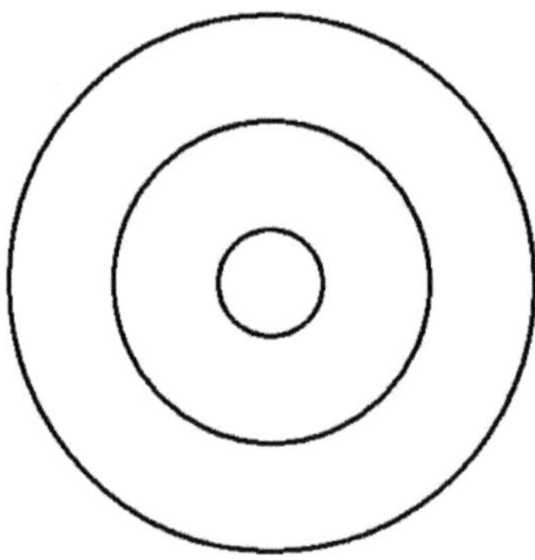

Aus Satz 5.1.3 und 5.1.4 folgt direkt::

5.1.5 - Satz: $r_{ik} = L_0/5$ bzw. $r_{ik} \approx R_E/5$

Bemerkung:

Das Verhältnis **3:5** bzw. **5:3** liegt nahe am goldenen Schnitt. Man könnte also sagen: **Grundhülle und D''-Schicht stehen etwa im Verhältnis des goldenen Schnittes [64] zueinander.**
Vereinfacht ausgedrückt:

> **Erdradius und äußerer Erdkern**
> **stehen etwa im Verhältnis des**
> **goldenen Schnittes zueinander.**

128

5.2 – Entstehung der geologischen Schalen

Das heute weithin anerkannte Modell zur Entstehung des Mondes [65] besagt, dass vor etwa **4,5** Milliarden Jahren ein Himmelskörper namens **Theia**, [66] von der Größe des Mars, nahezu streifend mit der Protoerde kollidierte. Theia selbst wurde bei dieser Kollision vollkommen zerstört. Die beim Impakt entstandenen Bruchstücke sammelten sich in einem Orbit um die Erde.
Der Großteil des Impaktors vereinte sich mit der Protoerde zur Erde. Nach aktuellen Simulationen bildete sich der Mond in einer Entfernung von rund drei bis fünf Erdradien, also in einer Höhe zwischen **20.000** und **30.000** km.
Aus den Trümmern der Kollision bildete sich sofort (d. h. in weniger als 100 Jahren) der Proto-Mond, der rasch alle restlichen Trümmer einsammelte und sich nach knapp **10.000** Jahren zum Mond mit annähernd heutiger Masse verdichtet haben soll. Er umkreiste die Erde damals in einem Abstand von nur rund **60.000** km (Doppelplanet), was zu extremen Gezeitenkräften geführt hat, die die Erde und den Mond eiförmig deformierten.
Die Gezeitenkräfte waren etwa **200** mal stärker als heute. Da praktisch der gesamte Planet eine magmatische Masse bildete und damit viel beweglicher als heute war, wurden Masseteile durch den Gezeitenhub um etwa **1** bis **2** km angehoben.

Bei alleiniger Einwirkung von Rotation und Gravitation würde es in der Erde zu einer kontinuierlichen Masseverteilung kommen, aber nicht zu einer Schalenbildung.

1) Nach Kapitel 3.5, Satz 3.5.3 gilt:
   Schalenaufbau der Erde ⟷ Erd-Schwingungsgefüge

2) Nach Kapitel 4.6.1 gilt: Das Erdmagnetfeld steht in Relation zur Erdgestalt, bzgl. eines dreiachsigen Ellipsoids.

3) Nach Kapitel 5.1 sind die drei Schwingungsgefüge, die durch die Grundhülle, dem äußeren Erdkern und dem inneren Erdkern entstehen, identisch mit dem Erd-Schwingungsgefüge.

Die Umdrehungszeit der Erde betrug damals etwa **4** Stunden und war damit etwa **6** mal schneller als heute. Das hatte direkte Auswirkung auf das Erdmagnetfeld, dass damit auch etwa **6** mal stärker als heute war.
Da die Materie der Erde über **para/dia/ferro** magnetische Eigenschaften [67] verfügt und daher Magnetfelder auch **Kraftwirkung** auf

die betreffende Materie ausüben können, lässt sich die Entstehung der geologischen Schalen erklären, wenn man voraussetzt:

Erdmagnetfeld ⇔ Erd-Schwingungsgefüge

Zu Beginn der Erderstehung und bei der Ausbildung der geologischen Schalen, diente das magnetische Schwingungsgefüge als **Kristallisationsgrundlage** für die flüssige, magmatische Materie.

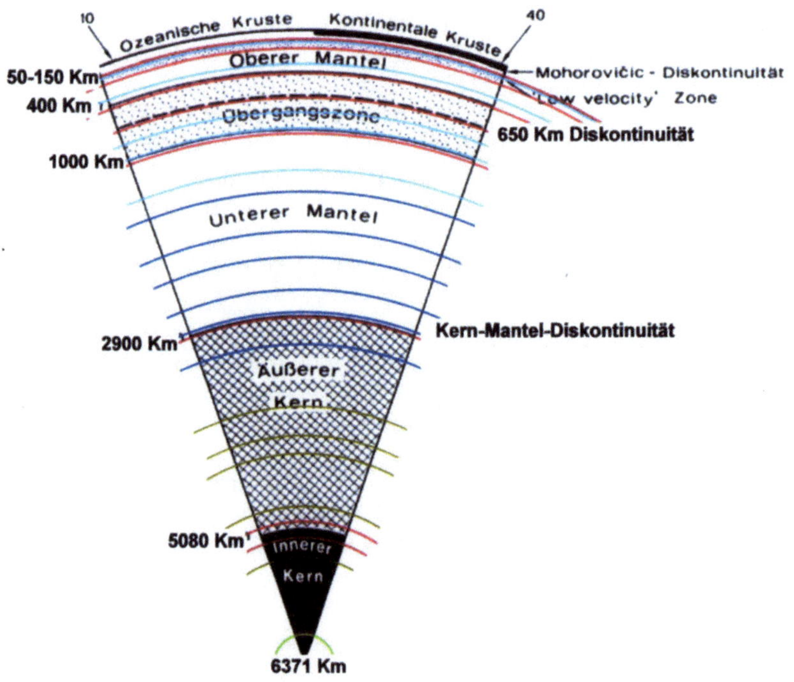

Abbildung 5.2.1 – Geologische Schalen

5.2.1 - Satz: Schichten
= Häufungen von maximalen Schwingungszuständen

⇒ Energiezufuhr

Die Bildung der geologischen Schichten lässt sich als Resonanzphänomen erklären.
Die umgebende Materie kann in **Resonanz** zu den Schichten (und deren Frequenzen) sein oder auch nicht.

Das hat folgende Auswirkungen:

a) Dort, wo die umliegende Materie **in Resonanz** zu den Frequenzen der magnetischen Schichten steht, erfolgte durch Energiezufuhr und Krafteinwirkung, eine **Entmischung** der Materiephasen.

b) Da wo die Materie **nicht in Resonanz** zu den Frequenzen der magnetischen Schichten stand, erfolgte eine **Auskristallisierung**, in bestimmten Kristallformen.

5.2.2 - Folgerung: **Das Magnetfeld der Erde und das magnetische Schwingungsgefüge existieren seit der Entstehung des Erdkerns und spätestens seit Ausbildung der geologischen Schalen.**

Nach Kapitel 4.6.5, Satz 4.6.5.1 gilt:

Alle Polyeder sind als Schwingungsfiguren möglich.

Das könnte als Grundlage der **Auskristallisation** der magmatischen Materie bei Ausbildung der geologischen Schalen gedient haben. Daher wären die Polyedersysteme geologische Manifestationen bzw. Auskristallisationen des damaligen Schwingungsgefüges.

5.2.3 - Satz: **Polyedersysteme sind geologische Auskristallisationen der magnetischen Schwingungszustände, die bei der Ausbildung des Erdkerns und der geologischen Schalen herrschten.**

5.3 – Elektrisches Feld der Erde

Nach Kapitel 3.7, Satz 3.7.7 gilt:

Schichten der Atmosphäre ⇔ Erd-Schwingungsgefüge

Die **Ozon-, D-, E- und F-Schicht** bilden die elektrisch leitfähigeren Schichten der Atmosphäre. Das kann erklärt werden, wenn man voraussetzt:

Erdmagnetfeld ⇔ Erd-Schwingungsgefüge

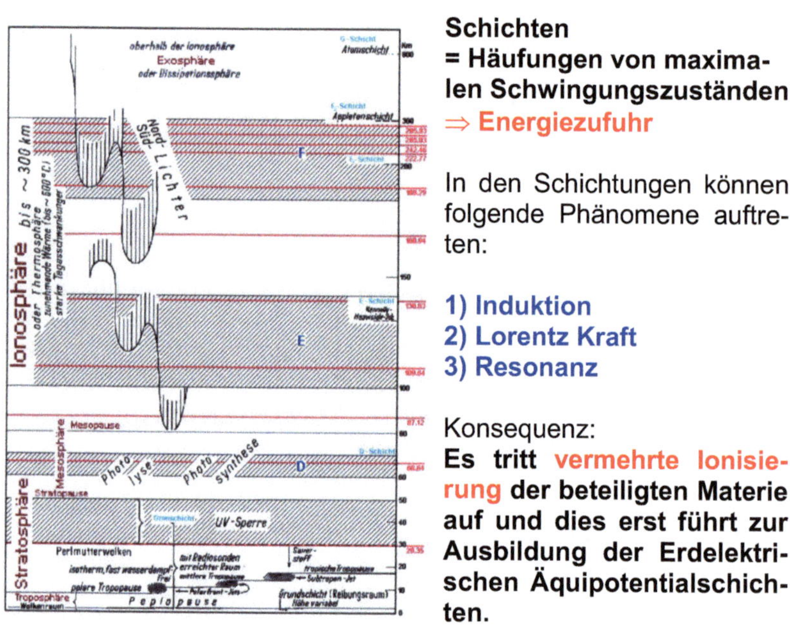

Schichten
= Häufungen von maximalen Schwingungszuständen
⇒ **Energiezufuhr**

In den Schichtungen können folgende Phänomene auftreten:

1) **Induktion**
2) **Lorentz Kraft**
3) **Resonanz**

Konsequenz:
Es tritt vermehrte Ionisierung der beteiligten Materie auf und dies erst führt zur Ausbildung der Erdelektrischen Äquipotentialschichten.

Abbildung 5.3.1 – Atmosphärische Schichten

Die Bildung der atmosphärischen Schichten lässt sich insgesamt als **Resonanzphänomen** interpretieren, das durch **vermehrte Ionisierung** der beteiligten Materie mit den magnetischen Schichten zustande kommt..

5.3.1 - Satz: **Die magnetischen Schichten bilden die Grundlage für die Leitfähigkeit der Ozon-, D-, E- und F-Schicht.**

5.3.2 - Folgerung: Das magnetische Schwingungsgefüge der Erde ist der Motor des elektrischen Feldes.

Daher werden die Äquipotentialschichten des elektrischen Erdfeldes ständig durch das Erdmagnetfeld **nachgeladen**. Erst dieser Zusammenhang macht das elektrische Feld der Erde **stabil**.

Wenn zwischen den Äquipotentialschichten Spannungen durch verschiedene Aufladungen auftreten, so können Entladungen in Form von Blitzen erscheinen. Aus dem Modell ergibt sich das Spannungsaufbau und Entladung in **beide** Richtungen möglich sind, also nach **unten so**wie nach **oben**.
Während Blitze nach unten ein allgemein beobachtbares Phänomen darstellen, waren Blitze nach oben, sogenannte **Sprites** bzw. **Kobolde** bisher unbekannt. Erst in den letzten Jahren gelang es, solche Sprites nachzuweisen. Das vorliegende Modell liefert eine ganz natürliche Erklärung dazu.

Aufgrund der Zusammenhänge zwischen Atmosphäre und Wettergeschehen besitzt das Erdmagnetfeld **zwei** Wirkungsmomente, welche das **Klima** betreffen:

1)   durch die Bildung der elektrisch leitfähigeren Schichten und des elektrischen Feldes

2)   durch die direkte Einwirkung (Lorentzkraft) auf Wasser- und Luftmassentransporte

Zu 2) Lokal gesehen, mögen dies sehr kleine Kräfte sein, doch da sie überall auf der Erde wirksam sind, müssten sie auf die globale Luft/ Wolken/ Wasser-Strömungen einigen Einfluss haben. Der Zusammenhang Erdmagnetfeld und Klima ist in keinem der bestehenden Klima- und Wettermodelle bisher berücksichtigt worden.

5.3.3 - Folgerung: Das magnetische Schwingungsgefüge der Erde ist der Motor des Erdklimas.

An dieser Stelle ist zu überlegen, welchen Einfluss eine **Änderung** des Erdmagnetfeldes auf die Atmosphäre und deren Prozesse haben könnte.
Es besteht hier eine Wahrscheinlichkeit das die Klimaänderung der letzten Jahre zum Teil durch das sich ebenfalls ändernde Magnetfeld induziert wird.

Nach dem Modell gilt:

5.3.4 - Folgerung:

Änderung des Erdmagnetfeldes ⇒ Änderung des Erdklimas

Die Konsequenz ist, dass der Mensch und seine Emissionen bei der Klimaänderung zwar eine beschleunigende Wirkung ausüben, aber NICHT die Ursache der Klimaänderung sein können, sondern das sich **ändernde** Erdmagnetfeld.

5.4 – Ein Schwingungsgefüge

Alle bisherigen Betrachtungen zusammen ergeben folgendes Bild:

I) Nach Kapitel 4.5, Satz 4.5.1.3 gilt:
    Magnetfeld der Erdoberfläche
    = ein zweidimensionales Schwingungsgefüge

II) Nach Kapitel 3.5, Satz 3.5.3 gilt:
    Schalenaufbau der Erde ⇔ Erd-Schwingungsgefüge

III) Nach Kapitel 5.2 lässt sich die Entstehung des geologischen Schalenaufbaus über ein magnetisches Schwingungsgefüge erklären.

IV) Nach Kapitel 3.7, Satz 3.7.7 gilt:
    Schichten der Atmosphäre ⇔ Erd-Schwingungsgefüge

V) Nach Kapitel 5.3 lässt sich die Entstehung des elektrischen Feldes der Erde über ein magnetisches Schwingungsgefüge erklären.

Konsequenz:

Erdmagnetisches Schwingungsgefüge ⇔ Erd-Schwingungsgefüge

5.4.1 - Satz: **Die Erde mit ihrem inneren Aufbau und der Atmosphäre, ihrem Magnetfeld, sowie ihrem elektrischen Feld, lassen sich durch <u>ein einziges</u> Erd-Schwingungsgefüge darstellen.**

Das Erdmagnetfeld nimmt dabei insgesamt eine Schlüsselrolle ein, da es das **Medium** darstellt, über das sich das Schwingungsgefüge im Erdsystem, materiell und energetisch, manifestiert.

Das (magnetische) Schwingungsgefüge hat einen erheblichen Anteil an der physikalischen Umsetzung. Das zugrunde liegende Modell sowie die Fourier-Analyse basieren auf Schwingungen. Die bisher betrachteten physikalischen Begebenheitenstimmen mit dem theoretischen Modell überein, daraus lässt sich die **Kernhypothese** für die physikalische Umsetzung des hier gezeigten Modells im weiteren formulieren:

5.4.2 - Satz: **Stehende erdmagnetische Wellen besitzen physikalische Realität.**

Für den Nachweis der Existenz bzw. Nichtexistenz dieser Wellen wird in diesem Buch noch ein Messverfahren angegeben. Dieses stellt dann das Experimentum Crucis dieser Kernhypothese 5.4.2 dar.

5.5 – Substruktur

Die erdmagnetfelderzeugenden Elemente sind magmatische Ströme im äußeren Erdkern. Durch fortwährende Wiederholung der Polumkehr im Laufe der letzten Milliarden Jahre und dem ebenso fortwährenden Wiederaufbau des Feldes bedingt, lässt sich schließen, dass innerhalb der magnetfelderzeugenden Strömungen ebenfalls zyklische Prozesse ablaufen (die Periodendauer liegt wahrscheinlich in der Größenordnung eines Mehrfachen der Präzession).

Physikalische Momente wie die Corioliskraft, thermische sowie chemische Konvektion und die Rückwirkung des erzeuglen Magnetfeldes auf den Erdkern, scheint der Motor zu sein, der die magmatischen Strömungen im flüssigen äußeren Erdkern, dem Geodynamo, in Gang hält.

Nach Kapitel 5.0 liegen hier **zwei** Strömungssysteme vor, die nicht richtig symmetrisch zueinander liegen und auch nicht fest miteinander gekoppelt, bzw. synchronisiert sind.

Da der Geodynamo wieder in Gang kommt, ist die Konsequenz:

5.5.1 - Satz: **Nach einer Polumkehr baut sich die magnetische Schwingungsstruktur jedes Mal wieder neu auf.**

Bemerkung:

Es kann ebenso möglich sein, dass das tesserale Schwingungsgefüge auch während einer Polumkehr nicht verschwindet.

Der tesserale Anteil des Erdmagnetfeldes ist Bestandteil des sogenannten non-Dipol-Feldes, also des Anteils, der nicht zum Dipolfeld gehört. Das non-Dipol-Feld macht etwa **14-16%** des Gesamtfeldes aus.
Schon etliche Polumkehrungen sind auf der Erde geschehen und das Leben ist dabei nicht ausgestorben. Das spricht dafür, dass das Magnetfeld der Erde, bei einer Polumkehr, nicht ganz verschwindet.
Da das Dipolfeld sich bei einer Polumkehr in Fluss befindet und es Zeiten gibt in denen der Dipolcharakter des Feldes verloren geht, können mehrere schwache Pole auftreten. D.h., ein Teil des non-Dipol-Feldes bleibt erhalten oder verstärkt sich sogar noch.
Daher besteht eine gute Wahrscheinlichkeit, dass auch die tesseralen Anteile bei einer Polumkehr erhalten bleiben.

5.5.2 - Folgerung: **Das magnetische Schwingungsgefüge ist eine Substruktur des gesamten Erdmagnetfeldes.**

5.5.3 - Folgerung: **Die Gleichungen von Gauß und Weber genügen nicht, um das Magnetfeld der Erde vollständig zu beschreiben.**

Die Gleichung von Gauß und Weber beschreiben den **Vektorcharakter** des Feldes, aber nicht den **Schichtungscharakter**.

5.6 – Liste der Konstanten

Hier noch einmal alle physikalischen Konstanten die im Buch auftreten:

Lichtgeschwindigkeit $\qquad$ $c = 299792458$ m/s

Lichtjahr $\qquad$ $1\ Lj = 9{,}461{\cdot}10^{12}$ km

AE = astronomische Einheit $\qquad$ $1\ AE = 149.597.870$ km
Abstand Erde – Sonne

WGS
Polradius der Erde $\qquad$ 6356752 m
Äquatorradius der Erde $\qquad$ 6378137 m

Physikalischer Radius $\qquad$ 6371 km

Grundhülle $\qquad$ $L_0 = 6355758{,}426$ m

Erdgrundfrequenz $\qquad$ $f_0 = 11{,}7921591$ Hz
Grundfrequenz der Erde $\qquad$ $f_0 \approx 11{,}75 - 11{,}79$ Hz

Grundfrequenz Kernkugel $\qquad$ 35,37 Hz
Grundfrequenz innere Kernkugel $\qquad$ 58,96 Hz

Schumann-Frequenz $\qquad$ $f_S = 7{,}83$ Hz
$f_3 = 2/3\ f_0$

Sferic-Grundfrequenz $\qquad$ 4150,84 Hz
$4150{,}84\ \text{Hz} = 33{\cdot}2^4\ f_S$
$4150{,}84\ \text{Hz} = 11{\cdot}2^5\ f_0$

magnetisches Moment der Erde $\qquad$ $m = 6{,}6845{\cdot}10^{22}\ \text{Am}^2$

magnetische Permeabilität $\qquad$ $\mu = 10^{-7}$ Vs/Am

Gravitationskonstante $\qquad$ $G = 6{,}67{\cdot}10^{-11}\ \text{Nm}^2/\text{kg}^2$

Teil 4 – Beweisbarkeit

Mit der Konstruktion des Schwingungsgefüges in Teil 1 steht ein mathematisches und physikalisches Modell zur Verfügung, das ermöglicht, Strukturen der Erde auf einer Schwingungsbasis zu erklären.
In Teil 2, d.h. dem Kapitel 3, erfolgt die Anwendung des Modells auf die sogenannten klassischen planetaren Systeme der Erde und deren geologische Schalen sowie den Schichten der Atmosphäre.
In Teil 3, also den Kapiteln 4 und 5, erfolgt die Anwendung des Modells auf die klassischen planetaren Systeme Erdmagnetfeld und elektrisches Feld der Erde.
In den folgenden Kapiteln geht es um die Beweisbarkeit bzw. Widerlegbarkeit des vorliegenden Modells.

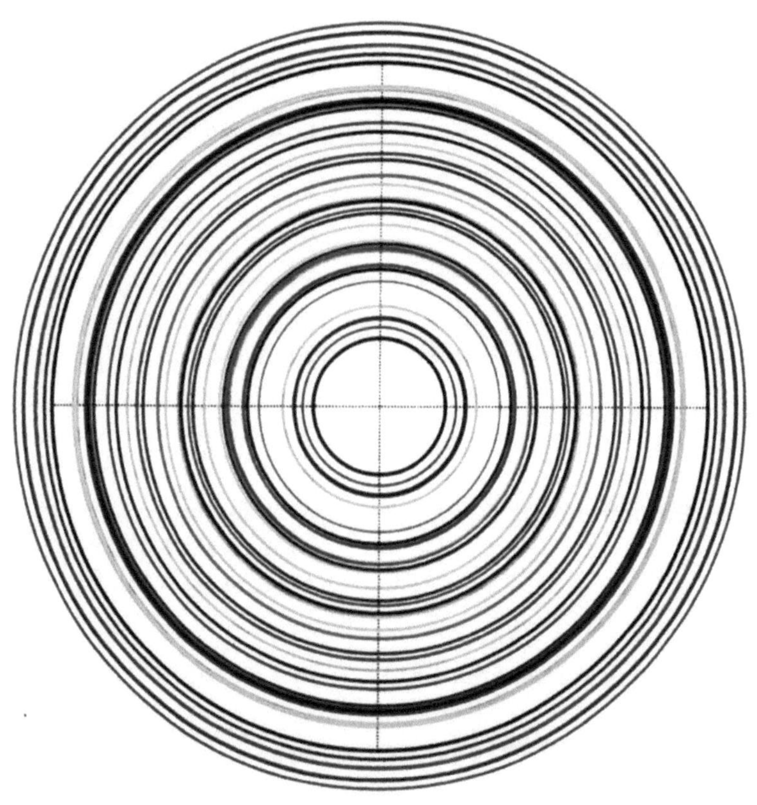

6 – Messung von magnetischen Wellen

6.1 – Klassischer Hallsensor

Um Magnetfelder messen zu können, bedarf es eines physikalischen Effektes, der auf magnetische Flussdichte **B** reagiert. Solch ein Phänomen liefert der **Hall-Effekt**. [68]

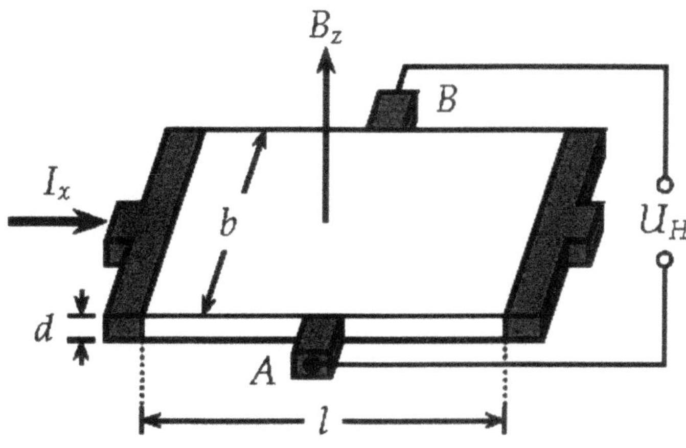

Abbildung 6.1.1 – Hall-Sensor

Wie in der Abbildung 6.1 dargestellt, wird eine sehr dünne Metallplatte von einem gleichmäßig über ihren Querschnitt verteilten Strom I_x durchflossen. Zwischen zwei Punkten **A** und **B**, die gleich weit von den Stromzuleitungen entfernt liegen und die mit einem Galvanometer verbunden sind, ist keine Spannung feststellbar.

Wird das Plättchen von einem Magnetfeld **B** durchsetzt, so wirkt auf die bewegten Ladungsträger des primären Stromes **I** die Lorentz-Kraft **F**. Diese Kraft hebt die gleichmäßige Ladungsverteilung im Plättchen auf und führt zu einer Potentialdifferenz U_H zwischen den zwei Punkten **A** und **B**. Es fließt ein Strom durch einen an diesen Punkten angeschlossenes Galvanometer.

Die durch die Lorentz-Kraft bewirkte Ladungsverteilung erzeugt ein elektrisches Feld mit der Feldstärke **E**, das der Ablenkung der Ladungsträger entgegenwirkt. Es stellt sich ein Zustand ein, bei dem die Lorentz-Kraft F_L und die vom elektrischen Feld bewirkte Gegenkraft F_E den gleichen Betrag haben.

Aus diesen Randbedingungen lässt sich die allgemeine Gleichung für die Hallspannung ableiten:

6.1.1 - Gleichung: $\quad U_H = R_H \cdot \dfrac{I \cdot B}{d}$

wobei R_H der Hallkoeffizient, sowie **d** die Materialdicke des Metallplättchen als spezifische Konstanten eines Hallsensors zu betrachten sind, die in einer Konstanten **k** zusammengefasst werden.

Dann lässt sich allgemein schreiben:

6.1.2 - Gleichung: $\quad U_H = k \cdot I \cdot B$

Die Hallspannung ist nur vom Speisestrom **I** des Sensors und der Flussdichte **B** des einwirkenden magnetischen Feldes abhängig. Wobei der Hallsensor mit einer Gleichspannung betrieben wird, d.h., **I** ist konstant.
In dieser Konfiguration wird der Hallsensor normalerweise als magnetisches Flussdichtemessgerät verwendet.

6.2 – Neue Funktionsweise

Genau genommen können der Strom **I** und die Flussdichte **B** auch zeitlich **veränderliche** Größen in der Gleichung für die Hallspannung sein. Beschränkt man sich (zuerst) auf Sinusformen, so entstehen aufgrund der benutzten Frequenzen Resonanzeffekte, die sich dazu nutzen lassen, um als Messgerät Anwendung zu finden.

Der Hall-Effekt wird üblicherweise mit Gleichspannung betrieben, obwohl die Grundgleichung auch andere Spannungstypen zulässt, so auch **sinuidale** Formen. Nimmt man für den Strom **I** und das Magnetfeld **B** Sinusformen, so erhält man für die Hallspannung folgende allgemeine Gleichung:

6.2.1 - Gleichung: $\quad U_H = k \cdot \hat{I} \cdot \hat{B} \cdot \sin(I) \cdot \sin(B)$

Die Hallspannung ist hier das Produkt aus zwei Sinusschwingungen. **Dies lässt sich auch elektrotechnisch gut umsetzen und so nutzen, dass magnetische Wellen erfasst werden können.**

Die Neuheit besteht darin, den Hallsensor auf einen definierten Arbeitspunkt einzustellen und dann mit einer Wechselspannung zu versorgen – ähnlich wie bei einem Transistor. Daraus entsteht das **ejPi-Meßverfahren**.

Das **Ebbers-Jähn-Piontzik-Meßverfahren**, im folgenden kurz **ejPi-Meßverfahren** oder auch **ejPi-Verfahren** nach seinen Erzeugern genannt, erlaubt die **Frequenzmessung von magnetischen Wellen**. [69]

Der Hallsensor wird beim **ejPi**-Verfahren mit einer Gleichspannung (**halbe** Betriebsspannung) gespeist, auf die eine regelbare Wechselspannung addiert wird.

Bringt man den Sensor nun in ein sinusförmiges Magnetfeld ein, so stellt die gewonnene Hallspannung U_H eine **Multiplikation** der beiden vorhandenen Schwingungen (**Speisestrom mal Magnetfeld**) dar.

Die resultierende Schwingung ist in der Regel eine **Schwebungsform**, wie in der folgenden Abbildung 6.2.1 gezeigt wird.

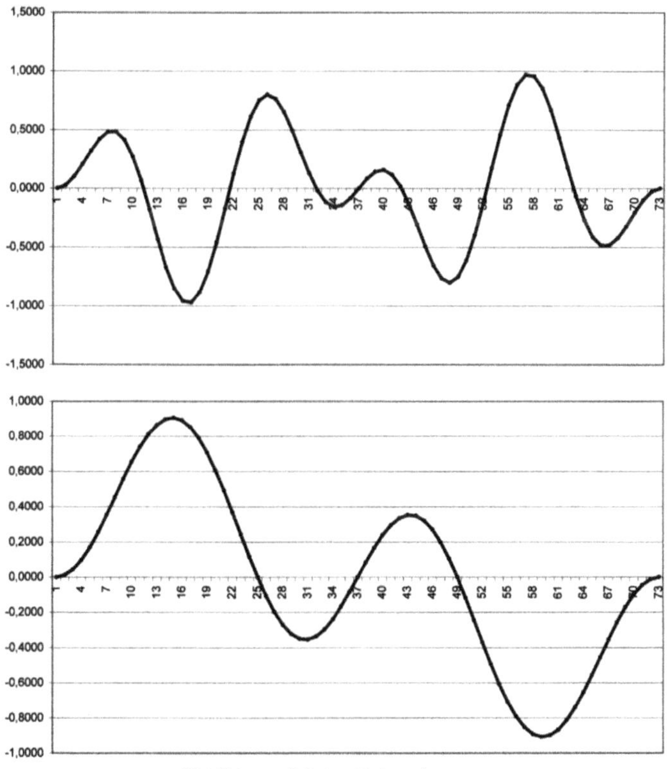

Abbildung 6.2.1 – Schwebungen

Bei gleichen Frequenzen des Speisestromes und des einwirkenden Magnetfeldes tritt eine Art Resonanzeffekt auf – es entsteht eine saubere **Sinusquadratwelle** ohne negative Spannungsanteile, wie in Bild 6.2.2 dargestellt ist.

6.2.2 - Gleichung: $\qquad U_H = k \cdot \widehat{I} \cdot \widehat{B} \cdot \sin^2(\omega \cdot t)$

Nach dem Additionsprinzip für trigonometrische Ausdrücke gilt:

$$\begin{aligned}
\cos 2\alpha &= \cos(\alpha+\alpha) \\
&= \cos\alpha \cdot \cos\alpha - \sin\alpha \cdot \sin\alpha \\
&= \cos^2\alpha - \sin^2\alpha
\end{aligned}$$

Es gilt: $\qquad \cos^2\alpha = 1 - \sin^2\alpha$

Einsetzen in die obige Gleichung:

$$\cos 2\alpha = \cos^2\alpha - \sin^2\alpha = 1 - 2\cdot\sin^2\alpha$$

Umstellen der Gleichung ergibt:

6.2.3 - Gleichung: $\qquad \sin^2\alpha = \dfrac{1}{2} - \dfrac{1}{2}\cos(2\alpha)$

Es entsteht eine saubere Kosinuswelle.

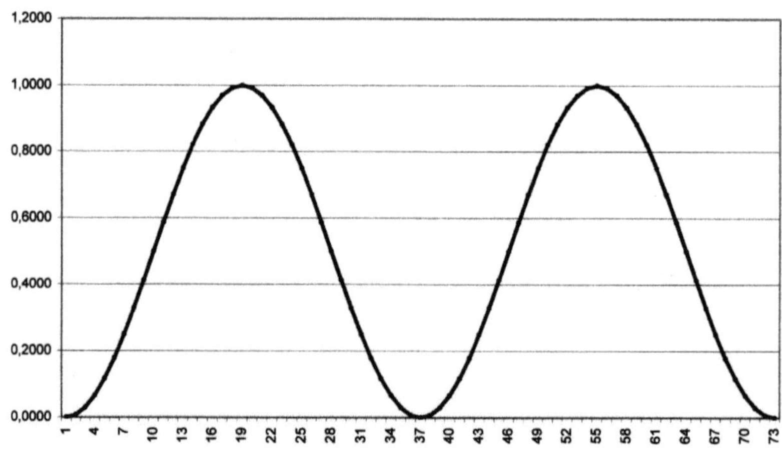

Abbildung 6.2.2 – Sinus-Quadrat-Funktion

Diese Resonanzreaktion kann rein optisch, über eine Messapparatur (Oszilloskop) oder durch Zuschaltung weiterer elektronischer sowie digitaler Komponenten ausgewertet werden und ermöglicht die Erfassung bzw. die Bestimmung der auftretenden Resonanzfrequenzen.

Es wird in jedem Fall ein Hall-Sensor mit den klassischen **vier** Anschlüssen benötigt, der den analogen Halleffekt erzeugt. Modernere integrierte Hall-Sensoren mit drei Anschlüssen sind hier **untauglich**.

Das **ejPi-Meßverfahren** erlaubt die Frequenzmessung von magnetischen Wellen. Dies lässt sich messtechnisch in den Bereichen Materialprüfung, Ortung und der Geophysik nutzen. Das **ejPi-Verfahren** ist unter der Nummer **102012011759** als Patent beim **Deutschen Patent- und Markenamt** eingetragen. [69]

6.3 – Schaltung zum Messverfahren

Die Schaltung für das **ejPi-Meßverfahren** besteht im Wesentlichen aus drei Teilen:

a) Der Hall-Sensor
Das **ejPi**-Messprinzip lässt hier jeden Hall-Sensor benutzen, der über vier Anschlüsse verfügt und den analogen Hall-Effekt erzeugt.

b) Erzeugung der variablen Versorgungsspannung des Sensors
Der Hall-Sensor wird mit einer Gleichspannung gespeist, auf die eine regelbare bzw. veränderliche Wechselspannung addiert wird.

c) Pufferung und Verstärkung des Sensor-Ausgangssignals
Das Ausgangssignal des Sensors wird durch einen Differenzverstärker gepuffert.

Die Schaltung ist für statische, sowie dynamische Versorgungsspannungen (mit statischer Arbeitsspannung) ausgelegt.

Es werden Dual OP-Amps vom Typ 1458 eingesetzt. Hier gilt die Randbedingung für die Verwendung allgemein gebräuchlicher und kostengünstiger Bauteile, ohne größere Einbußen bei der Genauigkeit zu erleiden. Der OP-Amp 1458 ist leistungsstark genug um den Hall-Sensor spannungs- und strommäßig zu versorgen. Besitzt jedoch die Einschränkung nur über eine Bandbreite von 1 MHz zu verfügen.

Der OP-Amp Typ 1458 ist pinkompatibel zu vielen anderen Typen. Daher lassen sich hier nur durch einfachen Austausch auch bessere und damit auch teurere OP-Amps verwenden. Gegebenenfalls muss bei Verwendung eines anderen Hall-Sensors der OP-Amp Typ angepasst werden.

Hier wurde der Hall-Sensor CY-P3A ein Halbleiter-Sensor bestehend aus AlGaAs/InGaAs/GaAs-2DEG aus chinesischer Produktion gewählt.

Der Sensor verträgt eine maximale Versorgungsspannung von 6 V, bei 26 mW Leistungsaufnahme und ist von −100 bis +180 Grad Celsius betriebsfähig. Eingangs- wie Ausgangswiderstand liegen bei etwa 1300 Ohm.

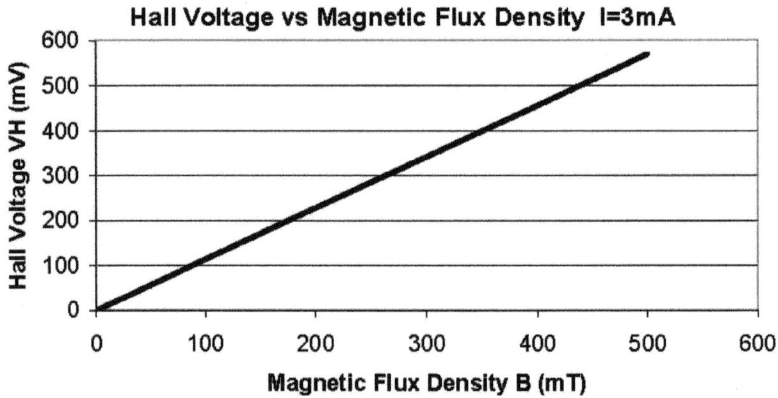

Der Sensor verfügt über eine gute Linearität und der Messbereich erstreckt sich von 0,1µT bis 2T. Das entspricht einer Ausgangsspannung von 0,1µV bis 2V.

Es wurden Vorversuche unternommen, um einige Eigenschaften des Sensors zu testen. Dabei stellte sich heraus, dass es ratsam, ist die Speisespannung des Sensors letztlich aus einer **Batterie** zu entnehmen. Regelbare Netzteile als Spannungsquellen z.B. bei Laborversuchen führen hier immer wieder zu ungewollten Einstreuungen und Einflüssen. Daher dienen als Spannungsquelle zwei 9V Blockbatterien. Die gesamte Schaltung wird mit einer symmetrischen Spannung von ±9V betrieben.

6.3.1 - Grundversorgung des Hall-Sensors

Die Erzeugung der Spannung für den Hall-Sensor bzw. des Speisestromes I übernimmt der invertierende Addierer **V3A**. Die über **R7**
und **R8** zugeführten (inversen) Spannungen werden summiert und
dem Hall-Sensor invertiert als Speisespannung zur Verfügung ge-
stellt.

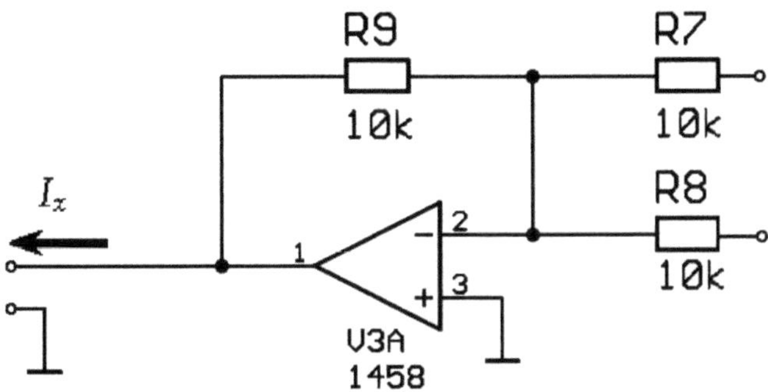

Abbildung 6.3.1.1 – Grundversorgung

Die maximale Betriebsspannung des Hall-Sensors beträgt 6 Volt und
daher dürfen die über **R7** und **R8** zugeführten Spannungen in der
Summe maximal minus 6 Volt betragen. Bei 6 V Betriebsspannung
für den Sensor fließt der maximale Strom von 4,5 mA bei einer Leistungsaufnahme von 26 mW.

Beide Eingänge des Addierers verfügen über die **gleiche Gewich-
tung** und die **Verstärkung ist gleich 1**. Daher gilt: **R7 = R8 = R9**.
Der Wert der Widerstände ist unkritisch.

Gegebenenfalls muss bei Verwendung eines anderen Hall-Sensors
mit unterschiedlichen Spannungseigenschaften die Grundversorgung angepasst werden.

6.3.2 - Betriebsarten

Im Addierer **V3A** werden für das *ejPi-Meßverfahren* folgende zwei
Spannungen addiert:

    a) ein statischer Offset (über R8)

    b) eine Modulationsspannung (über R7)

Die statische Offset-Spannung dient dazu, den Hall-Sensor auf seiner **halben** maximalen Betriebsspannung zu betreiben und so erst die Überlagerung einer veränderlichen Modulationsspannung zu ermöglichen, da der Hall-Sensor nicht mit negativen Spannungen betrieben werden kann.

Die halbe maximale Betriebsspannung ist der **Arbeitspunkt** des Hall-Sensors, (ähnlich wie beim Transistorverstärker) der es ermöglicht beliebige Signale zur Modulation einzuspeisen bzw. zu addieren.

Andererseits kann man auf die Modulation verzichten und den statischen Offset auf einen bestimmten Wert einstellen. Dieser statische Betrieb erlaubt die Handhabung des Sensors als herkömmliches magnetisches Flussdichte-Messgerät.

Dadurch sind insgesamt zwei Betriebsarten für die Schaltung möglich:

1) **Statischer Betrieb**

2) **Dynamischer Betrieb**

6.3.3 - Statischer Offset

Die statische Offset-Spannung lässt sich am einfachsten durch einen **Spannungsteiler** generieren. Über **R8** wird der statische Offset dem invertierenden Addierer **V3A** zugeführt.

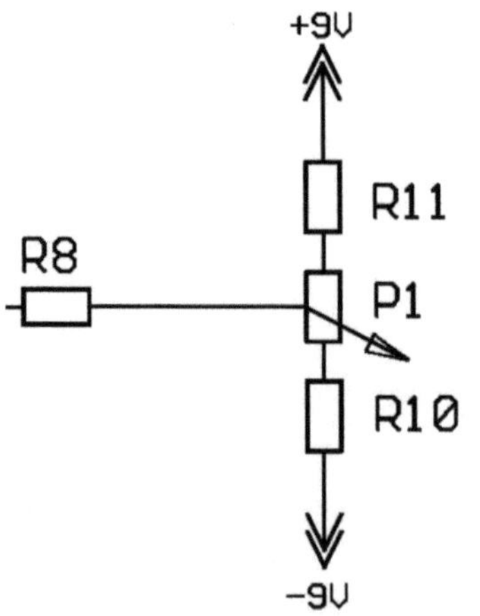

Abbildung 6.3.1.2 – Spannungsteiler

R10 und **R11** bilden mit **P1** einen einfachen Spannungsteiler, der die Erzeugung einer **invertierten** also negativen Offsetspannung ermöglicht.

Im **statischen** Betrieb kann die Spannung an **R8** bis auf maximal minus 6 Volt eingestellt werden.

Im **dynamischen** Betrieb wird die Spannung an **R8** auf minus 3 Volt eingestellt.

Gegebenenfalls muss bei Verwendung eines anderen Hall-Sensors
mit unterschiedlichen Spannungseigenschaften oder anderen Operationsverstärkern der zu regelnde Spannungsbereich angepasst werden.

6.3.4 - Dynamischer Betrieb

Im dynamischen Betrieb erfolgt eine **Modulation** der Versorgungsspannung.

Die Einstellung des Offsets erfolgt, wie gehabt über **P1**. Diesmal a-
ber auf minus 3 Volt, also für den Sensor die **halbe** maximale Betriebsspannung. Bei 3 V Betriebsspannung für den Sensor fließt ein
Strom von 2,3 mA bei einer Leistungsaufnahme von 6 mW.
Dies ist der Arbeitspunkt des Hall-Sensors der es ermöglicht, über
den Eingang **MOD** nun beliebige Signale zur Modulation einzuspeisen (z.B. eine sinusförmige Wechselspannung) mit maximal +/-3Vss.
Die Einspeisung erfolgt über den invertierenden Verstärker **V3B**.

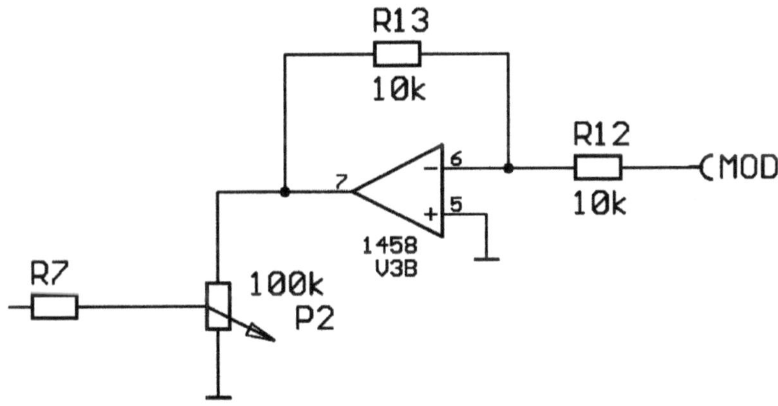

Abbildung 6.3.1.3 – Modulation

Über **R12** und **R13** wird die Verstärkung des Inverters **V3B** eingestellt. Für die Verstärkung gilt: **v = R13/R12**
Das hier gezeigte Beispiel benutzt eine Verstärkung von 1.

Über **P2** kann der Anteil der Modulationsspannung nochmals angepasst werden, bevor er dem Addierer **V3A** über **R7** zugeführt wird.

Durch die doppelte Invertierung von **V3A** und **V3B** stimmt die Versorgungsspannung des Hall-Sensors mit der Modulationsspannung bzgl. der Phasenlage überein. Bei höheren Frequenzen sind die Eigenschaften der verwendeten Operationsverstärker zu berücksichtigen.

6.3.5 - Schaltung für den Generatorteil

Aus den Kapiteln 6.3.1 bis 6.3.4 ergibt sich das gesamte Schaltbild für die modulierbare Spannungsversorgung des Hall-Sensors.

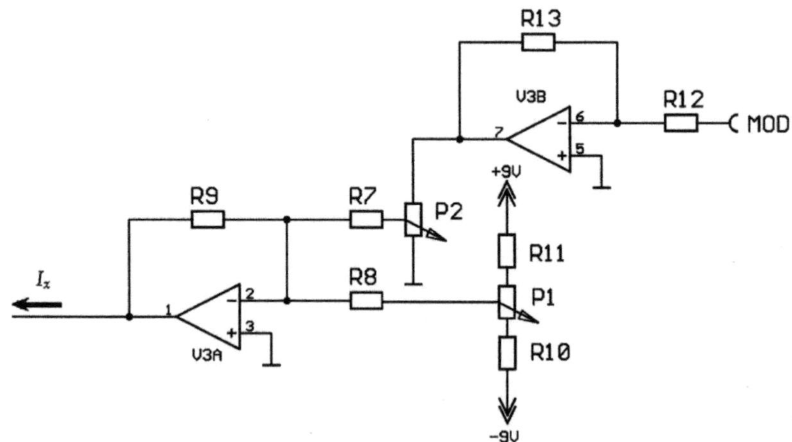

Abbildung 6.3.1.4 – Generatorteil

Gegebenenfalls muss bei Verwendung eines anderen Hall-Sensors also unterschiedlicher Spannungseigenschaften oder anderen Operationsverstärkern Anpassungen bzgl. Spannungen und Widerstandswerte vorgenommen werden.
Der hier dargestellte Gesamtgenerator sollte daher mit jedem Hall-Sensor funktionieren, der über **vier** Anschlüsse verfügt und den **analogen Halleffekt** erzeugt.

6.3.6 - Pufferung und Verstärkung des Sensorsignals

Das Ausgangssignal des Hall-Sensors, also die erzeugte Hallspannung wird durch den Differenzverstärker **V1A** gepuffert und ist an **OUT1** abgreifbar. Über den Impedanzwandler **V1B** wird das Signal nochmals gepuffert und über **OUT2** ausgegeben.

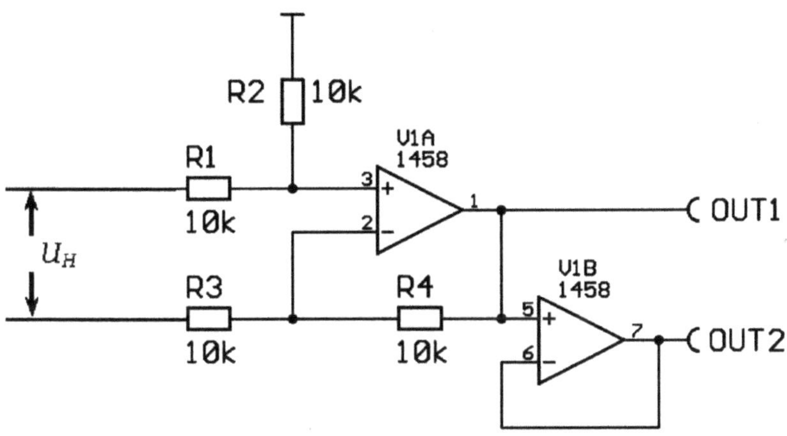

Abbildung 6.3.1.5 – Ausgangssignal

Da alle Widerstände gleich sind, also **R1=R2=R3=R4** entspricht die an **OUT1** bzw. **OUT2** abgegebene Spannung der im Sensor erzeugten Hallspannung.

Gegebenenfalls muss bei Verwendung eines anderen Hall-Sensors, also unterschiedlicher Spannungseigenschaften oder anderen Operationsverstärkern Anpassungen bzgl. der Widerstandswerte vorgenommen werden.

6.3.7 - Gesamtschaltung des ejPi-Meßverfahrens

Es ergibt sich der Gesamtschaltplan für das ejPi-Meßverfahren, wie er in Abbildung 6.3.1.6 auf der nächsten Seite dargestellt ist.

Das hier dargestellte Gesamtschaltbild funktioniert mit jedem Hall-Sensor, der über **vier** Anschlüsse verfügt und den **analogen Halleffekt** erzeugt.
Gegebenenfalls muss bei Verwendung eines anderen Hall-Sensors, also unterschiedlicher Spannungseigenschaften oder anderen Operationsverstärkern Anpassungen nur bzgl. der Widerstandswerte vorgenommen werden.
Wenn eine metallische Hülle über den Hall-Sensor so anbracht wird, dass sich ein Faradayscher Käfig bildet, lassen sich **elektromagnetische Einflüsse ausschließen** und es ist gewährleistet, dass **nur magnetische Momente wirksam sind**.

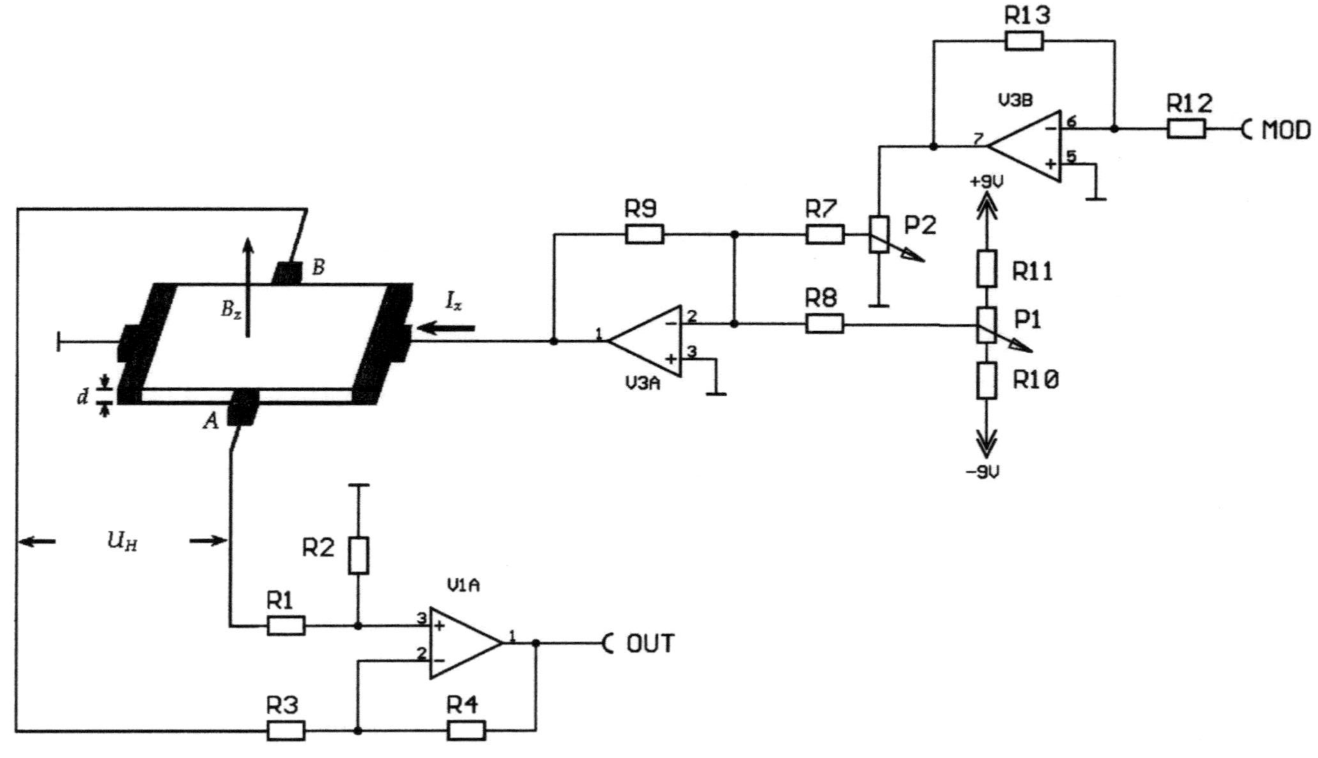

Abbildung 6.3.1.6 – Schaltplan für das ejPi-Meßverfahren

6.4 – Experimentum Crucis

Das Experimentum Crucis für die magnetischen Wellen sieht dann folgendermaßen aus:

Grundlage ist das ejPi-Meßverfahren

Der Hallsensor wird mit einem Wechselspannungsanteil betrieben. Diese Wechselspannung kann über das **gesamte Frequenzspektrum geregelt** werden.

Existieren erdmagnetische Wellen, müssen bei bestimmten Frequenzen (z.B. die in Kapitel 3 ermittelte Erdfrequenz oder auch deren Oberwellen) Resonanzen auftreten.
Mit diesem Experiment ist es möglich, das gesamte Frequenzspektrum der erdmagnetischen Wellen zu bestimmen.

6.4.1 - Konsequenz:

Existenz von Resonanzen ⇔ Existenz erdmagnetischer Wellen

Die physikalische Funktionstüchtigkeit des **ejPi**-Verfahrens ist durch entsprechende Messreihen **gesichert**.
Die elektrotechnischen Schwierigkeiten sind hier die Kleinheit der erdmagnetischen Größen ($< 10\ \mu T$) und die **technischen** Störspannungen, die um den Faktor 1.000 bis 10.000 mal größer sind.
Es wäre daher zu überlegen, ob man dieses Experiment in einer Gegend ohne technische Störspannungen aufbauen müsste, wie in der Sahara oder der Atacama-Wüste.

6.4.2 - Konsequenz

Spannungen in der Erde erzeugen piezoelektrische Effekte. Bei Entladung (Erdbeben) treten kurzzeitig Strom- bzw. Spannungsspitzen auf und damit sind Magnetfelder verbunden.
Magmatische Ströme in Vulkanen stellen auch Ladungstransporte dar, mit denen magnetische Felder verknüpft sind.
Das **ejPi**-Verfahren eignet sich passiv sowie aktiv, zur Erdbebenerkennung und Vermessung als auch zur Erkennung und Vermessung von vulkanischen Tätigkeiten.
Damit wäre eine **elektromagnetische Erfassung** von **Vulkanismus** und **Plattentektonik** möglich.

6.5 – Synthese

Wenn erdmagnetische Wellen existieren, lässt sich noch folgender Schluss ziehen: Nach Kapitel 3.9, Gleichung 3.9.2 gilt für alle Schichten der Erde::

$$H_{k,n} = 255^{k-1} \cdot \frac{4}{5} R_E \cdot e^{(-1)^k \cdot \frac{8n}{15}}$$

Es sei:

$$A_k = \frac{4}{5} \cdot 255^{k+1}$$

Es sei:

$$q_k = \frac{5}{18} \cdot (-1)^k$$

So lässt sich allgemein für die **Radialstruktur** schreiben:

$$H_n = A_k \cdot R_E \cdot e^{q_k \cdot n}$$

Nach Kapitel 4.5.1, Gleichung 4.5.1.1 gilt für den **Winkelanteil** des Feldes:

$$B = \sum_{i=0}^{n} \sum_{j=0}^{m} \left(a_{ji} \cdot \cos j\varphi + b_{ji} \cdot \sin j\varphi \right) \cdot \left(\cos i\lambda + \sin i\lambda \right)$$

Nach Kapitel 2.11, Gleichung 2.11.04 besteht die Gesamtlösung der Laplace-Gleichung aus der Multiplikation der Einzellösungen, also dem Radialanteil und dem Winkelanteil.

6.5.1 - Gleichung: $S(r, \lambda, \varphi) = A_k \cdot R_E \cdot e^{qn} \cdot B$

Dann lässt sich allgemein, für ein **Erdschwingungsgefüge**, folgende Gleichung formulieren, die auch gleichzeitig **eine Lösung der Laplace-Gleichung** darstellt:

6.5.2 - Gleichung:

$$S(r, \lambda, \varphi) = A \cdot R_E \cdot e^{qn} \cdot \sum_{i=0}^{n} \sum_{j=0}^{m} \left(a_{ji} \cdot \cos j\varphi + b_{ji} \cdot \sin j\varphi \right) \cdot \left(\cos i\lambda + \sin i\lambda \right)$$

Der Radialanteil besitzt die Maßeinheit Meter. Der Winkelanteil besitzt die Maßeinheit Ampere pro Meter. Damit in der Lösungsfunktion die Maßeinheiten wieder stimmen, muss die Lösungsfunktion, bzw. der Radialanteil noch normiert werden. Die normierte Gleichung sieht dann so aus.

6.5.3 - Gleichung:

$$B\left(n,\lambda,\varphi\right) = A \cdot e^{qn} \cdot \sum_{i=0}^{n}\sum_{j=0}^{m}\left(a_{ji} \cdot \cos j\varphi + b_{ji} \cdot \sin j\varphi\right) \cdot \left(\cos i\lambda + \sin i\lambda\right)$$

Dies ist als **alternative** Formulierung zur Gleichung 4.1.1 bzw. 4.1.2 von Gauß und Weber zu verstehen, da die Gleichung 6.5.3 deutlicher den **Schichten- und Schwingungs-Charakter** des Feldes zum Ausdruck bringt.
Wohin gegen die Gleichungen von Gauß und Weber mehr den **Vektorcharakter** des Feldes beschreiben.

Das Erdmagnetfeld spielt im Erdschwingungsgefüge eine **zentrale** Rolle. Zum einen hat es bei der Auskristallisierung der geologischen Schalen zu Polyederstrukturen in der Erde geführt.
Zum anderen ist es noch heute an der Aufrechterhaltung der elektrisch leitfähigeren Schichten der Atmosphäre und damit des elektrischen Feldes der Erde beteiligt.
Dieser Zusammenhang bedingt, dass das Magnetfeld einen **mitgestaltenden** Faktor bei Wetter- und Klimabildung hat.

7 – Umwandlung einer Zahlenfolge in eine e-Funktion

Gegeben sind **konzentrische** Anordnungen wie die Schichten der Sonne, die Planetenbahnen, die Ringe der Planeten, die Monde der Planeten bzw. wie eine Orange, Kokosnuss, Dahlie oder Narzisse usw. In diesem Kapitel wird gezeigt, dass sich konzentrische Anordnungen als **exponentielle bzw. logarithmische Funktionen** darstellen lassen und so als **Lösungsfunktionen des Radialanteils der Laplace-Gleichung** in Betracht kommen.

Gegeben: eine endliche auf- bzw. absteigende Folge von Zahlen
(die eine konzentrische Anordnung repräsentieren)

Die Ermittlung einer e-Funktion aus einer Zahlenfolge verläuft in vier Schritten – **Nummerierung – Logarithmierung – Linearisierung – Funktionsbildung**.

7.1 – Nummerierung

Der einfachste Ansatz einer Skalenbildung besteht darin, die gegebenen Werte einfach durch zu nummerieren. Aufgrund der noch folgenden Behandlungen ist zu beachten:

a) gleiche (doppelte) Werte erhalten die gleiche Nummer
b) Werte die nur geringfügig voneinander abweichen, rechtfertigen keinen ganzen Zählschritt bei der Nummerierung und müssen in der Zählung durch Verkleinern des Zählschrittes angepasst werden. Dies spielt bei der späteren Linearisierung eine Rolle. (Siehe Beispiel Sonne, Seite 165) Zwei fast gleiche Werte erzeugen bei der späteren Geradenbildung eine Treppe im Funktionsverlauf. Zur Glättung der Funktion ist es daher notwendig, die beiden Werte auch in der Nummerierung nahe beieinander liegen zu haben.
c) Zur späteren Bestimmung der e-Funktion ist es besser die Zählung mit **Null** zu beginnen.

Damit sind **n+1** Werte gegeben, nämlich: $w_0, w_1, w_2, \dots w_k, \dots w_n$. Es existiert ein **Minimumwert w_{min}** sowie ein **Maximumwert w_{max}**.
Für die spätere Minimum-Maximum-Bildung werden mindestens **2** Werte benötigt. Bei der dann folgenden Logarithmierung und Linearisierung sind mindestens **3** Werte erforderlich, da sonst keine eindeutige Näherungsgerade gebildet werden kann.

Es sind daher mindestens drei Werte erforderlich: $\quad$ **n + 1 ≥ 3**

7.2 – Logarithmierung

Die gegebenen Werte w_k werden (in einem nächsten Schritt) logarithmiert. Die logarithmierten Werte sind als **Funktion einer Nummerierung** dargestellt. Siehe dazu die Bilder aus Abbildung 7.1.

Nach der Logarithmierung muss zumindest ein annähernd lineares Verhalten der Funktion vorhanden sein.
Diese Linearität ist notwendige Voraussetzung dafür, dass sich die Folge von n Werten auch in eine e-Funktion umwandeln lässt.
Bei zwei Werten kann der zweite Wert auf eine beliebige Nummerierungsposition geschoben werden. Damit ist keine eindeutige Gerade definierbar. Erst wenn **mindestens drei** Werte vorhanden sind, lässt sich daraus eine **eindeutige** Gerade extrahieren.
Die Bilder aus Abbildung 7.1 zeigen die verschiedenen Formen von Funktionen, wie sie real bei der Logarithmierung auftreten können.

Zeile 1
An den Bildern zu den Marsmonden und den Planetenbahnen ist eine fast perfekte Linearität der logarithmierten Werte zu erkennen.

Zeile 2
Am Bild der Saturnringe ist eine gute Linearität der logarithmierten Werte zu erkennen.
Am Bild der Satellitengalaxien ist zu sehen, dass die meisten Daten schon eine gute Linearität besitzen. Lediglich im Nahbereich und im Fernbereich sind abweichend Werte vorhanden, die dann durch die noch folgende Linearisierung geglättet werden können.

Zeile 3
Am Bild zu den Neptunringen ist eine gute Linearität der logaritmierten Werte zu erkennen.
Wenn Punkt **4** nach **5** versetzt wird, ergibt sich bereits eine erstaunlich gute Linearität. Dies zeigt, dass über eine genäherte Nummerierung eine größere Linearität erreicht wird.
Die Schalen der Sonne sehen auf den ersten Blick nicht linear aus. Man sollte aber beachten, dass Punkt **3** hier etwa auf gleicher Höhe wie Punkt **2** liegt, was einen ganzen Zählschritt nicht rechtfertigt.

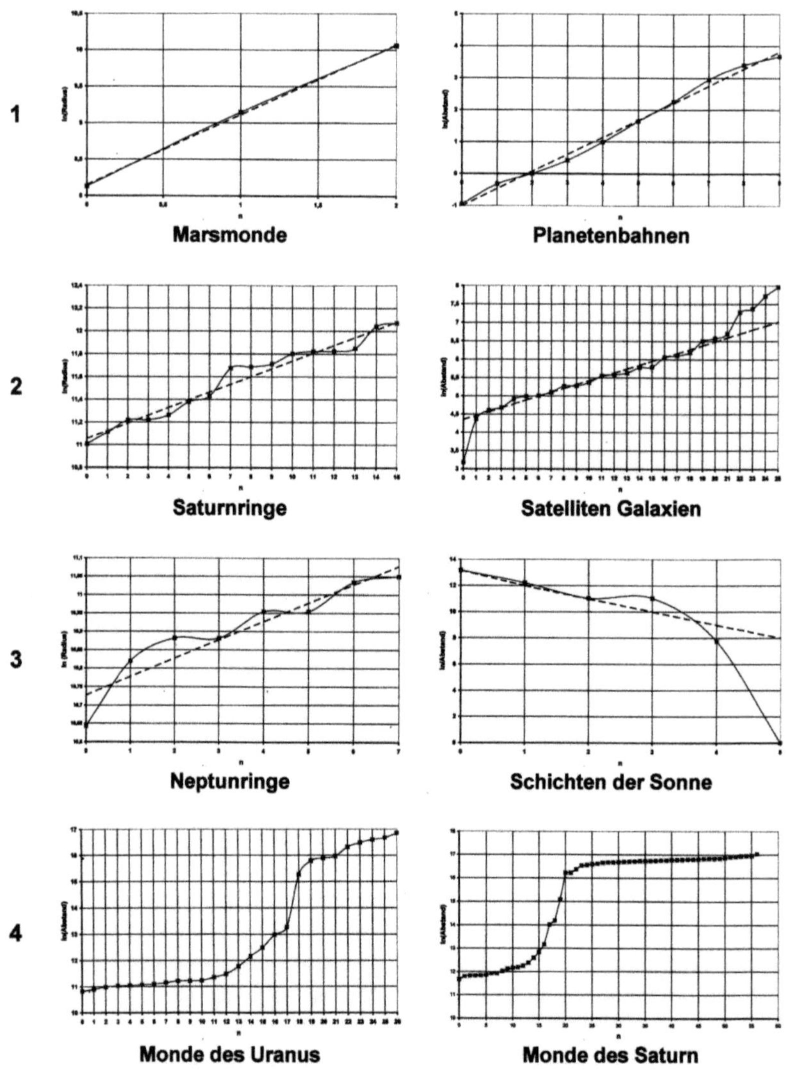

Marsmonde — **Planetenbahnen**

Saturnringe — **Satelliten Galaxien**

Neptunringe — **Schichten der Sonne**

Monde des Uranus — **Monde des Saturn**

Abbildung 7.1 – Logarithmierte Werte

Zwischenbilanz:

Die Linearität der logarithmierten Werte ist, bei den Beispielen aus den Zeilen **1**, **2** und **3**, bereits so gut, dass hier von einem starken Zusammenhang zur e-Funktion ausgegangen werden kann.

156

Zeile 4

Bei den Monden des Uranus ist deutlich die treppenartige Struktur zu erkennen. Der steile Anstieg zwischen den Punkten **17** und **18** bedeutet nichts anderes als die Existenz eines großen Freiraumes zwischen den Bahnen.

Bei allen Planeten lassen sich die Bahnen der Monde in zwei Teilbereiche aufspalten. In einen **Nahbereich** und in einen **Fernbereich**. Trennt man die beiden Bereiche und behandelt sie getrennt, so lässt sich auch hier eine gute Linearisierung erreichen.

Bei den Monden des Saturn ist ebenfalls deutlich die treppenartige Struktur ersichtlich. Auch hier ergeben sich, wie bei Uranus, ein Nah- und ein Fernbereich. Im Unterschied zu Uranus existieren aber auch Monde im Bereich der Lücke, so dass hier von einem **Mittelbereich** gesprochen werden kann.

Tauchen Diagramme wie bei den Monden des Saturn und Uranus auf, so werden erst mal nur die Daten aus dem **Nahbereich** verwertet. Der Mittel- bzw. Fernbereich wird dann durch **Extrapolation** der gefundenen Funktion gewonnen.

7.3 – Linearisierung

Die Werte werden jetzt **linearisiert**, um eine möglichst genaue Gerade zu erhalten. Aus dieser Geraden lässt sich direkt die **e-Funktion** ermitteln.

Wenn ausreichendes lineares Verhalten der Funktion bereits nach der Logarithmierung vorhanden ist, (wie später bei den Marsmonden und beim Pfirsich zu sehen ist) kann eine folgende Linearisierung entfallen.

Wenn jedoch keine ausreichende Linearität vorhanden ist, so sind die entsprechenden unpassenden Werte noch zu behandeln. Die Werte, die noch nicht passen, werden parallel zur x-Achse verschoben, bis sie auf der Näherungsgeraden liegen. Dann lässt sich daraus die **neue** Nummerierung direkt an der x-Achse ablesen.

Bei den Beispielen Marsmonde, Planetenbahnen und Saturnringe sind nur minimale Änderungen notwendig, um vollständige Linearität zu erhalten.

Bei allen anderen Beispielen müssen die Werte zum Teil erhebliche Sprünge in der Nummerierung machen, bis Linearität erreicht wird.

Bei dieser Prozedur kann sich eine **neue** (genäherte) Nummerierung der Werte ergeben.

Bei der weiteren Auswertung wird dann diese **neue genäherte Nummerierung** benutzt. Dies ist für die weitere Behandlung wichtig, um größte Äquivalenz der e-Funktion zu erreichen.

7.4 – Bestimmung der Näherungsgeraden

Es existieren zwei Möglichkeiten, um aus den logarithmierten (und linearisierten) Daten eine **Näherungsgerade** zu ermitteln.

   a) durch lineare Regression (ohne vorherige Linearisierung)

   b) durch die vorhandenen Minimum-Maximum-Werte

Im folgenden wird hier Fall **b)** behandelt, da Fall **a)** über ein handelsübliches Kalkulationsprogramm abgearbeitet werden kann.

Gesucht wird nun die Näherungsgerade **y = a·x + b** für die logarithmierten Werte. In der folgenden Abbildung ist die Näherungsgerade als gestrichelte Linie eingezeichnet.

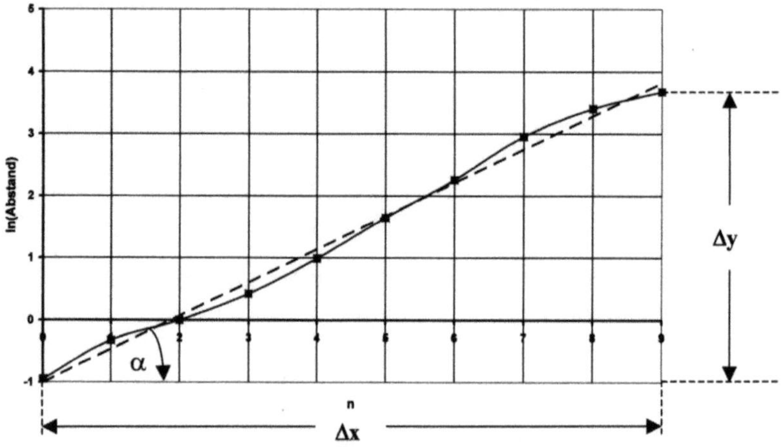

Abbildung 7.2 – Näherungsgerade

Es sind **n** Werte gegeben, nämlich: y_0, y_1, y_2, ... y_k, ... y_n

mit $y_k = \ln w_k$

Es existiert ein Minimum y_{min} und ein Maximum y_{max}.
Die Steigung **a** der Näherungsgeraden lässt sich aus den **Min-Max-Werten** und der neuen genäherten Nummerierung ermitteln. Es gilt:

7.4.1 - Gleichung: $$a = \tan \alpha = \frac{\Delta y}{\Delta x}$$

Δy ist die Differenz zwischen Minimal- und Maximalwert:

7.4.2 - Gleichung:
$$\Delta y = \ln w_{max} - \ln w_{min} = \ln w_n - \ln w_0$$

Δx ist der Maximalwert der neuen Nummerierung:

7.4.3 - Gleichung:
$$\Delta x = n_{neu}$$

Die additative Konstante der gesuchten Funktion ergibt sich aus dem kleinsten Wert:

7.4.4 - Gleichung:
$$b = \ln w_0$$

Für die Näherungsgerade gilt:

7.4.5 - Gleichung:
$$\ln w_k = y_k = a \cdot x + b$$

Einsetzen aller Terme ergibt:

7.4.6 - Gleichung:
$$\boxed{y = \frac{1}{n} \cdot \ln \frac{w_n}{w_0} \cdot x + \ln w_0}$$

7.5 – Bestimmung der e-Funktion

Basis für die Bildung der e-Funktion ist die **linearisierte** Funktion:

7.5.1 - Gleichung:
$$\ln w_k = y_k = a \cdot x + b$$

Aus dieser Linearisierung lässt sich direkt die e-Funktion gewinnen:

7.5.2 - Gleichung:
$$\boxed{w_k = w_0 \cdot e^{ax}} \qquad \text{und } w_0 = e^b$$

7.6 – Bestimmung einer neuen (berechneten) Nummerierung

Es existiert die Möglichkeit, für die Nummerierungswerte, eine noch bessere Anpassung zu erhalten. Ausgehend von der Linearisierung lässt sich eine genaue Nummerierung **berechnen**.

Es gilt:

$$\ln w_k = y_k = a \cdot x + b$$

Umstellen der Gleichung nach **x** ergibt

7.6.1 - Gleichung:
$$x_k = \frac{\ln w_k - b}{a}$$

Es gilt:

$$
\begin{aligned}
b &= \ln w_0 \\
a &= \Delta y / \Delta x \\
\Delta y &= \ln w_n - \ln w_0 \\
\Delta x &= n_{neu}
\end{aligned}
$$

Einsetzen aller Terme ergibt:

7.6.2 - Gleichung:
$$\boxed{x_k = n_{neu} \cdot \frac{\ln w_k - \ln w_0}{\ln w_n - \ln w_0}}$$

Die neuen Nummern ergeben eine Zahlenfolge auf **Logarithmen-Basis**, die **den Ausgangswerten entspricht**.
Diese neue Nummerierung spiegelt dann die **harmonikale** Struktur der untersuchten Anordnung wieder und kann als neue Skalierung betrachtet werden.

Ersetzt man in allen Gleichungen **In** durch **log** und **e** durch **10**, so gilt die gesamte Betrachtung und Funktionsermittlung auch zur Basis **10**.

7.7 – Global Scaling

Es sind **n** Werte gegeben, nämlich: $\mathbf{w_0}$, $\mathbf{w_1}$, $\mathbf{w_2}$, ... $\mathbf{w_k}$, ... $\mathbf{w_n}$.

Es existieren Eichwerte: $\mathbf{M_{eich}}$ im **Global Scaling**, die auf den physikalischen Größen des Protons beruhen.

Die Skalierung im Golbal Scaling wird durch folgende Gleichung definiert:

7.7.1 - Gleichung:

$$S_k = \ln \frac{Messwert}{Eichwert} = \ln \frac{w_k}{M_{eich}}$$

Laut der Logarithmen-Gesetze gilt:

$$S_k = \ln w_k - \ln M_{eich}$$

Nach Gleichung 7.4.5 gilt:

$$\ln w_k = y_k = a \cdot x + b$$

So lässt sich schreiben:

$$S_k = y_k - \ln M_{eich}$$

Einsetzen des Terms für **y**:

$$S_k = ax_k + b - \ln M_{eich}$$

Nach Gleichung 7.4.4 gilt auch:

$$b = \ln w_0$$

Insgesamt ergibt sich:

7.7.2 - Gleichung:

$$S_k = a \cdot x_k + \ln \frac{w_0}{M_{eich}}$$

Einsetzen aller Terme ergibt:

7.7.3 - Gleichung:

$$\boxed{S_k = \frac{\ln w_n - \ln w_0}{n_{neu}} x_k + \ln \frac{w_0}{M_{eich}}}$$

Wenn das Eichmaß gleich **1 (M_{eich} = 1)** gesetzt wird, so entsteht einfach die Gleichung 7.4.5:

$$S_k = y_k = a \cdot x_k + b$$

Das bedeutet:

1) Es besteht ein **funktionaler** Zusammenhang zwischen der hier geschilderten Prozedur der e-Funktions-Findung und dem Global Scaling.

2) Die hier geschilderte Prozedur liefert eine Form der Skalierung, die **fundamentaler** Natur ist, während das Global Scaling eine eher **abgeleitete** Größe darstellt, da dort ein bestimmtes **Eichmaß** benutzt wird.
Daraus lässt sich erkennen, dass in der Gleichung 7.7.2 das Eichmaß lediglich in der **additativen** Komponente der Geradengleichung vorkommt.
Sind alle Werte gegeben, stellt dieser Term lediglich eine additative Konstante dar. Der eigentliche Skalierungsvorgang findet aber im **ersten** Term statt.

Man kann das auch noch so darstellen. Die additative Konstante erhält einen neuen Namen:

7.7.4 - Definition: $$b_{eich} = \ln \frac{w_0}{M_{eich}}$$

Dann lässt sich die Skalierungsfunktion auch so darstellen:

7.7.5 - Gleichung: $$S_k = a \cdot x_k + b_{eich}$$

Wir haben hier eine Geradengleichung vor uns. Die Steigung der Geraden wird durch den ersten Term **ax** dargestellt. Die additative Konstante **b** verschiebt diese Gerade lediglich in der Senkrechten, also entlang der y-Achse.

3) Die hier geschilderte Prozedur ist ein **Äquivalent** zum Global Scaling. Damit wird das Global Scaling hinsichtlich der **logarithmischen** Struktur des Universums (siehe auch Kapitel 8) noch einmal bestätigt.
Allerdings zeigen die Gleichungen 7.7.2 und 7.7.4, dass die Wahl des Eichmaßes beliebig und damit **willkürlich** ist.

Statt der Protonengrößen im Global Scaling, lässt sich auch **jede** andere Größe, wie z.B. das Elektron benutzen.

Es ist mathematisch viel natürlicher, dass Eichmaß gleich **1** (M_{eich} = **1)** zu setzen. Dann lassen sich die harmonikalen Größen nach Gleichung 7.6.1 bzw. 7.6.2 ermitteln.

Als Beispiel dienen hier die Planetenbahnen. In der Tabelle ist die Ursprungsnummerierung (alt) enthalten, sowie die genäherte Nummerierung aus der Linearisierung und die berechnete Nummerierung. Die berechneten Werte kann man mit Gleichung 7.7.2 bzw. 7.7.4 in die Global Scaling Werte umwandeln.

Planet	Nr alt	Abstand [AE]	Nr genähert	x_k berechnet	$a{\cdot}x_k$	Global Scaling $a{\cdot}x_k+b_{eich}$
Merkur	0	0,3871	0	0	0	60,880098
Venus	1	0,723	1,3	1,182	0,6247261	61,504824
Erde	2	1	1,9	1,796	0,9490722	61,829170
Mars	3	1,524	2,6	2,593	1,3704106	62,250509
Asteroiden	4	2,7	3,75	3,675	1,9423239	62,822422
Jupiter	5	5,203	5	4,916	2,5983076	63,478406
Saturn	6	9,582	6,1	6,071	3,2089585	64,089057
Uranus	7	19,201	7,5	7,386	3,9040345	64,784133
Neptun	8	30,047	8,25	8,233	4,3518350	65,231933
Pluto	9	39,482	8,75	8,750	4,6249170	65,505015

Im Global Scaling wird die Eigenwellenlänge des Protons mit einem Wert von **2,103089$\cdot10^{-16}$ m** als Eichmaß angegeben.
Damit ergibt sich b_{eich} = **60,88**.
Für die Planetenbahnen gilt: **a = 0,52856** (siehe Seite 176)

Die neuen berechneten Nummerierungswerte x_k spiegeln die absoluten harmonikalen Verhältnisse eines Systems wieder und sind von einem Eichmaß völlig **unabhängig**. Beim Global Scaling wird die eigentliche harmonikale Größe $a{\cdot}x_k$ durch den konstanten Summanden b_{eich} lediglich in der Skala **verschoben**. Die Wahl des Eichparameters ist daher **frei wählbar**.

Auch hier in diesem Kapitel kann man in allen Gleichungen **In** durch **log** ersetzen. So gilt dann die gesamte Betrachtung und Funktionsermittlung auch zur Basis **10**.

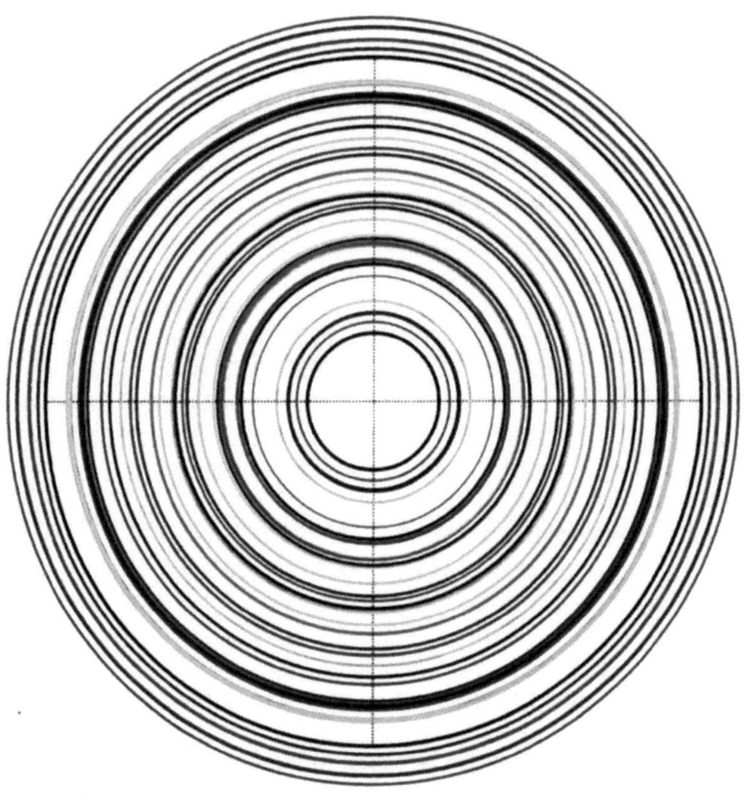

8 – Konzentrische Anordnungen

Allgemein gesehen beschreibt, Gleichung 6.5.3 auftretende Schwingungsphänomene um bzw. in einem Zentralkörper.
Schichtenbildung oder Gitterbildung oder Polyederbildung kann daher als direkter Ausdruck eines Schwingungsphänomens betrachtet werden.
Auf der atomaren Ebene angewandt führt der Radialanteil der Laplace-Gleichung zur Schrödinger-Gleichung, bzw. zum Orbitalmodell für Atome.
Hier erhebt sich die Frage, in wieweit sich dieses Schwingungsmodell auf andere kugelförmige bzw. konzentrische Phänomene unserer Welt anwenden lässt. Dazu braucht man nur zu untersuchen, ob konzentrische Anordnungen in eine e-Funktion überführbar sind.

8.1 – Die Sonne

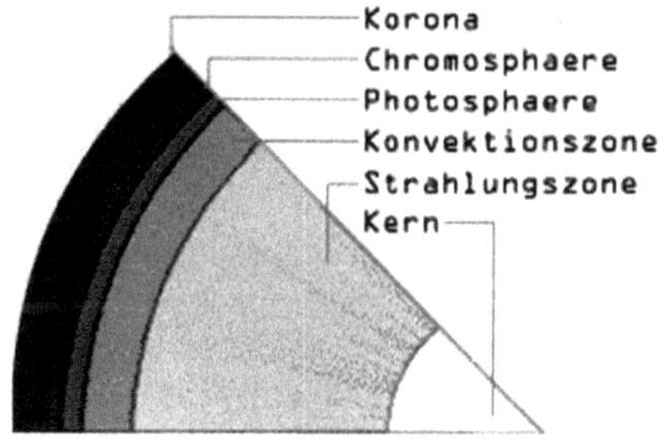

Unser Zentralgestirn, die Sonne, besitzt ebenfalls einen Schichtenaufbau.
In der allgemeinen Literatur sind **sechs** relevante Schichten bekannt, die als Zonen oder Sphären bezeichnet werden. [70]

Abbildung 8.1.1 – Schichten der Sonne

Die Schichten werden nach Tiefe geordnet und durchnummeriert.

Schicht	Nr	R	Tiefe	ln(Tiefe)
		[km]	[km]	
Kern	0	174000	522350	13,16609314
Strahlungszone	1	494400	201950	12,21577542
Konvektionszone	2	633670	62680	11,04579770
Photosphäre	3	634100	62250	11,03891381
Chromosphäre	4	694000	2350	7,762170607
Oberfläche	5	696350	0	0

Damit sind **n** Werte gegeben, nämlich: $w_0, w_1, w_2, ... w_k, ... w_n$.
Die Werte sind nach Größe absteigend geordnet. Die logarithmierten Werte werden als Funktion der Nummerierung dargestellt. Aus der Tabelle ergibt sich die folgende Funktion **y** für die Logarithmen der Tiefen:

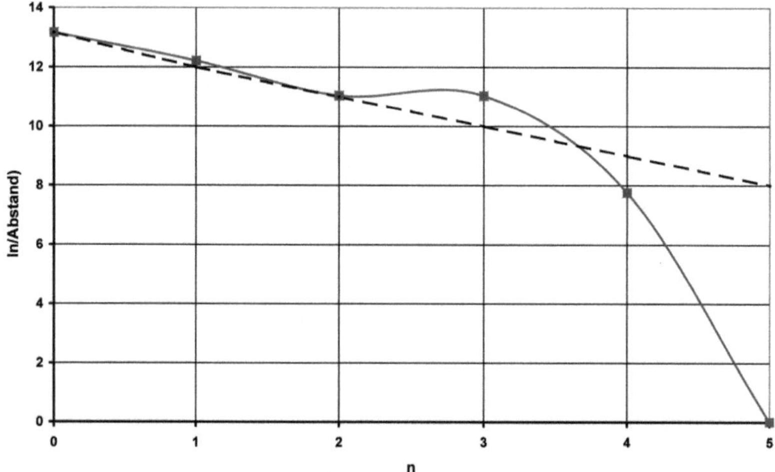

Abbildung 8.1.2 – Logarithmierte Schichten der Sonne

Die gestrichelte Linie im Diagramm stellt eine Näherungsgerade dar. Um später eine e-Funktion zu erhalten, muss auf der logarithmierten Ebene eine Gerade als Funktion vorhanden sein. Die Linearität ist **notwendige** Voraussetzung dafür, dass sich die Folge von **n** Werten in eine e-Funktion umwandeln lässt. Es ist noch zu berücksichtigen das doppelte Werte auch dieselbe Nummer erhalten.
Die Linearität lässt sich erhöhen, wenn die Werte (die noch nicht passen) parallel zur x-Achse verschoben werden, bis sie auf der gestrichelten Näherungsgeraden liegen. Daraufhin lässt sich die neue Nummerierung direkt an der x-Achse ablesen.

Punkt **3** liegt hier etwa auf gleicher Höhe wie Punkt **2**, das einen ganzen Zählschritt nicht rechtfertigt. Punkt **3** wird daher in die direkte Nähe von Punkt **2** verschoben.

Wenn Punkt **4** nach **5** versetzt wird, ergibt sich schon eine erstaunlich gute Linearität. Die Steigung zwischen Punkt **4** und **5** ist so groß, dass der bisherige Punkt **5** weit nach oben bis auf Position **12** verschoben werden kann.

Die liniearisierte Funktion sieht nun so aus:

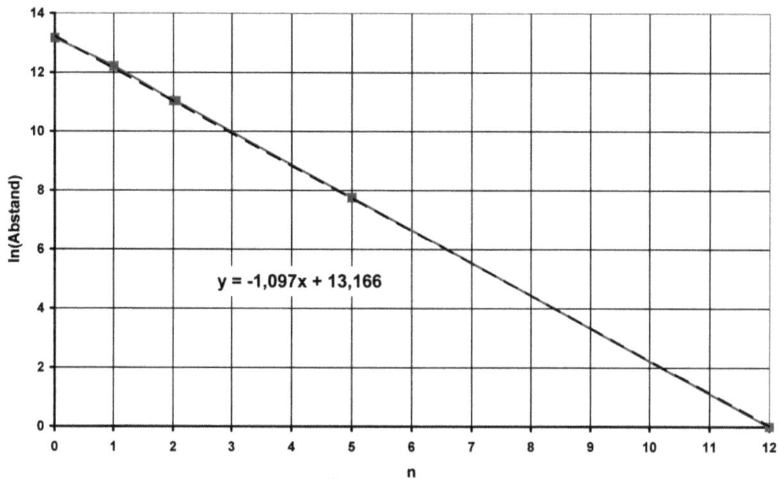

Abbildung 8.1.3 – Linearisierung der Sonnenschichten

Nun sollte ein **lineares** Verhalten der erzeugten Kurve **y** vorhanden sein. Wie in Abbildung 8.1.3 zu sehen, ist es der Fall.
Die Linearität ist **notwendige** Voraussetzung dafür, dass sich die Folge von Werten auch in eine e-Funktion konvertieren lässt. Gesucht wird nun die Näherungsgerade **y = a·x + b** für die logarithmierten Werte. Für die Steigung **a** der Geraden gilt:

$$a = \tan \alpha = \frac{\Delta y}{\Delta x}$$

Da eine geordnete Folge von Werten vorliegt, existiert ein Minimalwert und ein Maximalwert, nämlich der erste und der letzte Wert.
Δy lässt sich dann durch die Differenzbildung der beiden Extrema bilden. Es gilt

$$\Delta y = \ln w_{max} - \ln w_{min} = \ln w_n - \ln w_0$$

Es gilt $\qquad$ **Δy = 0 – 13,166 = –13,166**

Da die x-Achse durch die Nummerierung gebildet wird, ist **Δx** gleich der Anzahl der (neuen) Werte:

Es gilt $\qquad$ $\Delta x = n_{neu}$

Für die Schichten der Sonne gilt: **n = 12**

Die Steigung **a** der Geraden ergibt sich zu: **a = – 13,166/12**
a = – 1,0972

Für den konstanten Faktor **b** gilt: $b = \ln w_0$
Für die Sonnenschichten gilt: **b = 13,166**

Die Gleichung für die Näherungsgerade lautet:

$$y = - 1{,}0972 \cdot x + 13{,}166$$

Aus der Linearisierung lässt sich direkt die e-Funktion ermitteln.

Allgemein gilt: $w_k = w_0 \cdot e^{a \cdot x}$

Für die Sonnenschichten gilt: $\textbf{Tiefe} = \textbf{522350} \cdot \textbf{e}^{\textbf{-1,0972} \cdot \textbf{x}}$ [km]

Die gesamte Situation für die Schichten der Sonne sieht dann so aus:

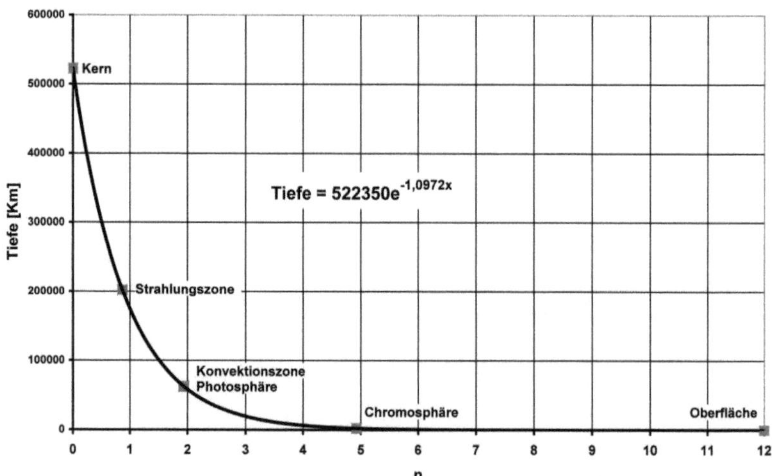

Abbildung 8.1.4 – Schichten der Sonne als e-Funktion

Es existiert die Möglichkeit für die Nummerierungswerte eine noch bessere Anpassung zu erhalten. Ausgehend von der bisherigen Linearisierung lassen sich genaue Nummern berechnen.

Es gilt:

$$\ln w_k = y_k = a \cdot x + b$$

Umstellen nach **x** ergibt:

$$x_k = \frac{\ln w_k - b}{a}$$

Einsetzen aller Terme ergibt:
(siehe auch 7.6)

$$x_k = n_{neu} \cdot \frac{\ln w_k - \ln w_0}{\ln w_n - \ln w_0}$$

In der folgenden Tabelle sind sowohl die berechneten Nummerierungswerte, als auch die angenäherten Nummern zusehen.

Schicht	Tiefe	Nr	Nr
	[km]	berechnet	genähert
Kern	522350	0	0
Strahlungszone	201950	0,866	0,9
Konvektionszone	62680	1,932	1,9
Photosphäre	62250	1,938	2
Chromosphäre	2350	4,925	5
Oberfläche	0	12	12

Die genaue Funktion für die Sonnenschichten ist in Abbildung 8.1.5 gezeigt.
Nimmt man noch die Mitte der Sonne hinzu, so ändern sich die Verhältnisse nur minimal. Die nächste Tabelle und Abbildung 8.1.6 stellen die veränderte Situation dar.

Schicht	Tiefe	Nr	Nr
	[km]	berechnet	genähert
Sonne Mitte	696350	0	0
Kern	522350	0,2564498	0,25
Strahlungszone	201950	1,1040895	1,1
Konvektionszone	62680	2,1476559	2,2
Photosphäre	62250	2,1537960	2,25
Chromosphäre	2350	5,0765004	5,1
Oberfläche	0	12	12

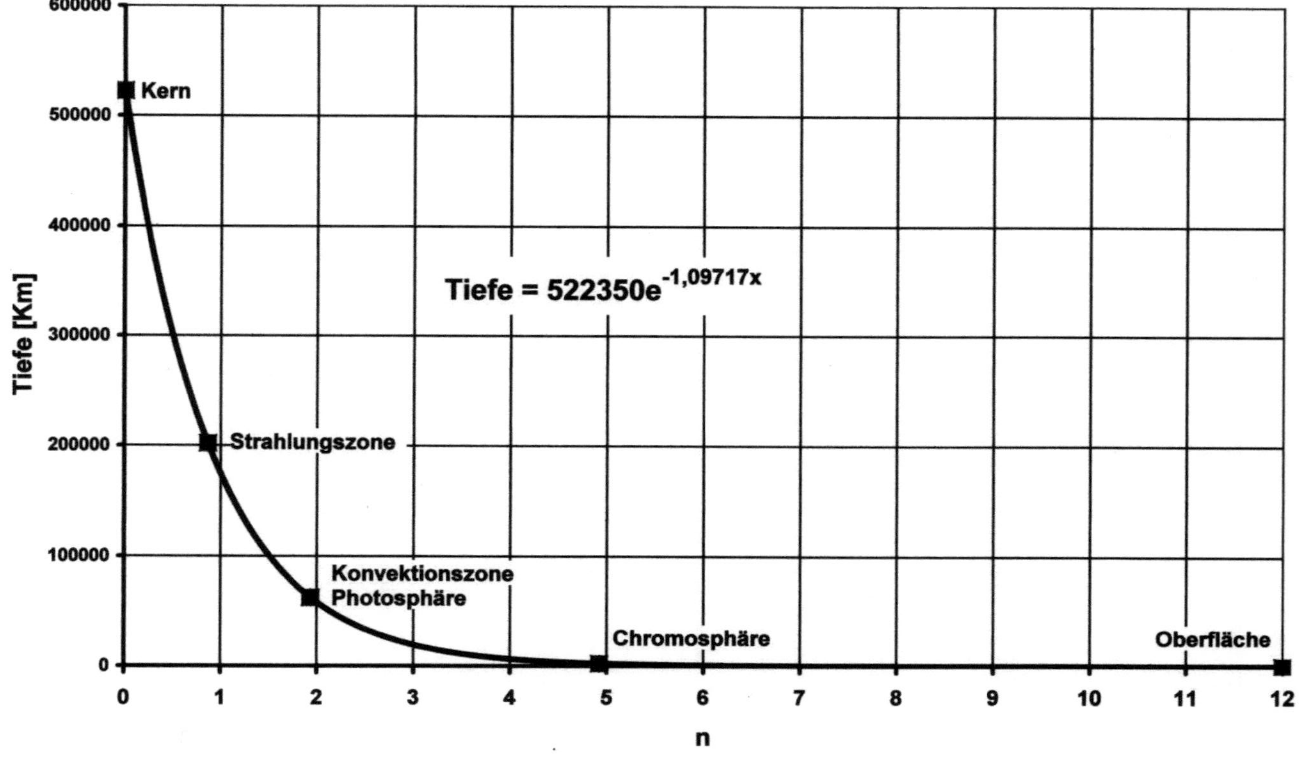

Abbildung 8.1.5 – Schichten der Sonne als e-Funktion

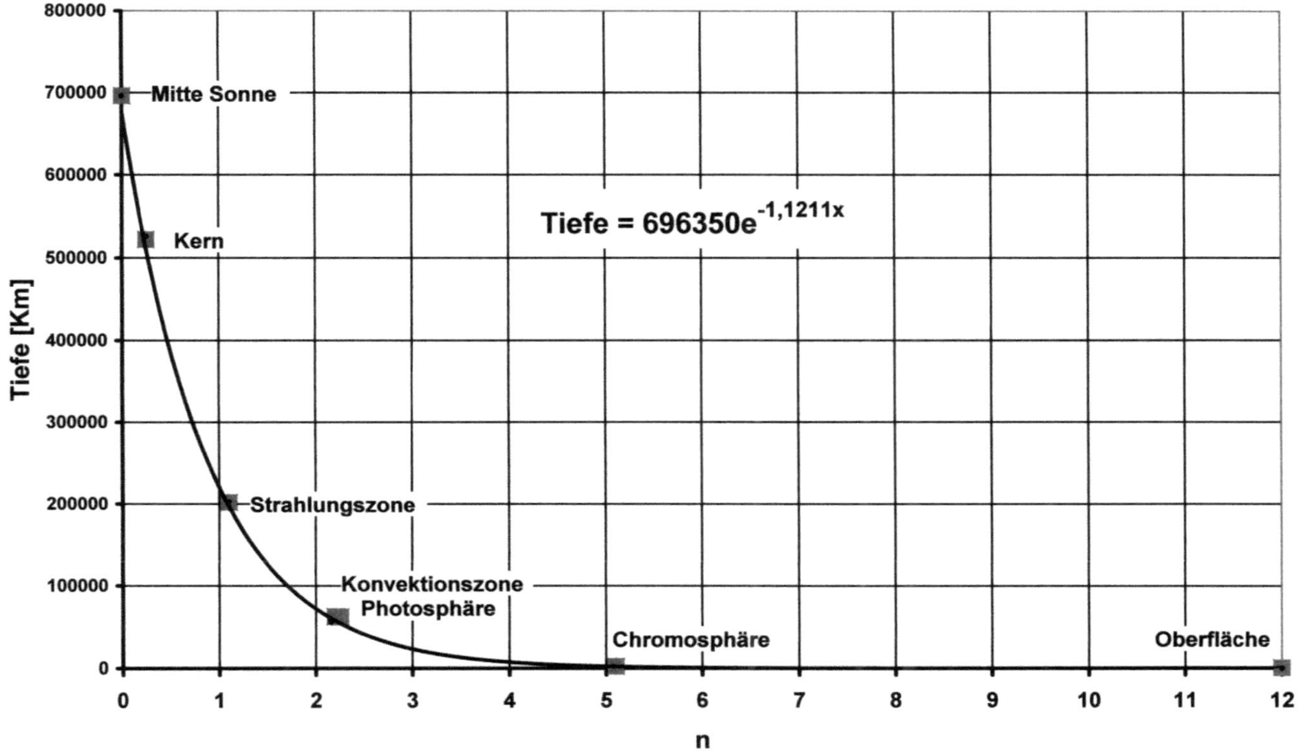

Abbildung 8.1.6 – Schichten der Sonne als e-Funktion

8.2.1 – Die Planetenbahnen

Unser Sonnensystem besitzt mit den Planetenbahnen ebenfalls eine konzentrische Struktur. Es werden die Abstände, in astronomische Einheiten, für die ersten **8** Planeten, aus der gängigen Literatur zusammen getragen. Hierbei werden die einzelnen Planeten nach Abstand geordnet und durchnummeriert. [71]

Planet	Nr	Abstand	ln(Abstand)
	alt	[AE]	
Merkur	0	0,3871	-0,94907222
Venus	1	0,723	-0,32434606
Erde	2	1	0
Mars	3	1,524	0,42133846
Jupiter	4	5,203	1,64923538
Saturn	5	9,582	2,25988634
Uranus	6	19,201	2,95496236
Neptun	7	30,047	3,40276282

AE = astronomische Einheit = 149.597.870 km = Abstand Erde - Sonne

Aus der Tabelle ergibt sich die folgende Funktion **y** für die Logarithmen der Abstände:

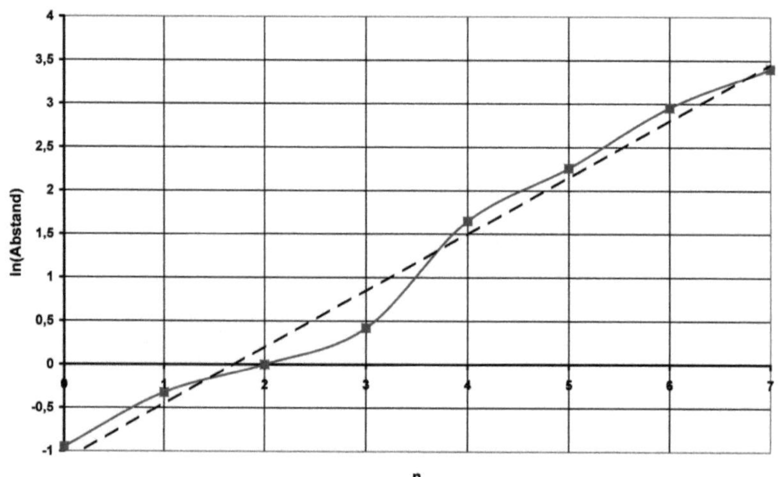

Abbildung 8.2.1.1 – Logarithmierte Planetenbahnen

Die gestrichelte Linie im Diagramm stellt eine Näherungsgerade dar.

172

Wie zu sehen ist, existiert bereits eine gute Linearität der Werte. Lediglich Erde und Mars weichen von der Näherungsgeraden ab. Punkt **3** (Erde) wird daher auf Punkt **1,5** geschoben und aus Punkt **3** (Mars) wird Punkt **2**. Die liniearisierte Funktion sieht nun so aus:

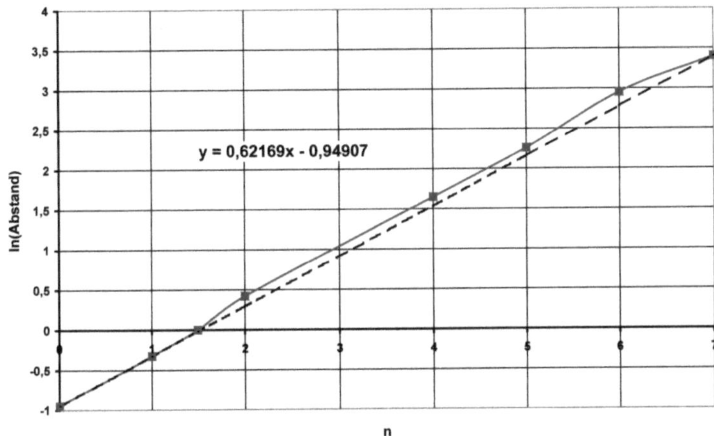

Abbildung 8.2.1.2 – Linearisierung der Planetenbahnen

Mit dem gleichen Verfahren, wie bei den Sonnenschalen beschrieben, werden die Parameter der Näherungsgeraden ermittelt. Die Gleichung für die Näherungsgerade lautet:

$$y = \ln R = 0{,}62169{\cdot}x - 0{,}94907$$

Für die Planetenbahnen gilt: $\quad R = 0{,}3871{\cdot}e^{0{,}62169{\cdot}x} \qquad$ [AE]

Damit ergeben sich folgende Werte:

Planet	Nr	Abstand	Abstand berechnet
	neu	**[AE]**	**[AE]**
Merkur	0	0,3871	0,3871
Venus	1	0,723	0,7208087
Erde	1,5	1	0,98359983
Mars	2	1,524	1,34219887
Jupiter	4	5,203	4,65383058
Saturn	5	9,582	8,66577519
Uranus	6	19,201	16,1363114
Neptun	7	30,047	30,047

Die gesamte Situation für die Planetenbahnen sieht dann so aus:

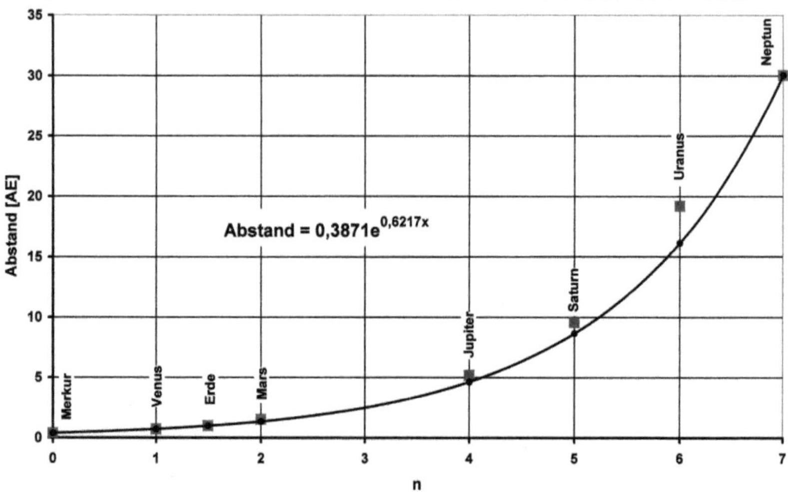

Abbildung 8.2.1.3 – Planetenbahnen als e-Funktion

Bemerkenswert ist die Lücke für **n = 3**. Der Abstandswert dazu beträgt **2,5 AE**. Der Asteroidengürtel erstreckt sich von **2,0** bis **3,4 AE**. Der Mittelwert liegt bei **2,7 AE**. Damit deckt sich das Modell sehr gut mit den realen Begebenheiten. Und es zeigt, dass der Asteroidengürtel mit zum Schwingungssystem der Planeten gehört.

Es zeigt auch, dass die Prozedur der Logarithmierung und Linearisierung kein willkürlicher Akt ist, sondern die **harmonikalen** Strukturen eines Systems offenbart.

Daher wird hier ein neuer Ansatz generiert, diesmal mit dem Asteroidengürtel und Pluto dazu.

Planet	Nr	Abstand	ln(Abstand)
	alt	[AE]	
Merkur	0	0,3871	-0,94907222
Venus	1	0,723	-0,32434606
Erde	2	1	0
Mars	3	1,524	0,42133846
Asteroidengürtel	4	2,7	0,99325177
Jupiter	5	5,203	1,64923538
Saturn	6	9,582	2,25988634
Uranus	7	19,201	2,95496236
Neptun	8	30,047	3,40276282
Pluto	9	39,482	3,67584487

174

Aus der Tabelle ergibt sich die folgende Funktion für die Logarithmen der Abstände:

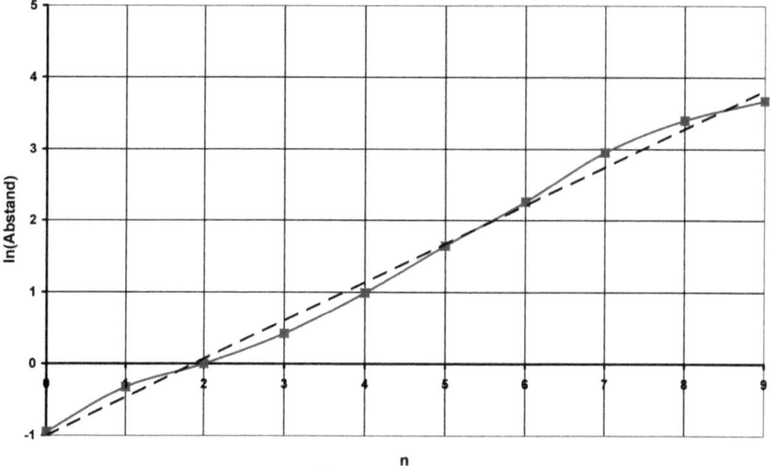

Abbildung 8.2.1.4 – Logarithmierte Planetenbahnen

Die gestrichelte Linie im Diagramm stellt wie gezeigt, eine Näherungsgerade dar. Wie zu sehen ist, existiert schon ein sehr gutes Linearitätsverhalten der Werte. Die Werte werden noch linearisiert und ergeben so folgendes Diagramm:

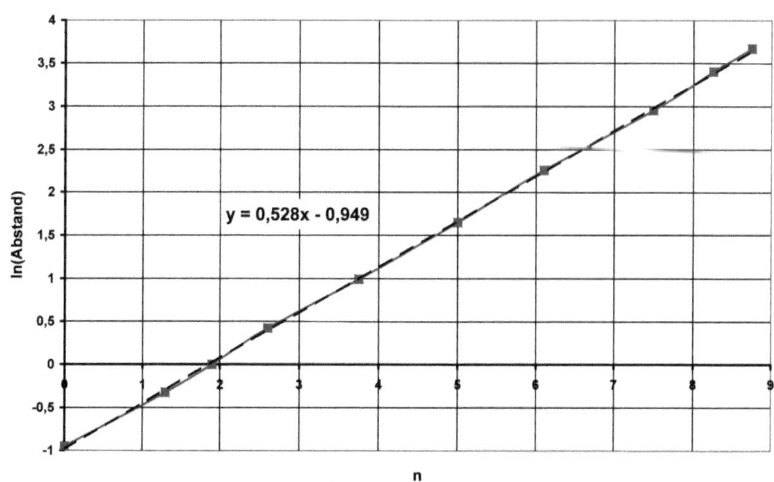

Abbildung 8.2.1.5 – Linearisierung der Planetenbahnen

Die Gleichung für die Näherungsgerade lautet:

$$y = \ln R = 0{,}52856 \cdot x - 0{,}94907$$

Für die Planetenbahnen gilt $R = 0{,}3871 \cdot e^{0{,}52856 \cdot x}$ [AE]

Damit ergeben sich folgende Werte:

Planet	Nr	Abstand
	neu	[AE]
Merkur	0	0,3871
Venus	1,3	0,723
Erde	1,9	1
Mars	2,6	1,524
Asteroidengürtel	3,75	2,7
Jupiter	5	5,203
Saturn	6,1	9,582
Uranus	7,5	19,201
Neptun	8,25	30,047
Pluto	8,75	39,482

Die neue Situation für die Planetenbahnen sieht dann so aus:

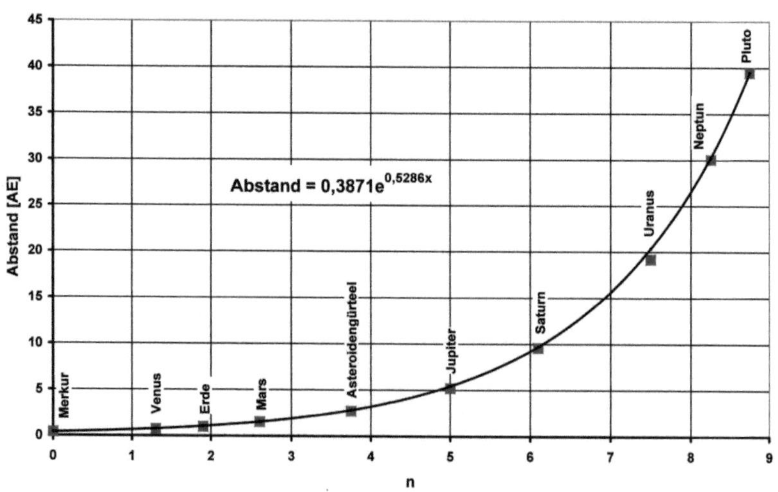

Abbildung 8.2.1.6 – Planetenbahnen als e-Funktion

Es existiert noch die Möglichkeit für die Nummerierungswerte eine bessere Anpassung zu erhalten. Ausgehend von der bisherigen Linearisierung lassen sich genaue Nummern berechnen, genau so wie es bereits bei den Sonnenschalen zu sehen war. In der folgenden

176

Tabelle sind sowohl die berechneten Nummerierungswerte, als auch die angenäherten Nummern und die Ausgangsnummern zu sehen.

Planet	Nr alt	Abstand [AE]	Nr genähert	Nr berechnet
Merkur	0	0,3871	0	0
Venus	1	0,723	1,3	1,182
Erde	2	1	1,9	1,796
Mars	3	1,524	2,6	2,593
Asteroidengürtel	4	2,7	3,75	3,675
Jupiter	5	5,203	5	4,916
Saturn	6	9,582	6,1	6,071
Uranus	7	19,201	7,5	7,386
Neptun	8	30,047	8,25	8,233
Pluto	9	39,482	8,75	8,750

Die genauere Funktion für die Planetenbahnen ist in Abbildung 8.2.7 auf der nächsten Seite dargestellt.

8.2.2 – Die Umlaufzeiten der Planeten

Zwischen Bahnradien und Umlaufzeiten der Planeten existiert ein mathematisches Verhältnis, [72] das **Johannes Kepler** [73] (*27.Dez. 1571jul - †15.Nov. 1630greg) ein deutscher Naturphilosoph, Mathematiker, Astronom Anfang des 17.ten Jahrhunderts entdeckte. Es gestattet auch die **Umlaufzeiten** als e-Funktion darzustellen.

Es gilt allgemein:
$$\frac{T^2}{r^3} = C$$

Für den Merkur gilt dann ebenso:
$T_0 = 0{,}241$ Jahre
$$\frac{T^2}{r^3} = \frac{T_0^2}{r_0^3} = C$$

Umstellen der Gleichung ergibt die Umlaufzeiten der Planeten:
$$T^2 = \left(\frac{r}{r_0}\right)^3 \cdot T_0^2$$

Es gilt: $r/r_0 = e^{ax}$ und **x** = berechnete Nummerierung

Einsetzen aller Größen liefert:
$$T = T_0 \cdot e^{\frac{3}{2}ax} = 0{,}241 \cdot e^{0{,}79284x}$$

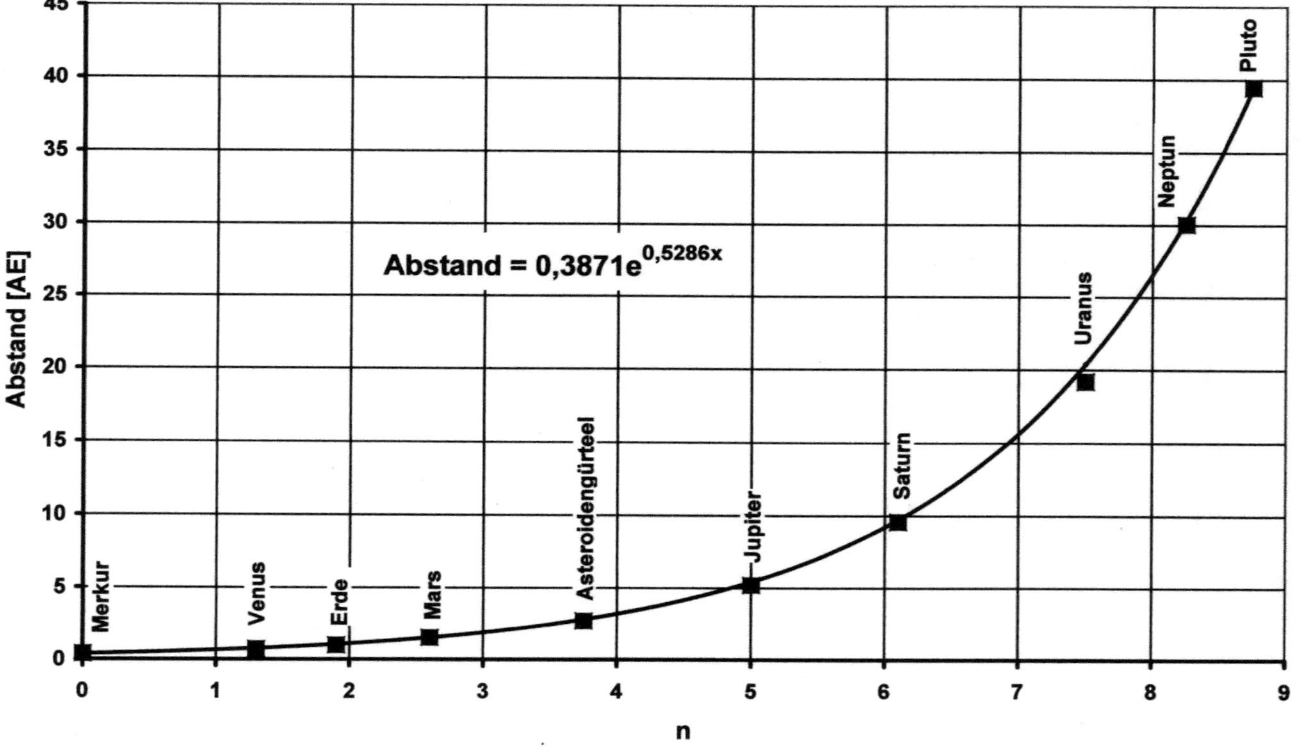

Abbildung 8.2.1.7 – Planetenbahnen als e-Funktion

8.2.3 – Die Masse der Planeten

Unser Sonnensystem besitzt mit den Massen der Planeten ebenfalls eine exponentielle Struktur. Es werden die Masse für die ersten **8** Planeten, aus der gängigen Literatur zusammengetragen. Hierbei werden die einzelnen Planeten nach Masse geordnet und durchnummeriert.

Name	Nr	Planetenmasse $\cdot 10^{24}$ kg	Ln(Masse)
Merkur	0	0,33022	-1,10799618
Mars	1	0,64185	-0,44340065
Venus	2	4,8685	1,58278588
Erde	3	5,9737	1,7873665
Uranus	4	86,849	4,46417098
Neptun	5	102,44	4,62927726
Saturn	6	568,51	6,3430189
Jupiter	7	1898,7	7,54892472

Aus der Tabelle ergibt sich die folgende Funktion **y** für die Logarithmen der Massen:

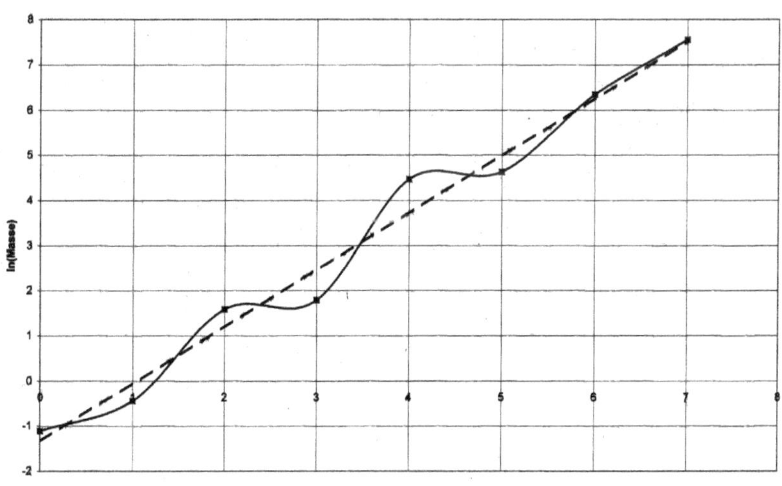

Abbildung 8.2.2.1 – Planetenmassen logarithmiert

Die linearisierte Funktion ist in Abbildung 8.10.3 dargestellt.

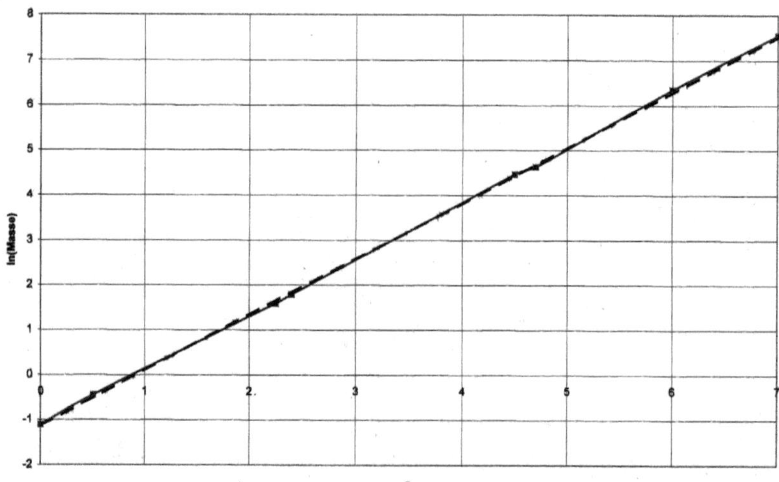

Abbildung 8.2.2.2 – Planetenmassen linearisiert

Aus den liniearisierten Werten lässt sich wieder die e-Funktion ermitteln. Die Gleichung für die Näherungsgerade lautet:

$$y = \ln M = 1{,}2367 \cdot x - 1{,}108$$

Für die Massen gilt: $\qquad M = 0{,}3302 \cdot e^{1{,}2367 \cdot x} \qquad [\cdot 10^{24}\ \text{kg}\,]$

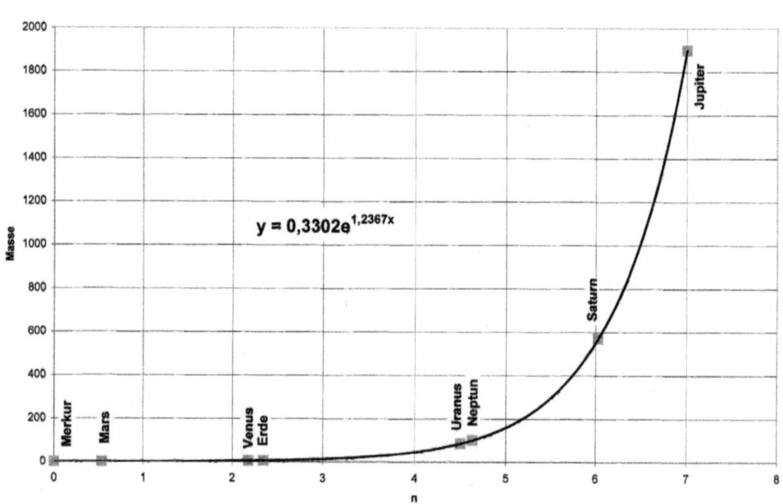

Abbildung 8.2.2.3 – Planetenmassen als e-Funktion

8.3 – Monde der Planeten

In unserem Sonnensystem besitzen die Planeten Monde die, ebenfalls auf konzentrischen Bahnen, jeweils ihren Planeten umkreisen.
Betrachtet werden hier die Monde von Mars, Jupiter, Saturn, Uranus,
Neptun und Pluto. Dabei zeigen die logarithmierten Abstände ein etwas anderes Verhalten, als in den bisherigen Beispielen. Stellvertre-
tend für alle diese Planeten werden hier die Monde des Uranus gezeigt. [74]

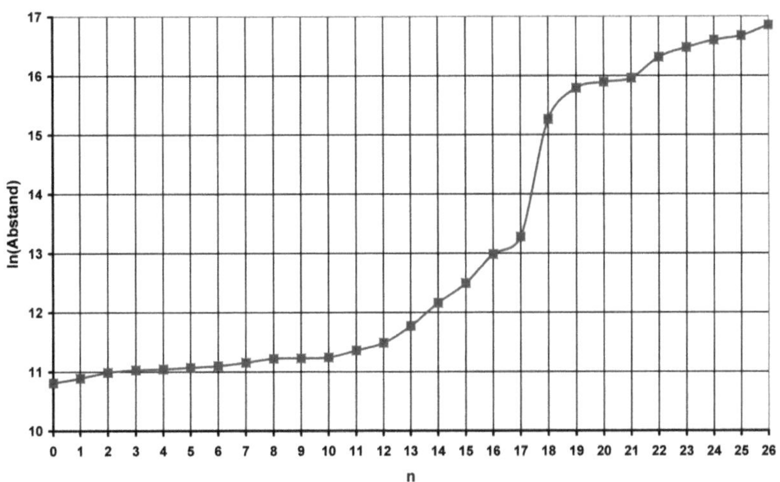

Abbildung 8.3.1 – Logarithmierte Abstände der Monde des Uranus

Deutlich ist die treppenartige Struktur erkennbar. Der steile Anstieg
zwischen den Punkten **17** und **18** bedeutet nichts anderes als die E-
xistenz einer großen **Lücke** zwischen den Bahnen.

Bei allen Planeten lassen sich die Bahnen der Monde in zwei Teilbereiche aufspalten. In einen **Nahbereich** und in einen **Fernbereich**.
Zur Auswertung werden zuerst einmal die Werte aus dem Nahbereich genommen. Es kann dann die übliche Prozedur der Linearisierung und Funktionsbildung vorgenommen werden, so wie sie in den
bisherigen Beispielen praktiziert worden ist.
Dann wendet man die gefundene Funktion einfach auf den Fernbereich an und ermittelt so die komplette e-Funktion.
Auf den nächsten Seiten sind die Diagramme (ohne weitere Berech-
nungen) für die Monde, die zur Auswertung kommen, von Mars (2),
Jupiter (63 Monde), Saturn (57 Monde), Uranus (27 Monde) und
Neptun (13 Monde) zu sehen.

8.3.1 – Die Monde des Mars

Um eine e-Funktion eindeutig zu kreieren bedarf es **3** Datenpunkte. Der Mars besitzt aber nur **2** Monde. Da beide Monde relativ nah den Mars umkreisen, kann man hier die Marsoberfläche als dritten Wert dazu nehmen. Der gesamte Sachverhalt ist in der folgenden Tabelle wieder gegeben.

Name	Abstand	Nr	ln(Abstand)	Nr
	[km]	alt		berechnet
Mars Äquator	3396	0	8,13035355	0
Phobos	9376	1	9,14590851	1,05
Deimos	23459	2	10,0630095	2

Bei der Logarithmierung und Übertragung in ein Diagramm, ergibt sich eine überraschende Vereinfachung. Die logarithmierten Werte sind fast derart linear, dass eine weitere Linearisierung nicht mehr notwendig ist.

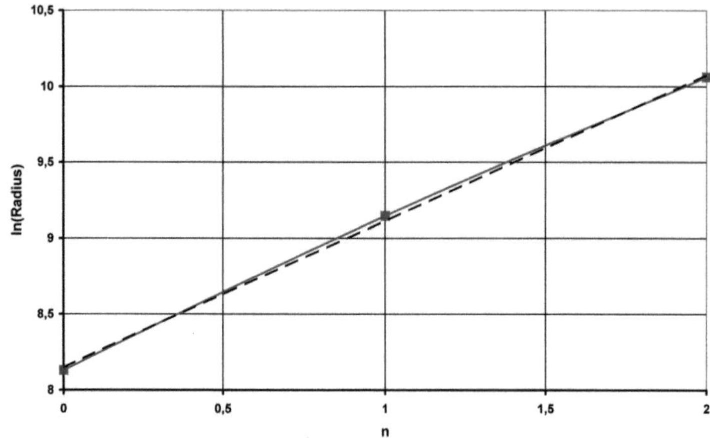

Abbildung 8.3.1.1 – Linearisierung der Mondabstände

Daraus lässt sich, wie gehabt, die e-Funktion ermitteln. Die Gleichung für die Näherungsgerade lautet:

$$y = \ln R = 0{,}9963 \cdot x + 10{,}407$$

Für die Mondbahnen gilt: $\quad R = 33096 \cdot e^{0{,}9663 \cdot x} \quad$ [km]

Die gesamte Situation ist in Abbildung 8.3.1.2 dargestellt.

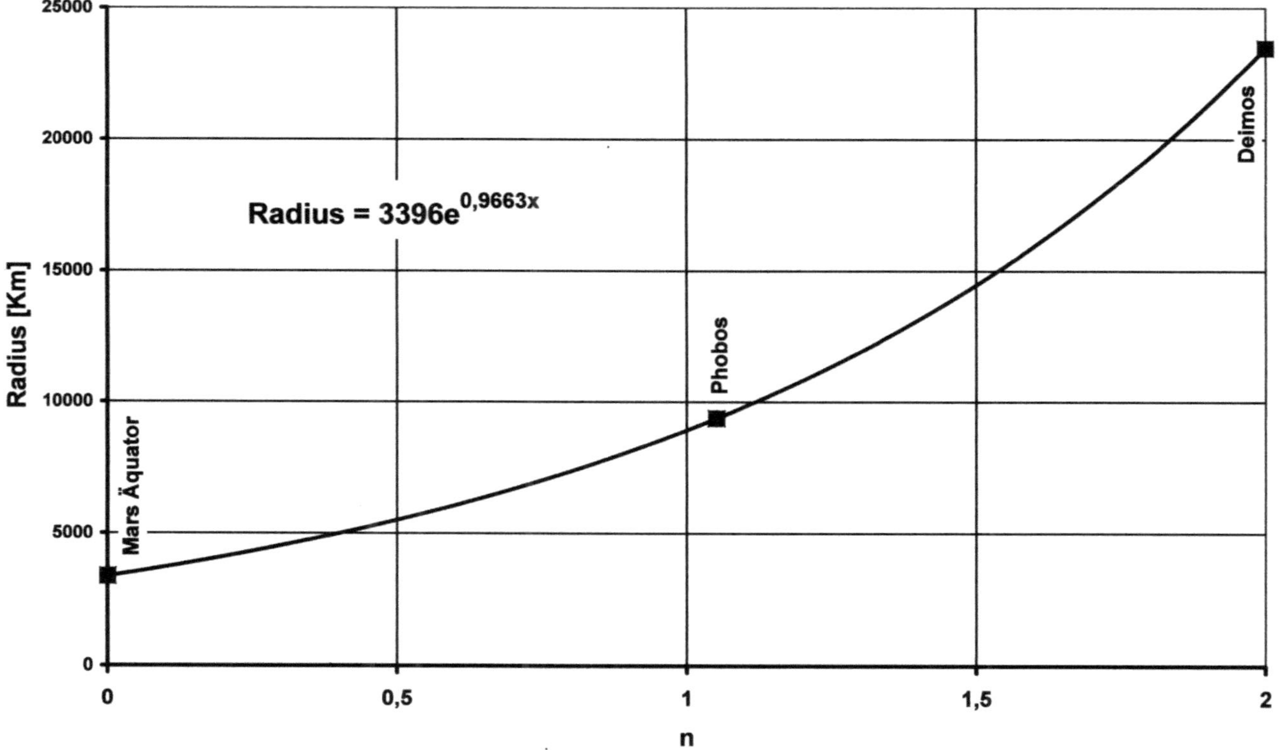

Abbildung 8.3.1.2 – Monde des Mars als e-Funktion

8.3.2 – Die Monde des Jupiter

Es sind **69** natürliche Satelliten des Jupiter bekannt. Die folgende Tabelle enthält die Daten von **63** Monden des Jupiters, die hier zur Auswertung kommen.

Nr astro	Name	Abstand [km]	Nr alt	ln(Abstand)	Nr berechnet
XVI	Metis	128.100	0	11,7605665	0
XV	Adrastea	128.900	1	11,7667922	0,01853128
V	Amalthea	181.400	2	12,1084598	1,03553127
XIV	Thebe	221.900	3	12,3099821	1,63537788
I	Io	421.800	4	12,9522865	3,54724647
II	Europa	671.100	5	13,4166734	4,92952978
III	Ganymed	1.070.400	6	13,883543	6,31920288
IV	Kallisto	1.882.700	7	14,4482175	8
XVIII	Themisto	7.507.000	8	15,8313465	12,1169899
XIII	Leda	11.165.000	9	16,2282944	13,2985361
VI	Himalia	11.461.000	10	16,2544605	13,3764214
X	Lysithea	11.717.000	11	16,2765513	13,4421764
VII	Elara	11.741.000	12	16,2785975	13,4482672
	S/2000 J 11	12.174.000	13	16,3148131	13,5560655
XLVI	Carpo	16.989.000	14	16,6480766	14,5480501
	S/2003 J 12	17.740.000	15	16,6913325	14,6768046
XXXIV	Euporie	19.302.000	16	16,7757193	14,9279882
	S/2003 J 3	19.622.000	17	16,7921619	14,9769311
	S/2003 J 18	19.813.000	18	16,8018488	15,0057649
XXXV	Orthosie	20.721.000	19	16,8466582	15,1391435
	S/2003 J 16	20.744.000	20	16,8477676	15,1424456
XXXIII	Euanthe	20.799.000	21	16,8504155	15,1503272
XXIX	Thyone	20.940.000	22	16,8571718	15,1704378
XL	Mneme	21.069.000	23	16,8633133	15,1887187
XXII	Harpalyke	21.105.000	24	16,8650205	15,1938003
XXX	Hermippe	21.131.000	25	16,8662517	15,197465
XXVII	Praxidike	21.147.000	26	16,8670086	15,199718
XLII	Thelxinoe	21.162.000	27	16,8677177	15,2018286
XLV	Helike	21.263.000	28	16,872479	15,2160011

Nr	Name	Abstand	Nr	ln(Abstand)	Nr
astro		[km]	alt		berechnet
XXIV	Iocaste	21.269.000	29	16,8727612	15,2168409
XII	Ananke	21.276.000	30	16,8730902	15,2178204
L	Herse	22.134.000	31	16,9126254	15,3355
	S/2003 J 19	22.709.000	32	16,9382719	15,4118386
	S/2003 J 15	22.721.000	33	16,9388002	15,413411
	S/2003 J 10	22.731.000	34	16,9392402	15,4147208
	S/2003 J 23	22.740.000	35	16,939636	15,4158991
XXXII	Eurydome	22.865.000	36	16,9451179	15,4322163
XLIII	Arche	22.931.000	37	16,9480003	15,4407959
XXVIII	Autonoe	23.039.000	38	16,952699	15,454782
XXXVIII	Pasithee	23.096.000	39	16,95517	15,4621371
XXI	Chaldene	23.179.000	40	16,9587573	15,4728149
XXVI	Isonoe	23.217.000	41	16,9603953	15,4776907
XXXVII	Kale	23.217.000	42	16,9603953	15,4776907
XXXI	Aitne	23.231.000	43	16,9609982	15,4794851
XXV	Erinome	23.279.000	44	16,9630622	15,4856289
XLVIII	Cyllene	24.349.000	45	17,0080013	15,6193937
XX	Taygete	23.360.000	46	16,9665357	15,4959681
XI	Carme	23.404.000	47	16,9684175	15,5015693
XXXVI	Sponde	23.487.000	48	16,9719576	15,5121068
	S/2003 J 4	23.571.000	49	16,9755277	15,5227334
XXIII	Kalyke	23.583.000	50	16,9760367	15,5242484
VIII	Pasiphae	23.624.000	51	16,9777737	15,5294188
XLVII	Eukelade	23.661.000	52	16,9793387	15,5340771
XIX	Megaclite	23.806.000	53	16,9854482	15,5522625
	S/2003 J 9	23.858.000	54	16,9876301	15,5587573
IX	Sinope	23.939.000	55	16,9910195	15,5688459
XXXIX	Hegemone	23.947.000	56	16,9913536	15,5698404
	S/2003 J 5	23.974.000	57	16,9924805	15,5731946
XLI	Aoede	23.981.000	58	16,9927724	15,5740636
XLIV	Kallichore	24.043.000	59	16,9953545	15,5817492
XVII	Callirrhoe	24.102.000	60	16,9978054	15,5890446
XLIX	Kore	24.543.000	61	17,0159372	15,6430155
	S/2003 J 2	28.570.000	62	17,1678678	16,0952484

Aus der Tabelle ergibt sich die folgende Funktion für die Logarithmen aller Abstände der Jupitermonde:

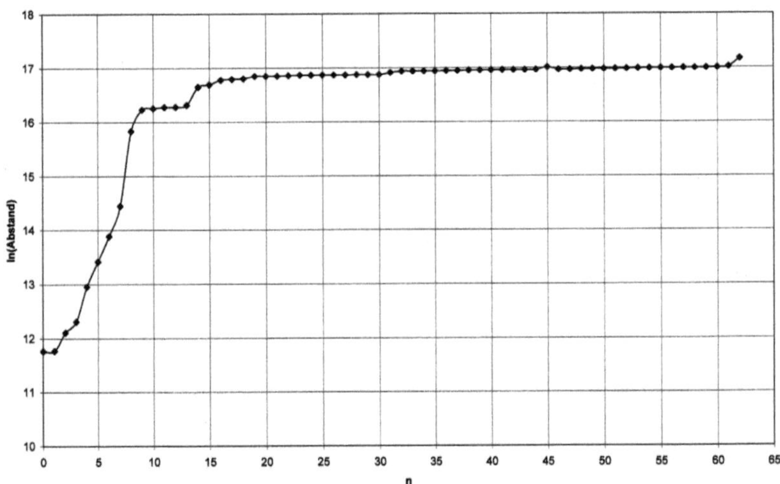

Abbildung 8.3.2.1 – Logarithmierte Abstände aller Monde

Im Fernbereich (Punkte **16 - 61**) liegt beinahe eine sehr gute Linearität vor.

Im Nahbereich haben die ersten acht Datenpunkte etwa die gleiche Steigung. Es ergibt sich die folgende Funktion für die Logarithmen der ersten **8** Abstände:

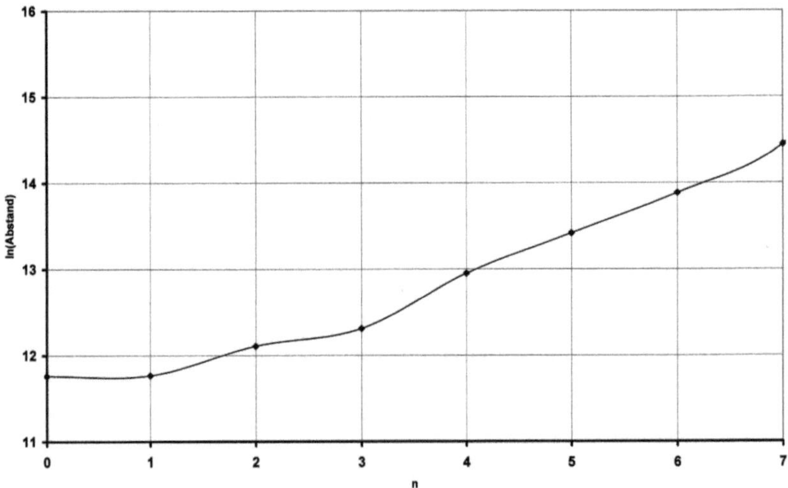

Abbildung 8.3.2.2 – Logarithmierte Abstände der ersten 8 Monde

186

Die Gerade im folgenden Diagramm stellt die Näherungsgerade dar. Wie zu sehen ist, existiert fast eine gute Linearität der ersten **8** Werte.

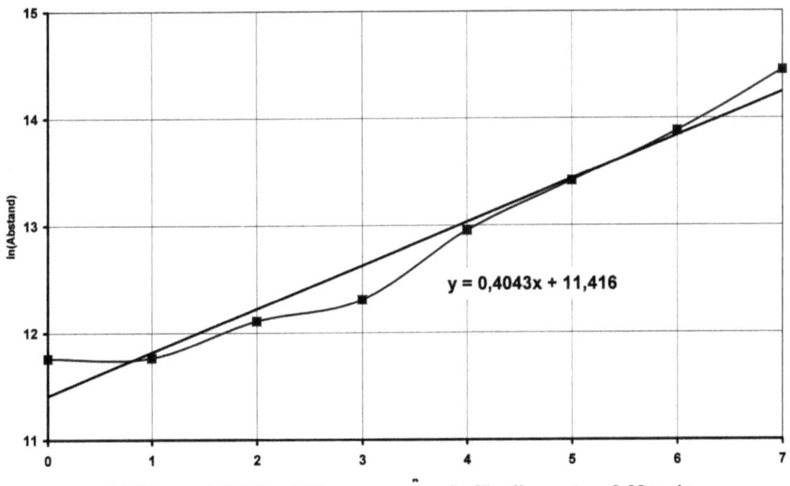

Abbildung 8.3.2.3 – Näherungsgerade für die ersten 8 Monde

Es erfolgt die Linearisierung für die ersten **8** Werte.

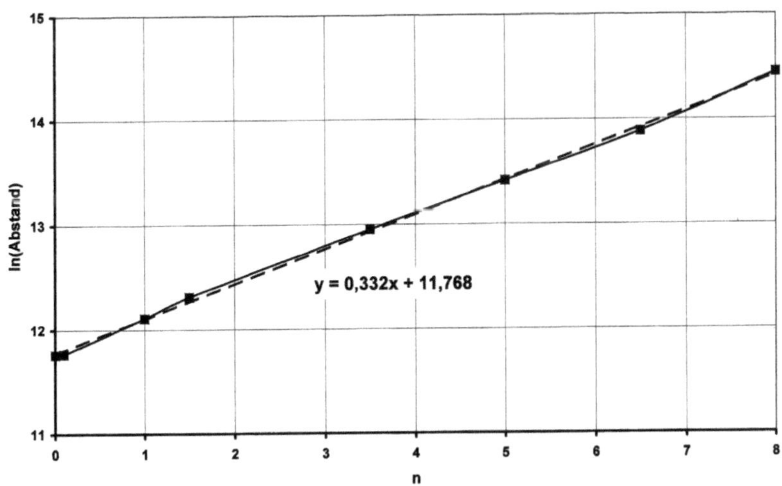

Abbildung 8.3.2.4 – Linearisierung für die ersten 8 Monde

Aus den linearisierten Werten lassen sich die e-Funktionen ermitteln. In Abbildung 8.3.2.5 ist die e-Funktion für die ersten **8** Monde zu sehen. In Abbildung 8.3.2.6 für alle Monde des Jupiter.

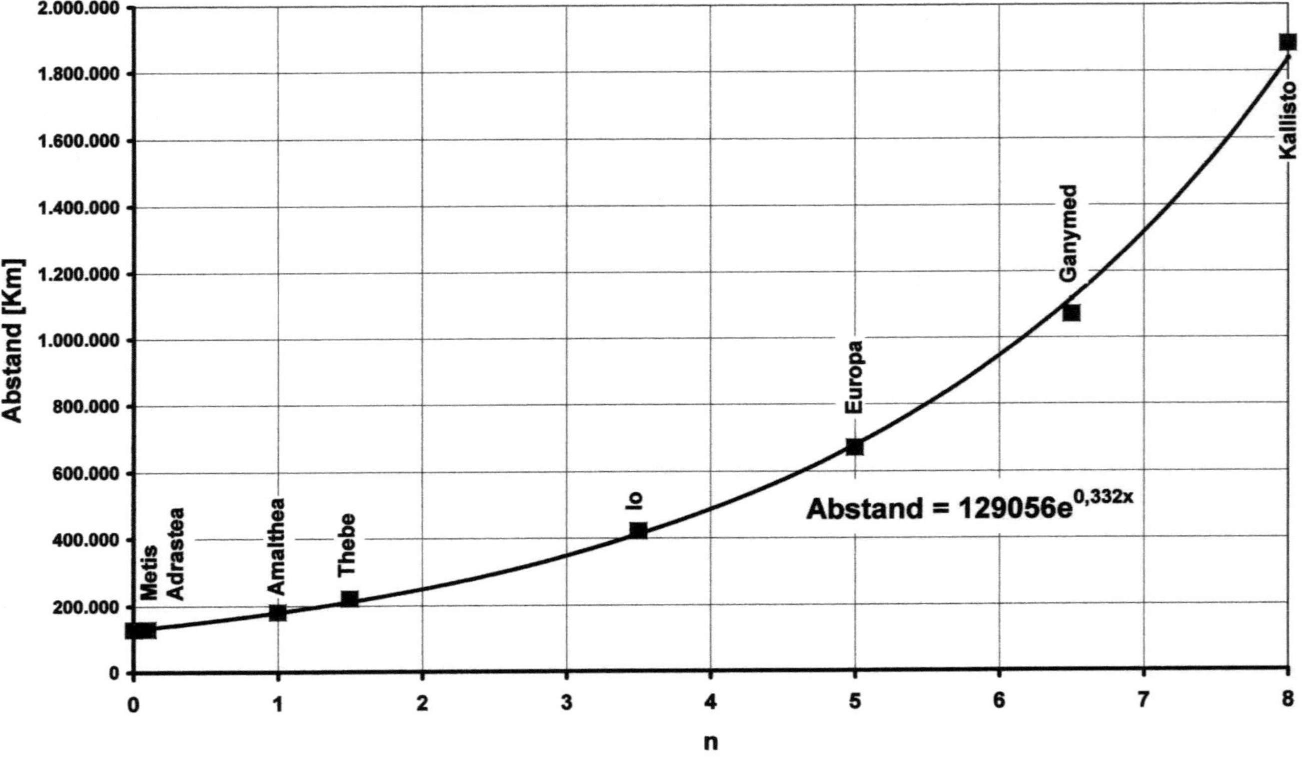

Abbildung 8.3.2.5 – Abstände der ersten 8 Monde des Jupiter als e-Funktion

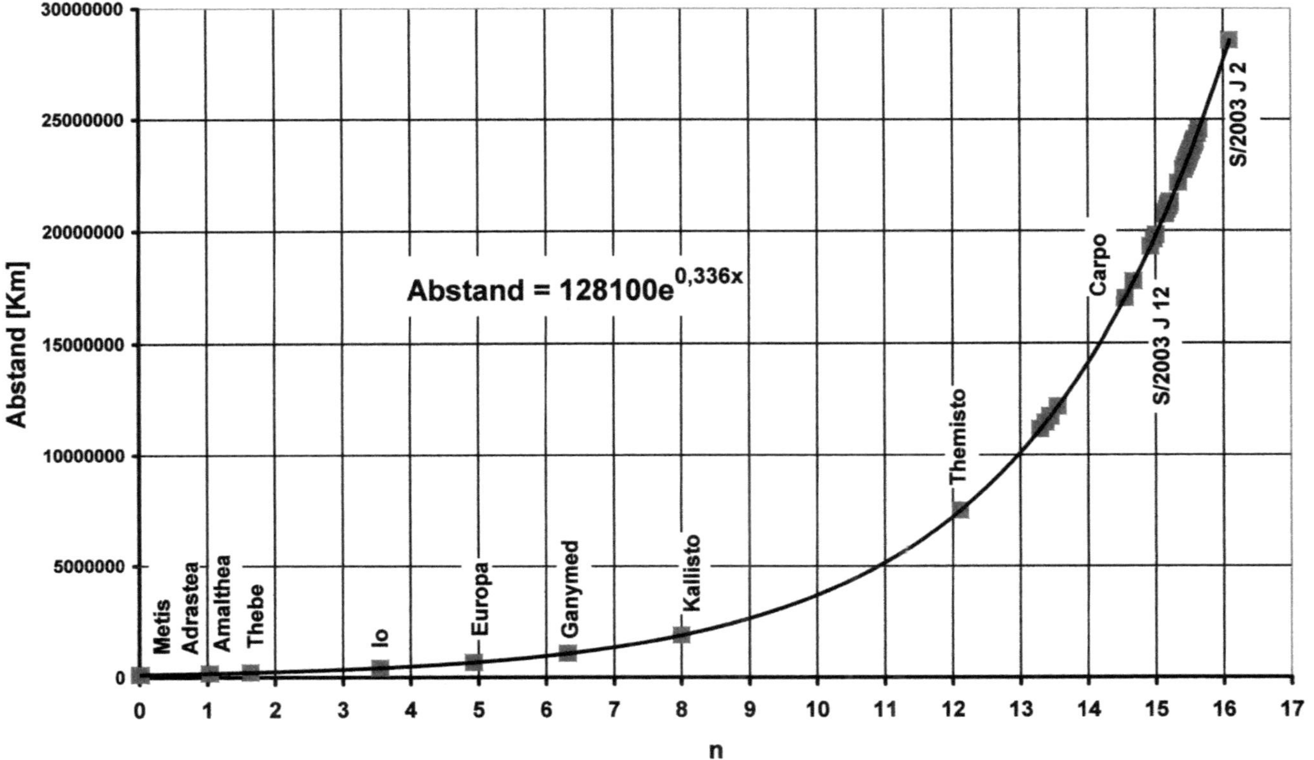

Abbildung 8.3.2.6 – Abstände aller Jupitermonde als e-Funktion

8.3.3 – Die Monde des Saturn

Es sind **62** natürliche Satelliten des Saturn bekannt. Die folgende Tabelle enthält die Daten von **57** Monden des Saturn, die hier zur Auswertung kommen.

Nr astro	Name	Abstand [km]	Nr alt	ln(Abstand)	Nr berechnet
	S/2009 S 1	117.000	0	11,6699292	0
XVIII	Pan	133.600	1	11,8026055	2,92494228
XXXV	Daphnis	136.500	2	11,8240799	3,39835940
XV	Atlas	137.700	3	11,8328327	3,59132079
XVI	Prometheus	139.400	4	11,8451028	3,86182355
XVII	Pandora	141.700	5	11,8614674	4,22259365
XI	Epimetheus	151.400	6	11,9276806	5,68230977
X	Janus	151.500	7	11,9283409	5,69686619
LIII	Aegaeon	167.500	8	12,0287386	7,91020418
I	Mimas	185.600	9	12,1313491	10,1723236
XXXII	Methone	194.000	10	12,1756134	11,1481619
XLIX	Anthe	197.700	11	12,1945060	11,5646618
XXXIII	Pallene	211.000	12	12,2596134	13
II	Enceladus	238.100	13	12,3804460	15,6638395
III	Tethys	294.700	14	12,5937132	20,3654625
XIII	Telesto	294.700	14	12,5937132	20,3654625
XIV	Calypso	294.700	14	12,5937132	20,3654625
IV	Dione	377.400	15	12,8410609	25,8184162
XII	Helene	377.400	15	12,8410609	25,8184162
XXXIV	Polydeuces	377.400	15	12,8410609	25,8184162
V	Rhea	527.100	16	13,1751456	33,1835457
VI	Titan	1.221.900	17	14,0159176	51,7189520
VII	Hyperion	1.464.100	18	14,1967513	55,7055571
VIII	Iapetus	3.560.800	19	15,0854958	75,2985508
XXIV	Kiviuq	11.111.000	20	16,2234462	100,385461
XXII	Ijiraq	11.124.000	21	16,2246155	100,411240
IX	Phoebe	12.944.000	22	16,3761429	103,751768
XX	Paaliaq	15.200.000	23	16,5368060	107,293698
XXVII	Skathi	15.541.000	24	16,5589923	107,782809
XXVI	Albiorix	16.182.000	25	16,5994101	108,673848
	S/2007 S 2	16.560.000	26	16,6225007	109,182897

Nr astro	Name	Abstand [km]	Nr alt	ln(Abstand)	Nr berechnet
XXXVII	Bebhionn	17.119.000	27	16,6556995	109,914788
XXVIII	Erriapus	17.343.000	28	16,6686995	110,201383
XXIX	Siarnaq	17.531.000	29	16,6794813	110,439074
XLVII	Skoll	17.665.000	30	16,6870958	110,606942
LII	Tarqeq	17.920.000	31	16,7014280	110,922904
XXI	Tarvos	17.983.000	32	16,7049374	111,000273
LI	Greip	18.105.000	33	16,7116987	111,149330
XLIV	Hyrrokkin	18.437.000	34	16,7298701	111,549930
	S/2004 S 13	18.450.000	35	16,7305749	111,565469
	S/2004 S 17	18.600.000	36	16,7386721	111,743978
L	Jarnsaxa	18.600.000	36	16,7386721	111,743978
XXV	Mundilfari	18.685.000	37	16,7432316	111,844495
	S/2006 S 1	18.981.000	38	16,7589490	112,190996
XXXI	Narvi	19.007.000	39	16,7603179	112,221174
XXXVIII	Bergelmir	19.338.000	40	16,7775826	112,601787
XXIII	Suttungr	19.459.000	41	16,7838202	112,739299
	S/2004 S 12	19.650.000	42	16,7935879	112,954634
	S/2004 S 7	19.800.000	43	16,8011925	113,122283
XLIII	Hati	19.856.000	44	16,8040168	113,184546
XXXIX	Bestla	20.129.000	45	16,8176721	113,485588
XL	Farbauti	20.390.000	46	16,8305551	113,769603
XXX	Thrymr	20.474.000	47	16,8346663	113,860237
	S/2007 S 3	20.518.500	48	16,8368375	113,908101
XXXVI	Aegir	20.735.000	49	16,8473337	114,139497
	S/2006 S 3	21.132.000	50	16,8662990	114,557602
XLV	Kari	22.118.000	51	16,9119023	115,562958
XLI	Fenrir	22.453.000	52	16,9269348	115,894360
XLVIII	Surtur	22.707.000	53	16,9381838	116,142352
XIX	Ymir	23.040.000	54	16,9527424	116,463306
XLVI	Loge	23.065.000	55	16,9538269	116,487214
XLII	Fornjot	25.108.000	56	17,0386971	118,358237

Die Tabelle enthält die neuen, berechneten Nummerierungen für die e-Funktion.

Aus der Tabelle ergibt sich die folgende Funktion für die Logarithmen der Abstände:

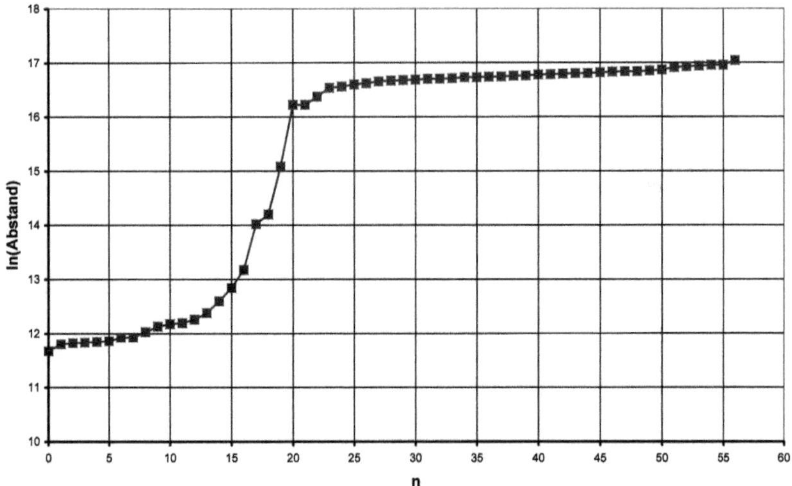

Abbildung 8.3.3.1 – Logarithmierte Abstände aller Monde des Saturn

Im Fernbereich (Punkte **23 - 56**) liegt beinahe eine sehr gute Linearität vor.
Im Nahbereich haben die ersten **21** Datenpunkte etwa die gleiche Steigung. Es ergibt sich die folgende Funktion für die Logarithmen der ersten **21** Abstände:

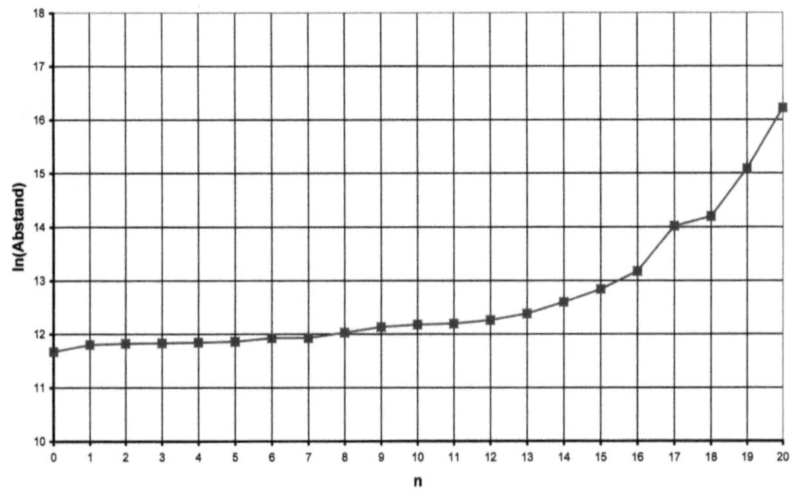

Abbildung 8.3.3.2 – Logarithmierte Abstände der ersten 21 Monde

192

Die Gerade im folgenden Diagramm stellt die Näherungsgerade dar. Wie zu sehen ist, existiert fast eine annähernde Linearität der ersten **13** Werte.

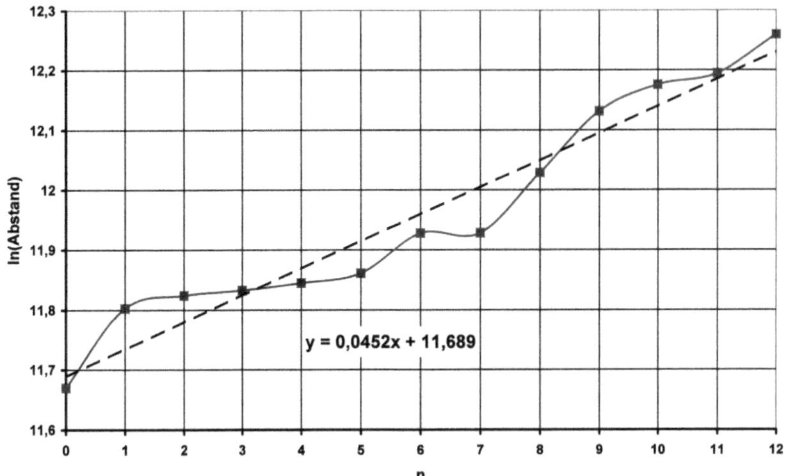

Abbildung 8.3.3.3 – Näherungsgerade für die ersten 13 Monde

Es erfolgt die Linearisierung für die ersten **13** Werte.

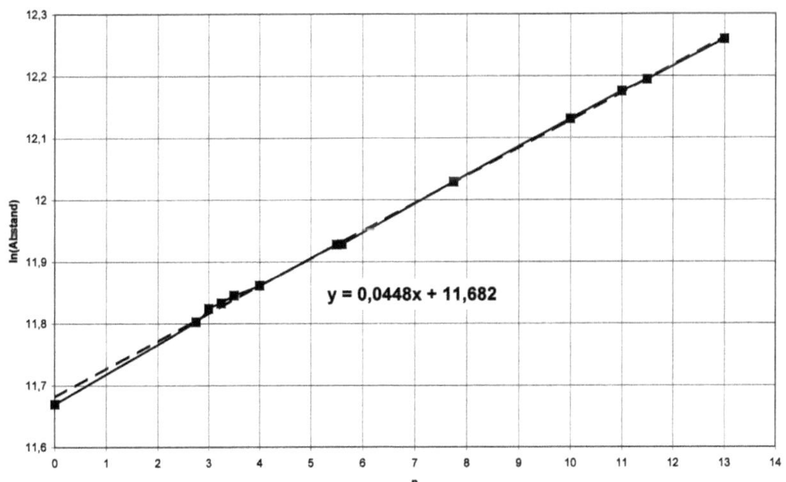

Abbildung 8.3.3.4 – Linearisierung für die ersten 13 Monde

Aus den linearisierten Werten lassen sich die e-Funktionen ermitteln. In Abbildung 8.3.3.5 ist die e-Funktion für die ersten **13** Monde zu sehen. In Abbildung 8.3.3.6 für alle Monde des Saturn.

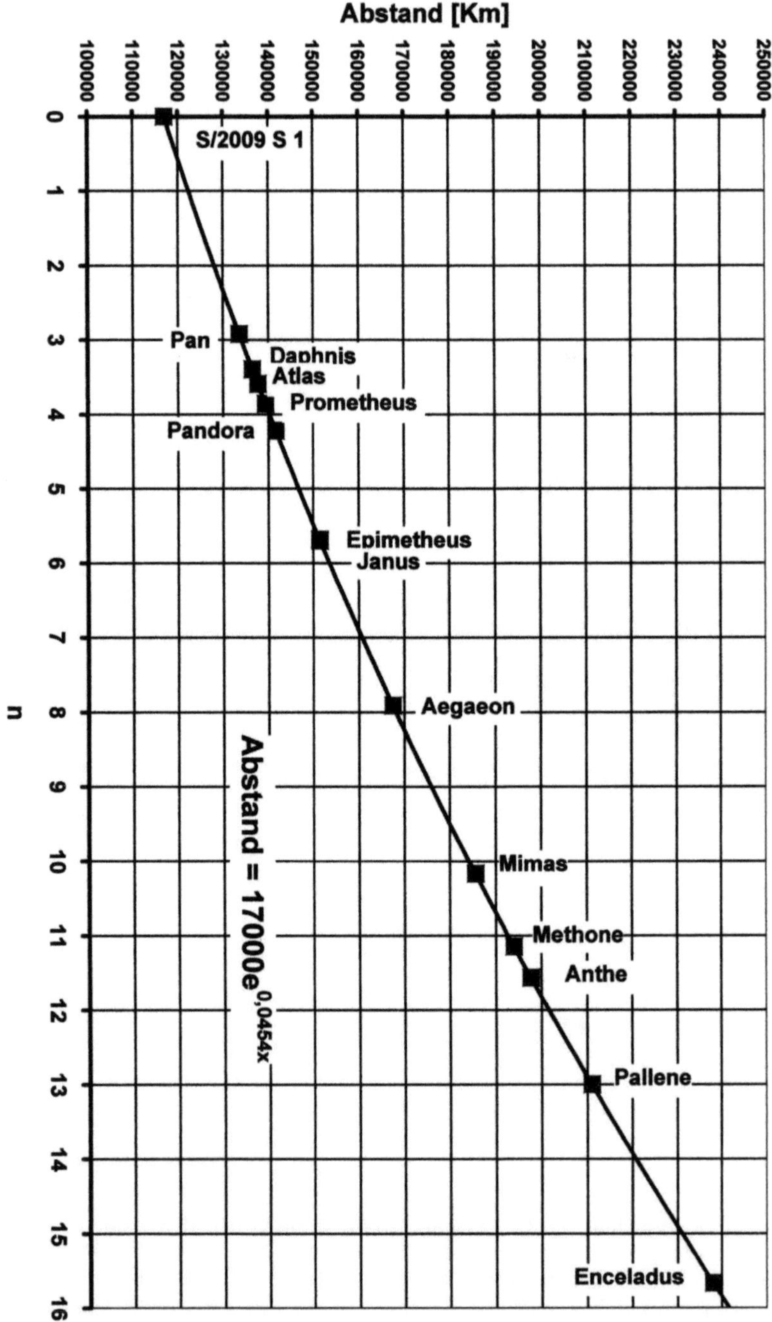

Abbildung 8.3.3.5 – Abstände der ersten 14 Monde des Saturn als e-Funktion

194

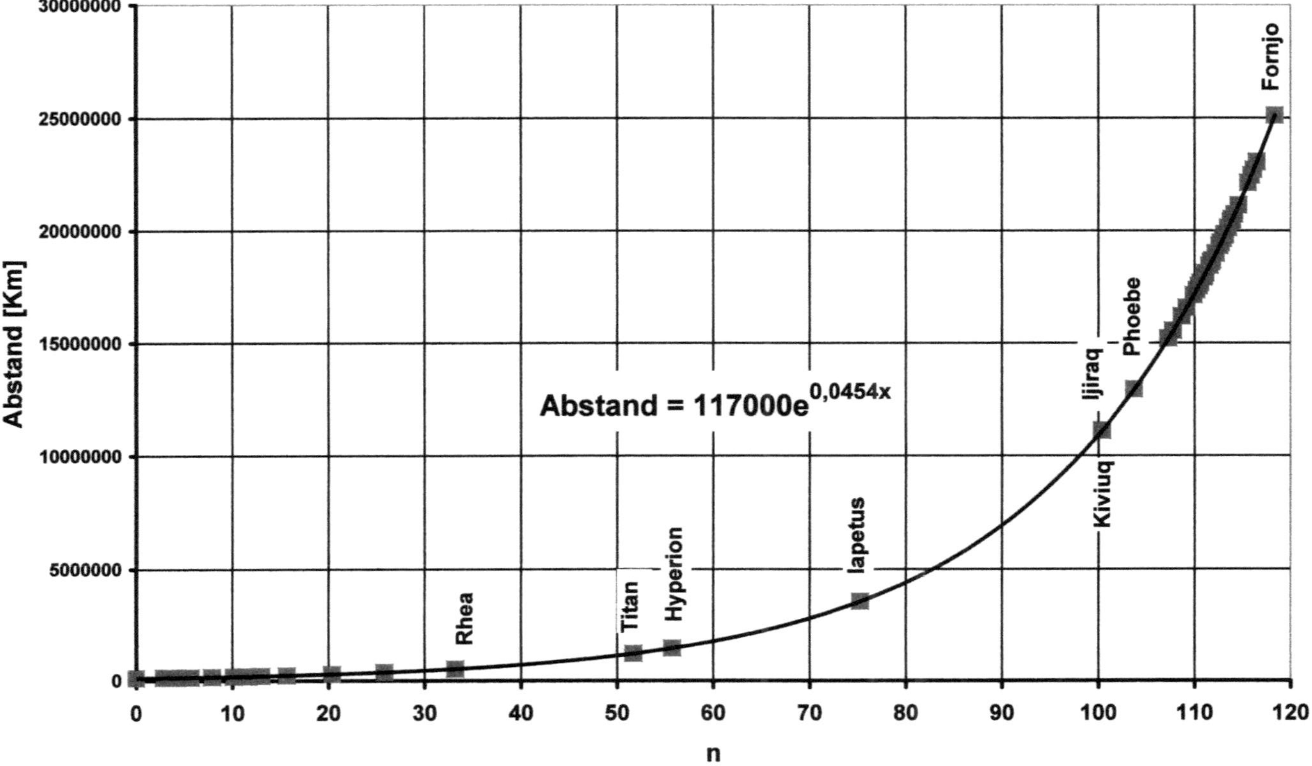

Abbildung 8.3.3.6 – Abstände aller Monde des Saturn als e-Funktion

8.3.4 – Die Monde des Uranus

Es sind **27** natürliche Satelliten des Uranus bekannt. Die folgende Tabelle enthält die Daten von allen Monden des Uranus, die hier ausgewertet werden.

Nr astro	Name	Abstand [km]	Nr alt	ln(Abstand)	Nr berechnet
VI	Cordelia	49.752	0	10,8148059	0
VII	Ophelia	53.764	1	10,8923594	1,84197913
VIII	Bianca	59.165	2	10,9880854	4,11557788
IX	Cressida	61.767	3	11,0311245	5,13780348
X	Desdemona	62.659	4	11,0454626	5,47834873
XI	Juliet	64.358	5	11,0722165	6,11378368
XII	Portia	66.097	6	11,0988786	6,74703812
XIII	Rosalind	69.927	7	11,1552071	8,08490132
XXVII	Cupid	74.800	8	11,2225732	9,68491876
XIV	Belinda	75.255	9	11,2286376	9,82895638
XXV	Perdita	76.420	10	11,2439997	10,193823
XV	Puck	86.004	11	11,3621491	13
XXVI	Mab	97.730	12	11,4899639	16,0357409
V	Miranda	129.872	13	11,7743046	22,7891462
I	Ariel	191.020	14	12,1601334	31,9530031
II	Umbriel	266.300	15	12,4923788	39,8441947
III	Titania	436.300	16	12,9860854	51,5702677
IV	Oberon	583.519	17	13,2768323	58,4758263
XXII	Francisco	4.276.000	18	15,2685286	105,780797
XVI	Caliban	7.231.000	19	15,7938879	118,258658
XX	Stephano	8.002.000	20	15,8952021	120,664980
XXI	Trinculo	8.571.000	21	15,963895	122,296512
XVII	Sycorax	12.179.000	22	16,3152237	130,640955
XXIII	Margaret	14.345.000	23	16,478912	134,528732
XVIII	Prospero	16.243.000	24	16,6031726	137,480057
XIX	Setebos	17.501.000	25	16,6777686	139,251793
XXIV	Ferdinand	20.901.000	26	16,8553076	143,468539

Die Tabelle enthält die neuen, berechneten Nummerierungen für die e-Funktion.

Aus der Tabelle ergibt sich die folgende Funktion für die Logarithmen der Abstände:

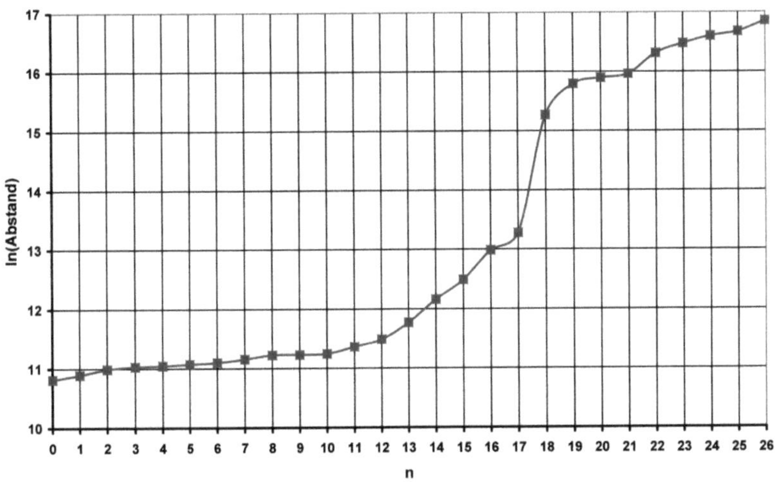

Abbildung 8.3.4.1 – Logarithmierte Abstände der Monde des Uranus

Die ersten **18** Datenpunkte haben etwa die gleiche Steigung. Es ergibt sich die folgende Funktion für die Logarithmen der ersten **18** Abstände:

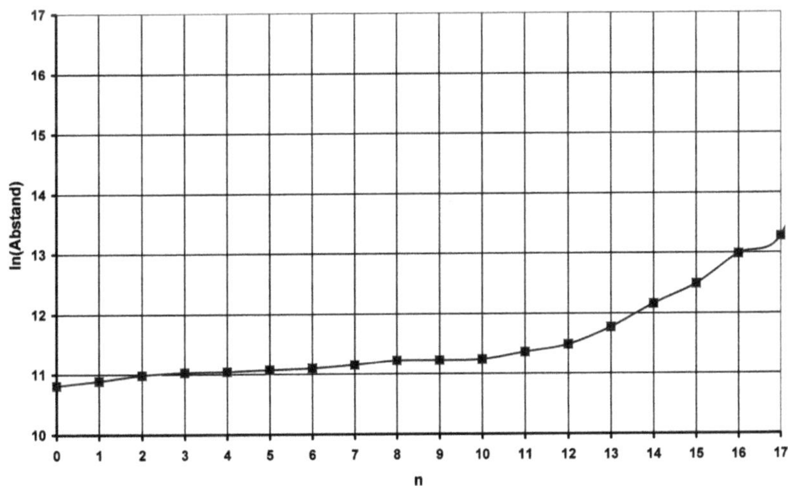

Abbildung 8.3.4.2 – Logarithmierte Abstände der ersten 18 Monde

Die Linearität lässt sich besser erkennen wenn man die Werte auf der y-Achse anpasst.

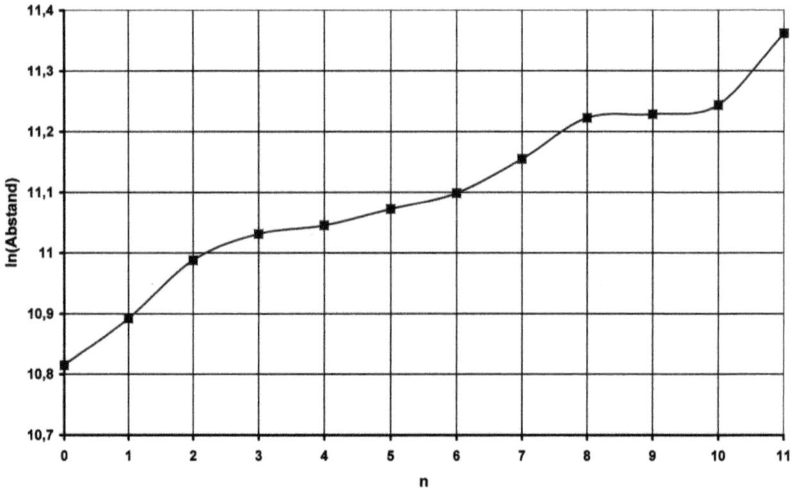

Abbildung 8.3.4.3 – Logarithmierte Abstände der ersten 12 Monde

Die Gerade im Diagramm stellt die Näherungsgerade dar. Wie zu sehen ist, existiert schon eine annähernde Linearität der ersten **12** Werte.

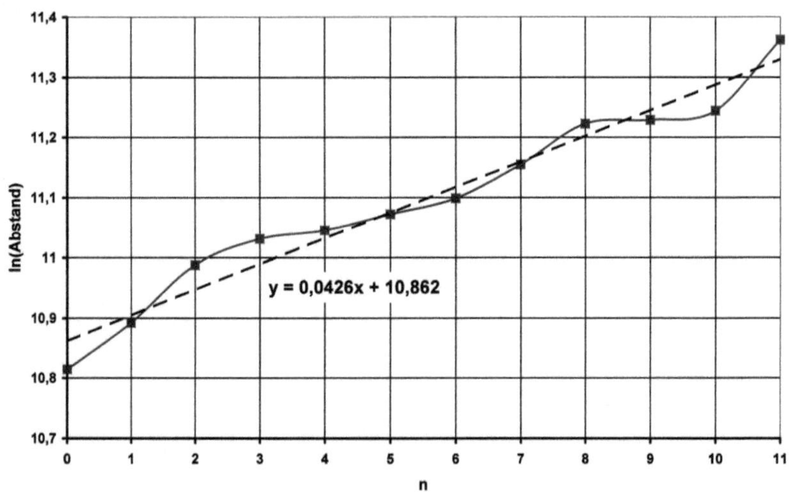

Abbildung 8.3.4.4 – Näherungsgerade für die ersten 12 Monde

Es erfolgt die Linearisierung der Abstände für die ersten **12** Monde.

Dazu müssen die einzelnen Werte nur minimal verschoben werden.
Zwischen Punkt **0** und Punkt **2** ist die Steigung größer als bei den
anderen Datenwerten. Hier muss die Nummerierung gestreckt werden.
Insgesamt werden so die Datenpunkte ab Punkt **2** um **2** Einheiten
verschoben.

Die Linearisierung ist in Abbildung 8.3.4.5 dargestellt.

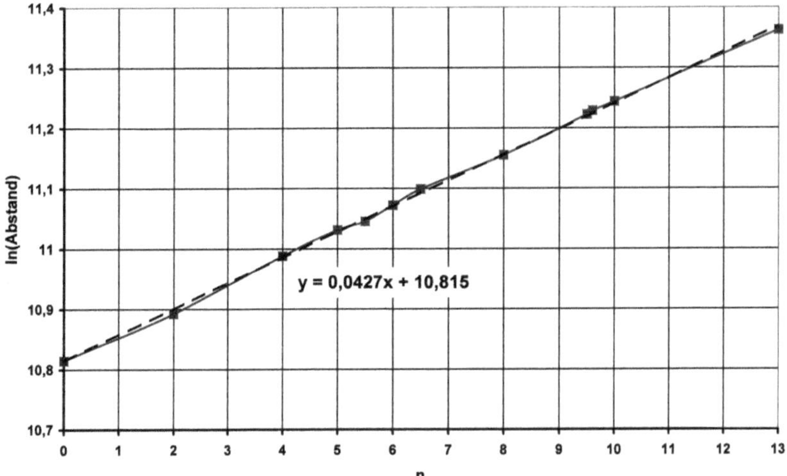

Abbildung 8.3.4.5 – Linearisierung für die ersten 12 Monde

Die Gleichung für die Näherungsgerade lautet:

$$y = \ln R = 0{,}0854 \cdot x + 10{,}81448$$

Aus den linearisierten Werten lässt sich wieder die e-Funktion ermitteln.

Für die Monde gilt $\qquad R = 49752 \cdot e^{0{,}0854 \cdot x}$ [km]

Die e-Funktionen für die ersten **12** Monde sind in Abbildung 8.3.4.6
dargestellt. Abbildung 8.3.4.7 zeigt den gesamten Sachverhalt für
Uranus.

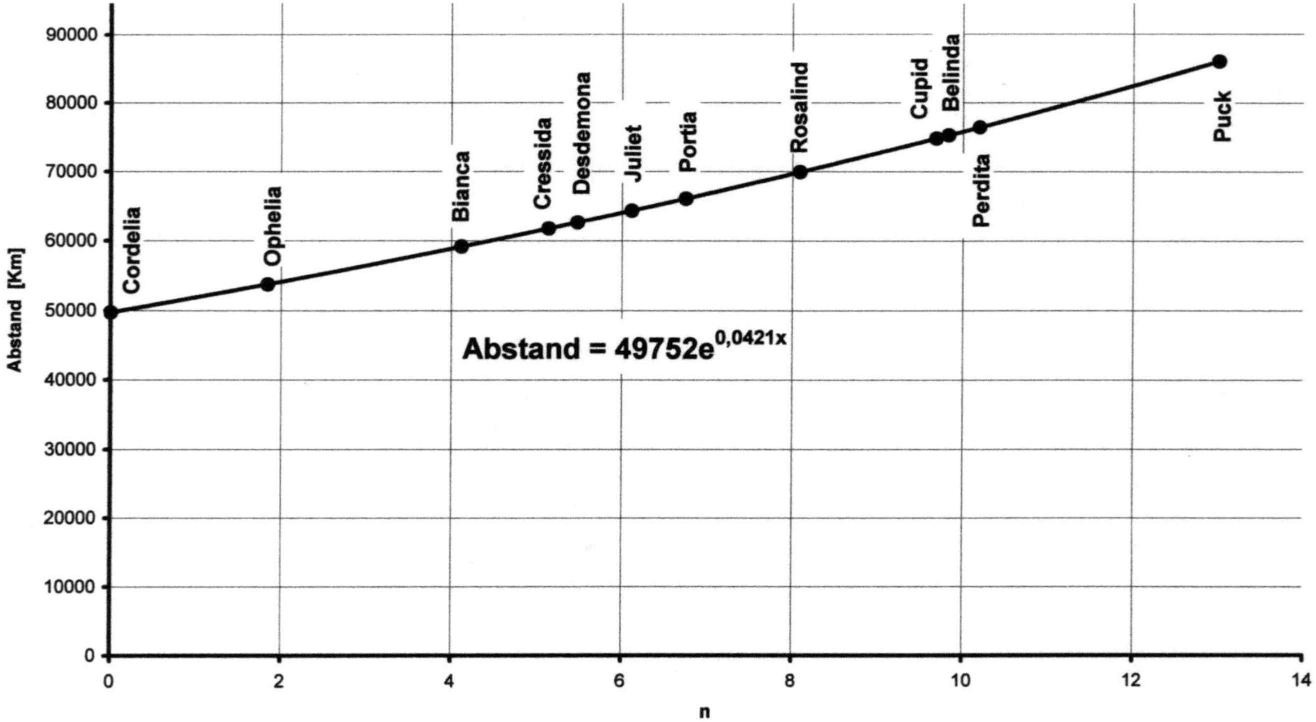

Abbildung 8.3.4.6 – Abstände der ersten 12 Monde des Uranus als e-Funktion

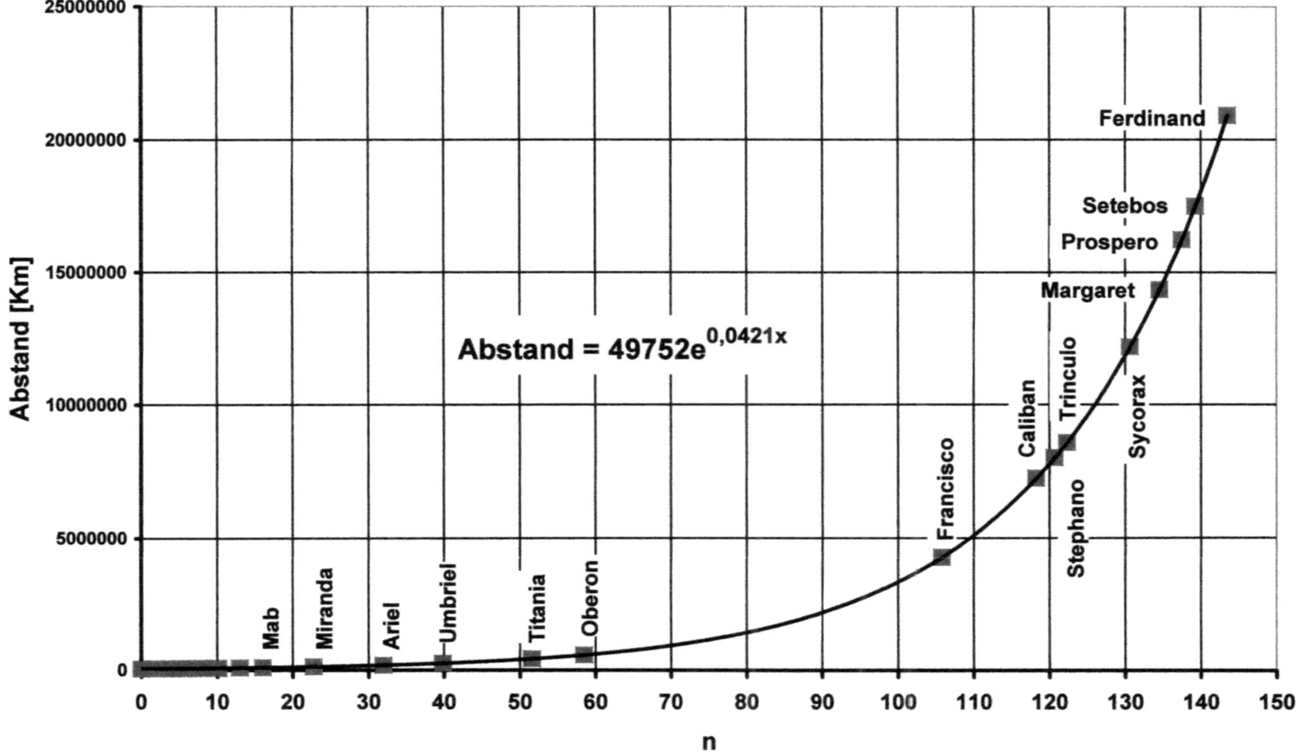

Abbildung 8.3.4.7 – Abstände aller Monde des Uranus als e-Funktion

8.3.5 – Die Monde des Neptun

Es sind **14** natürliche Satelliten des Neptun bekannt. Die folgende Tabelle enthält die Daten von **13** Monden des Neptun.

Nr astro	Name	Nr alt	Abstand [km]	ln(Abstand)	Nr berechnet
III	Naiad	0	48.227	10,7836743	0
IV	Thalassa	1	50.075	10,8212772	0,13189783
V	Despina	2	52.526	10,8690636	0,29951605
VI	Galatea	3	61.953	11,0341313	0,87851678
VII	Larissa	4	73.548	11,2056935	1,48029787
VIII	Proteus	5	117.647	11,6754439	3,12802011
I	Triton	6	354.800	12,7793095	7
II	Nereid	7	5.513.400	15,5226921	16,6228396
IX	Halimede	8	15.728.000	16,5709531	20,2997779
XI	Sao	9	22.422.000	16,9255532	21,5435926
XII	Laomedeia	10	23.571.000	16,9755277	21,7188859
X	Psamathe	11	46.695.000	17,6591477	24,1167889
XIII	Neso	12	48.387.000	17,6947417	24,2416407

Aus der Tabelle ergibt sich die folgende Funktion für die Logarithmen der Abstände:

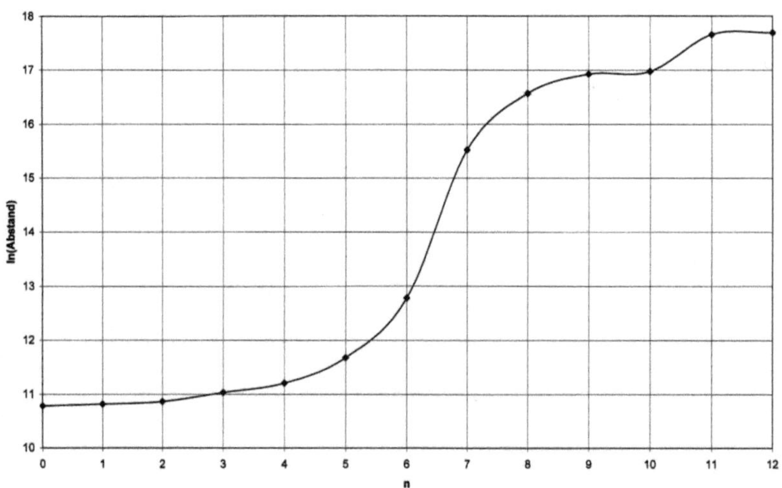

Abbildung 8.3.5.1 – Logarithmierte Abstände der Monde des Neptun

Die Gerade im Diagramm stellt die Näherungsgerade dar. Wie erkennbar sehen ist, existiert fast eine annähernde Linearität für die ersten **7** Werte.

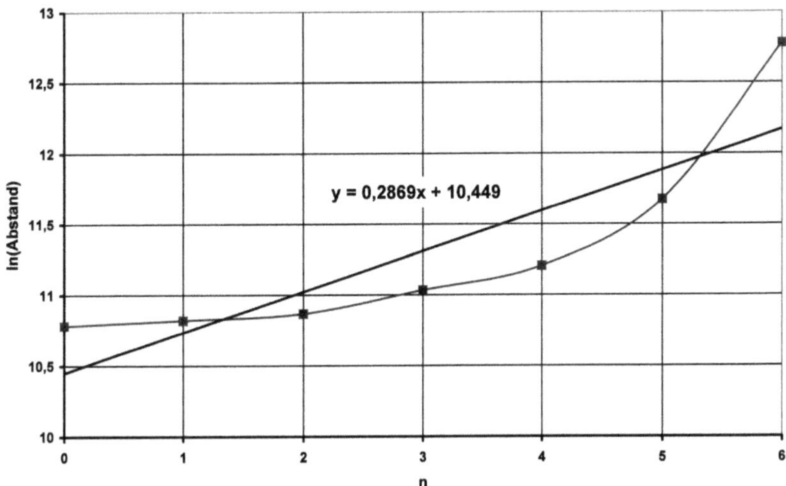

Abbildung 8.3.5.2 – Logarithmierte Abstände der ersten 7 Monde des Neptun

Es erfolgt die Linearisierung für die ersten **7** Werte.

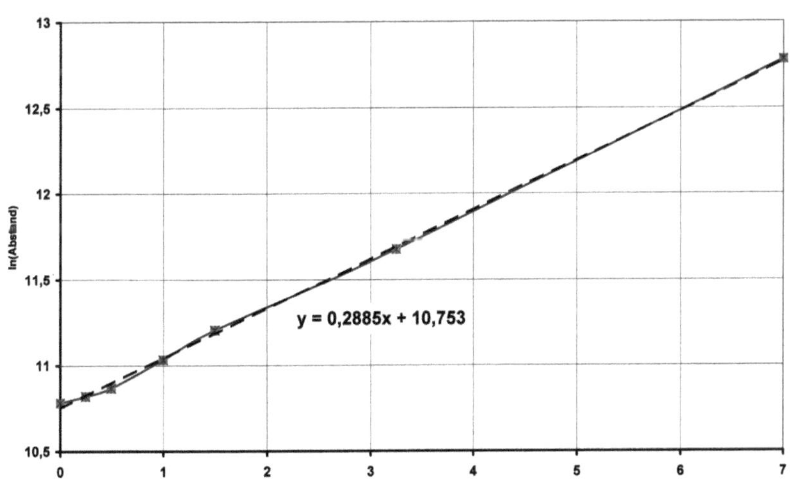

Abbildung 8.3.5.4 – Linearisierung der ersten 7 Mondabstände

Aus den linearisierten Werten lässt sich die e-Funktion für die Abstände aller Neptunmonde ermitteln. Die e-Funktion ist in Abbildung 8.3.5.7 dargestellt.

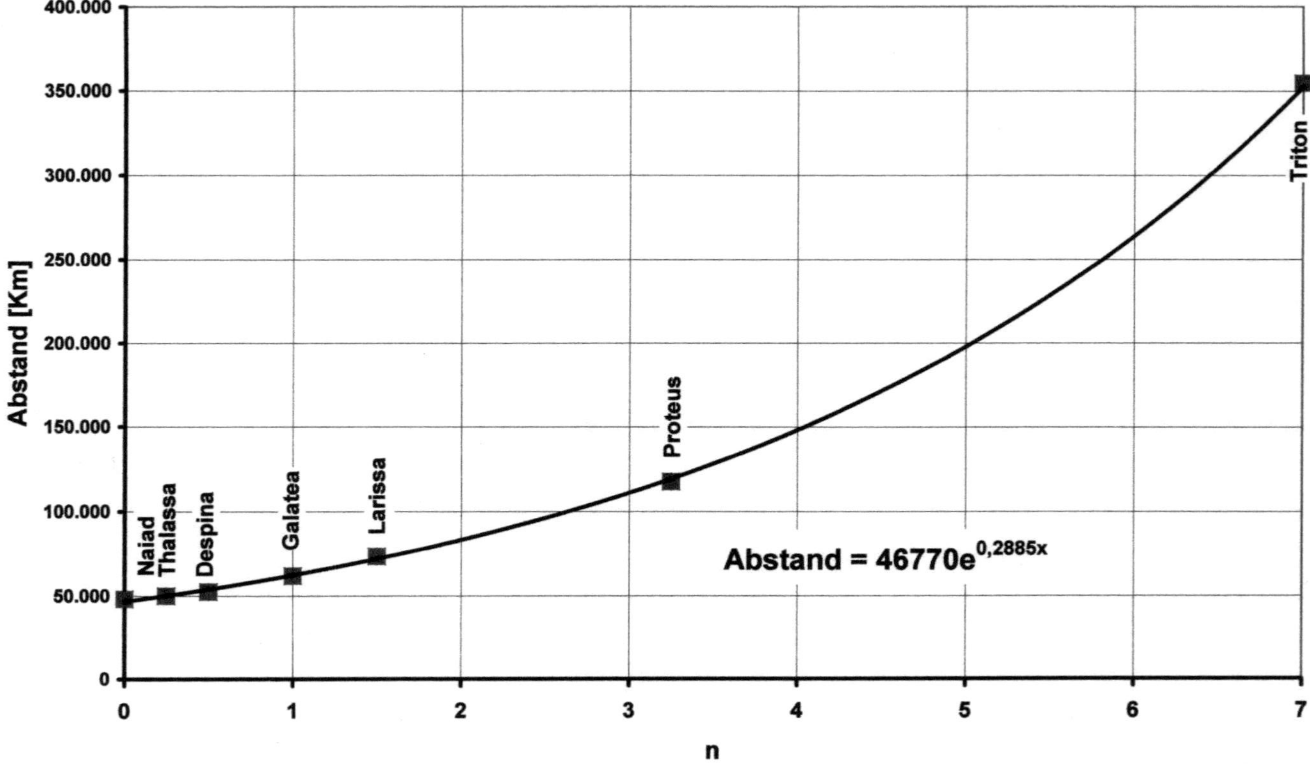

Abbildung 8.3.5.5 – Abstände der ersten 7 Monde des Neptun als e-Funktion

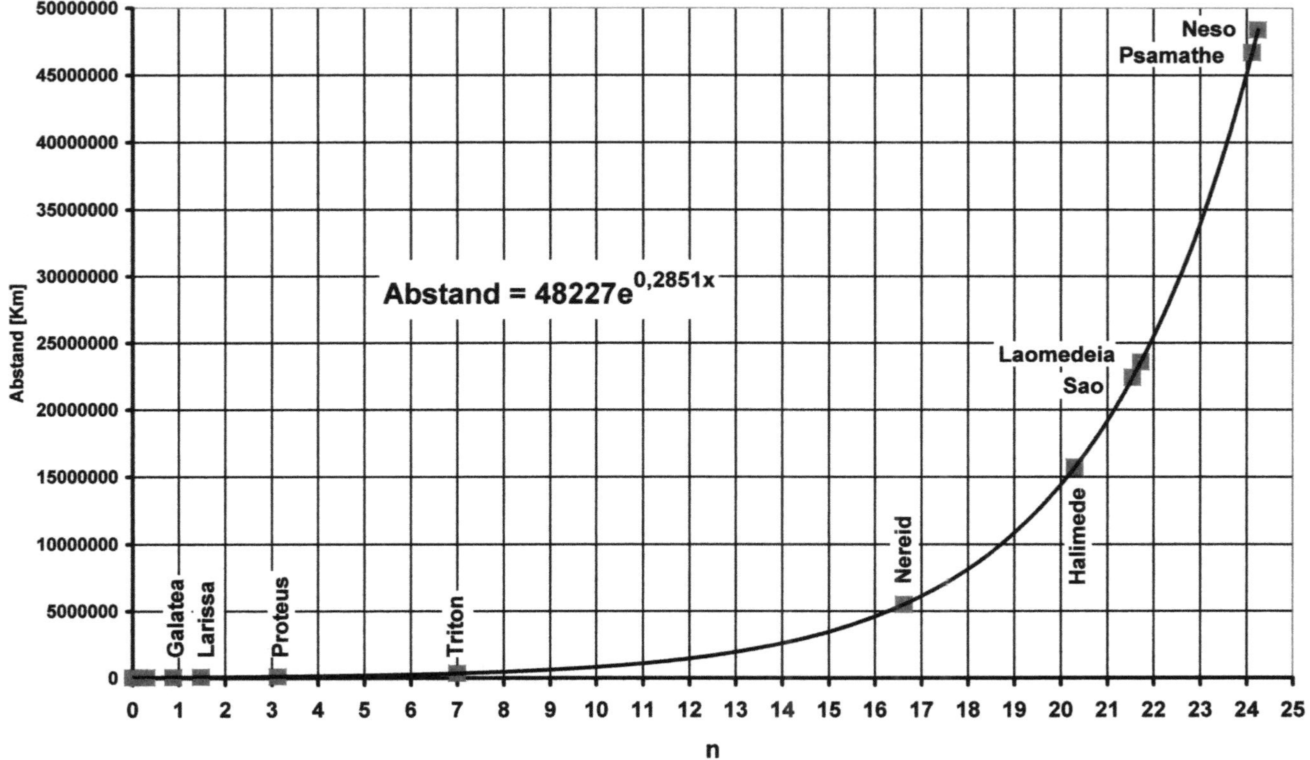

Abbildung 8.3.5.7 – Abstände aller Monde des Neptun als e-Funktion

205

8.3.6 – Die Monde des Pluto

Es sind **5** natürliche Satelliten des Pluto bekannt. Die folgende Tabelle enthält die Daten von allen Monden des Pluto, die hier auch zur Auswertung kommen.

Nr astro	Name	Nr alt	Abstand [km]	ln{Abstand)	Nr genähert
I	Charon	0	17536	9,77201119	0
V	Styx	1	42413	10,6552102	3,35
II	Nix	2	48690	10,79322895	3,85
IV	Kerberos	3	57750	10,96387863	4,5
III	Hydra	4	64721	11,077841	4,95

Aus der Tabelle ergibt sich die folgende Funktion für die Logarithmen der Abstände: Die Gerade im Diagramm stellt die Näherungsgerade dar. Wie zu sehen ist, existiert bereits eine annähernde Linearität der Werte.

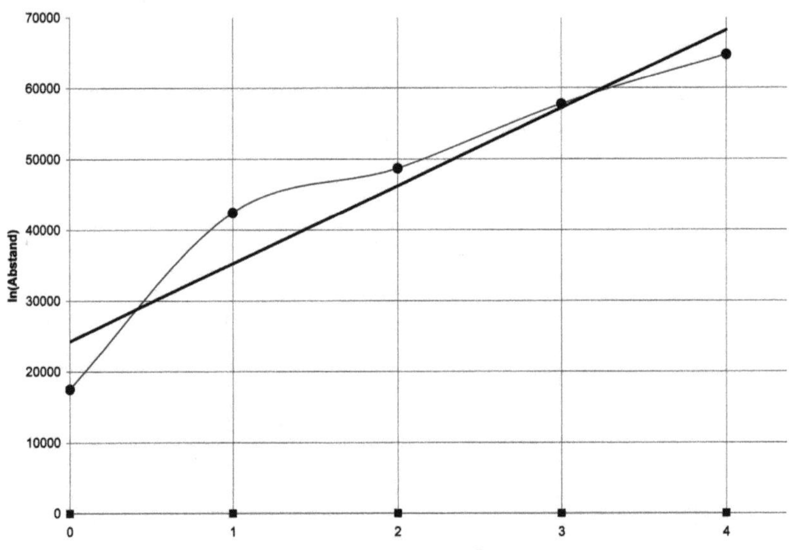

Abbildung 8.3.6.1 – Logarithmierte Abstände der Monde des Pluto

Es erfolgt die Linearisierung der Werte. Die Werte **2, 3, 4** besitzen schon eine gute Linearität. Punkt **2** ist dazu noch annähernd linear.

Zwischen Punkt **0** und **1** ist die Steigung jedoch so groß, dass hier noch einige Punkte reinpassen.

Um Linearität zu erreichen müssen die oberen Punkte etwa um mindestens **2** Einheiten verschoben werden.

Die Linearisierung ist in Abbildung 8.3.6.2 dargestellt.

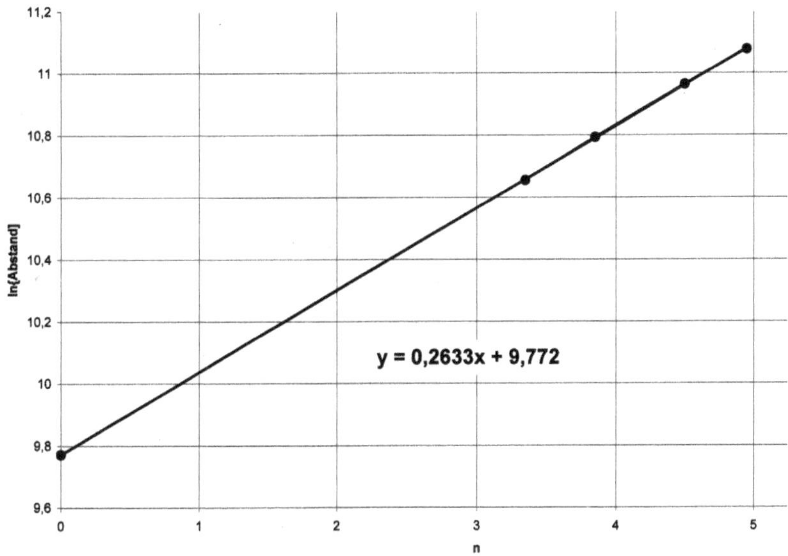

Abbildung 8.3.6.2 – Linearisierung der Mondabstände

Die Gleichung für die Näherungsgerade lautet:

$$y = \ln R = 0{,}2633 \cdot x + 9{,}772$$

Aus der Näherungsgeraden lässt sich wieder die e-Funktion ermitteln.

Für die Monde gilt $\qquad R = 17536 \cdot e^{02633 \cdot x} \qquad$ [km]

Die e-Funktion für die Monde des Pluto ist in Abbildung 8.3.6.3 auf der nächsten Seite dargestellt.

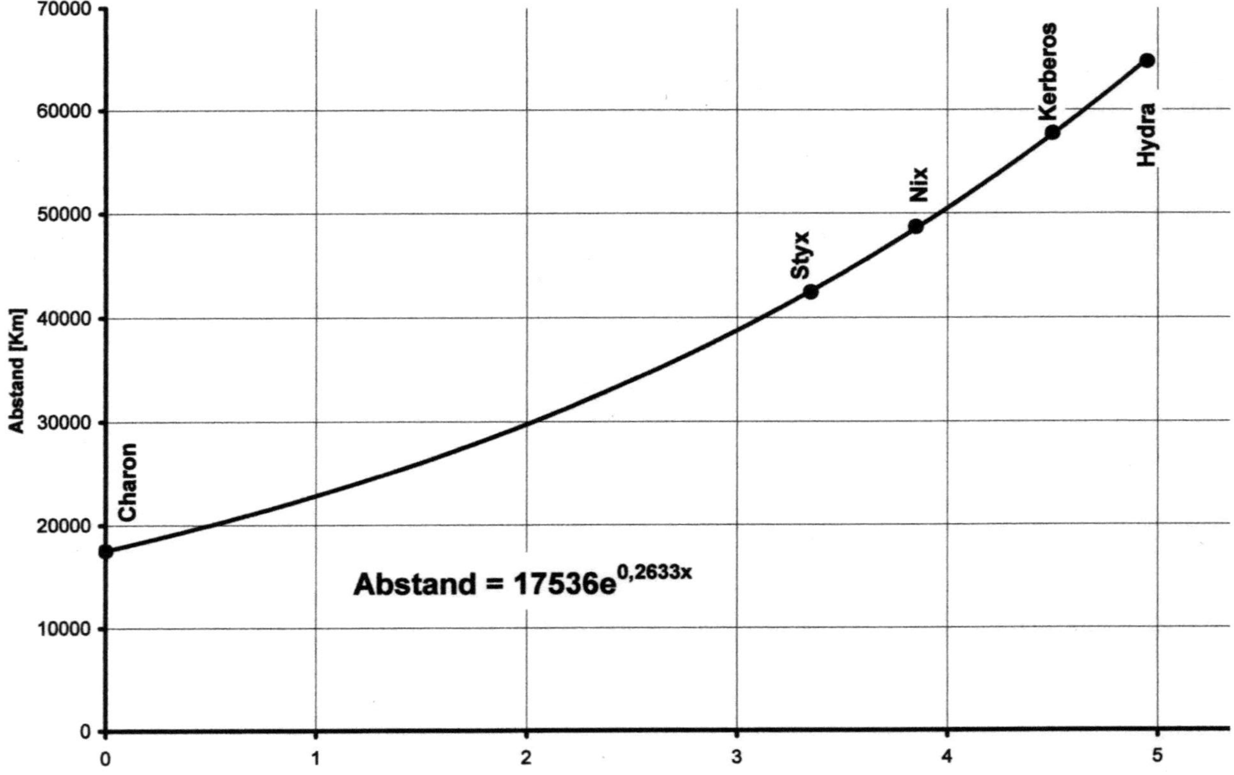

Abbildung 8.3.6.3 – Abstände aller Monde des Pluto als e-Funktion

8.4 – Planetenringe

Weitere konzentrische Gebilde in unserem Sonnensystem sind die Ringe von Planeten. Dazu gehören Jupiter, Saturn, Uranus und Neptun. Die Ringe des Saturn sind wohl die bekanntesten. [75]

8.4.1 – Die Ringe des Saturn

Die folgende Tabelle enthält alle Ringe des Saturn und die Logarithmen der Radien.

Name	Abstand	Nr	ln(Abstand)
	[km]	alt	
Saturn Äquator	60.268	0	11,0065566
Innere Kante Ring D	66.900	1	11,1109542
Äußere Kante Ring D	74.510	2	11,2186886
Innere Kante Ring C	74.658	3	11,2206730
Titan Ring	77.871	4	11,2628089
Maxwell Teilung/Ring	87.491	5	11,3792912
Ä.K Ring C - I.K. Ring B	92.000	6	11,4295439
Äußere Kante Ring B	117.580	7	11,6748742
Mitte der Cassini-Teilung	119.000	8	11,6868788
Innere Kante Ring A	122.170	9	11,7131688
Encke-Teilung	133.589	10	11,8025232
Kepler Teilung	136.530	11	11,8242996
Äußere Kante Ring A	136.775	12	11,8260925
Mitte Ring F	140.180	13	11,8506826
Innere Kante von Ring G	170.000	14	12,0435537
Äußere Kante von Ring G	175.000	15	12,0725413
Innere Kante von Ring E	181.000	16	12,1062523
Äußere Kante von Ring E	483.000	17	13,0877719
Phoebe-Ring	12.000.000	18	16,3004172

Wie bei den Monden der Planeten treten auch bei den Saturnringen ein Nahbereich und ein Fernbereich auf.
Zur Auswertung gelangen nur die ersten **16** Datenpunkte des Nahbereiches. Wie bisher üblich werden die Logarithmen der Radien, über der Nummerierung, als Funktion aufgetragen.
Wie in Abbildung 8.4.1.1 zu sehen ist, besteht schon eine annähernde Linearität der Daten. Eine weitere Linearisierung der Daten ist

daher relativ einfach vorzunehmen. In Abbildung 8.4.1.2 ist die linearisierte Funktion abgebildet.

Die Gerade im folgenden Diagramm stellt die Näherungsgerade dar. Wie zu sehen ist, existiert beinahe eine annähernde Linearität der Werte.

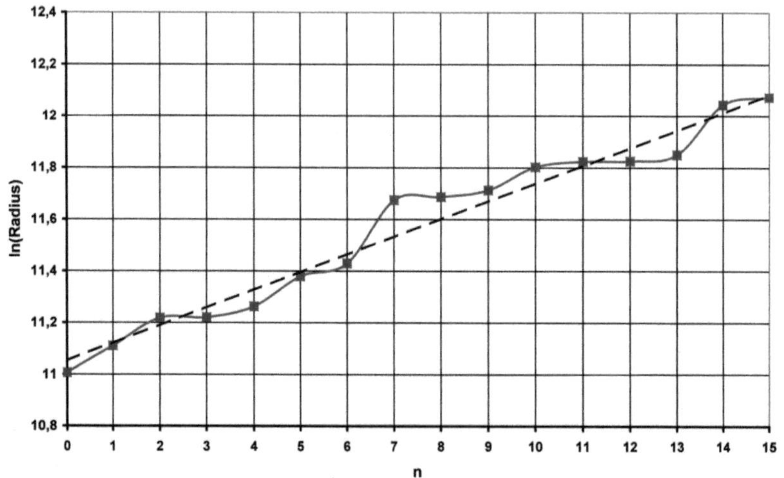

Abbildung 8.4.1.1 – Logarithmierte Radien der ersten 16 Saturnringe

Es erfolgt die Linearisierung der Werte. Die Linearisierung ist in Abbildung 8.4.1.2 dargestellt.

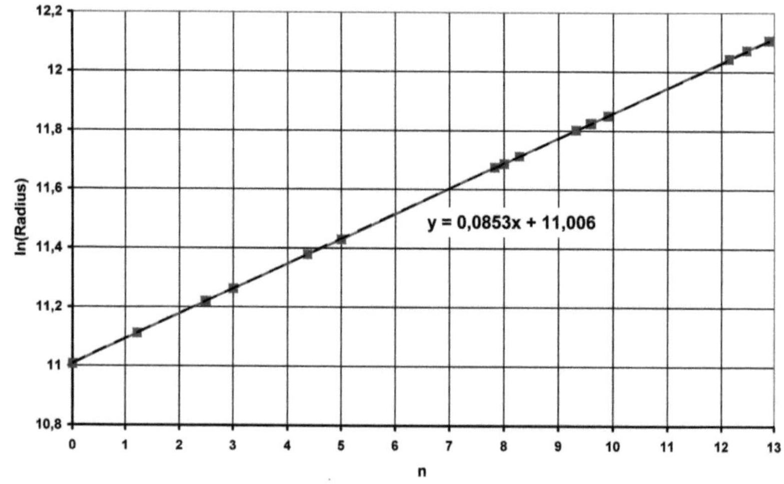

Abbildung 8.4.1.2 – Linearisierung der Radien

Nach der Linearisierung lässt sich auch hier neue Nummerierungswerte berechnen. In der folgenden Tabelle sind alle Nummerierungen aufgeführt.

Name	Abstand [km]	Nr alt	Nr genähert	Nr berechnet
Saturn Äquator	60.268	0	0	0
Innere Kante Ring D	66.900	1	1	1,22
Äußere Kante Ring D	74.510	2	2	2,48
Innere Kante Ring C	74.658	3	2,1	2,5
Titan Ring	77.871	4	2,5	3
Maxwell Teilung/Ring	87.491	5	4	4,37
Ä.K Ring C - I.K. Ring B	92.000	6	4,5	5
Äußere Kante Ring B	117.580	7	7,5	7,83
Mitte der Cassini-Teilung	119.000	8	7,75	8
Innere Kante Ring A	122.170	9	8	8,28
Encke-Teilung	133.589	10	9	9,32
Kepler Teilung	136.530	11	9,2	9,58
Äußere Kante Ring A	136.775	12	9,3	9,6
Mitte Ring F	140.180	13	9,5	9,9
Innere Kante von Ring G	170.000	14	11,75	12,14
Äußere Kante von Ring G	175.000	15	12	12,48
Innere Kante von Ring E	181.000	16	12,5	12,9

Aus den linearisierten Werten (mit der neuen Nummerierung) lässt sich wieder die e-Funktion ermitteln.

Die Gleichung für die Näherungsgerade lautet:

$$y = \ln R = 0{,}0854 \cdot x + 11{,}006$$

Für die Ringe gilt $\qquad R = 60268 \cdot e^{0{,}0854x} \qquad$ [km]

Die Ringe des Saturn, im Nahbereich, sind in Abbildung 8.4.1.3 dargestellt. Abbildung 8.4.1.4 zeigt den gesamten Sachverhalt für Saturn.

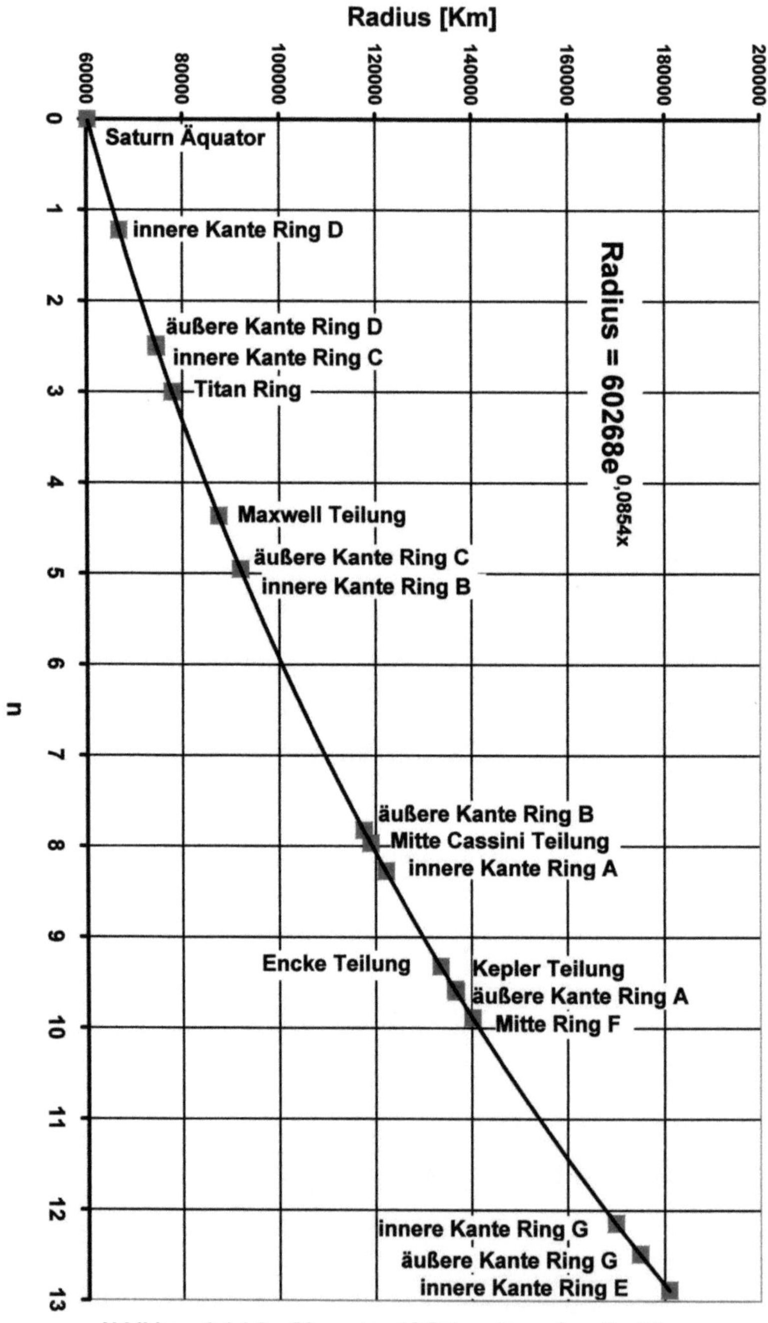

Abbildung 8.4.1.3 – Die ersten 16 Saturnringe als e-Funktion

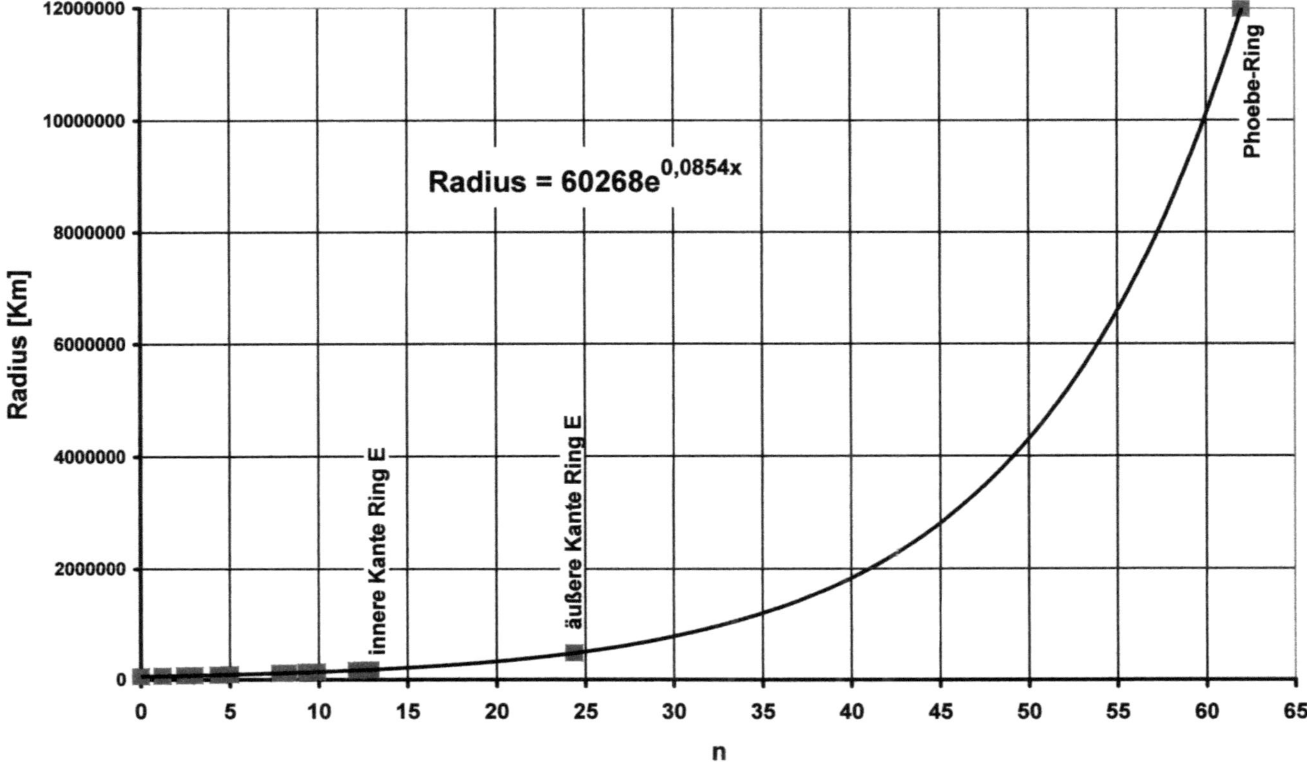

Abbildung 8.4.1.4 – Alle Ringe des Saturn als e-Funktion

8.4.2 – Die Ringe des Jupiter

Die folgende Tabelle enthält alle Ringe des Jupiter und die Logarithmen der Radien, sowie die berechnete Nummerierung.

Name	Radius	Nr	ln(Radius)	Nr
	[km]	alt		berechnet
Halo	92000	0	11,429544	0
Halo	122500	1	11,715866	0,96
Hauptring	122500	2	11,715866	0,96
Hauptring	129000	3	11,767568	1,13
Amalthea Gossamer Ring	129000	4	11,767568	1,13
Thebe Gossamer Ring	129000	5	11,767568	1,13
Amalthea Gossamer Ring	182000	6	12,111762	2,28
Thebe Gossamer Ring	226000	7	12,328290	3

Aus der Tabelle ergibt sich die folgende Funktion für die Logarithmen der Radien:

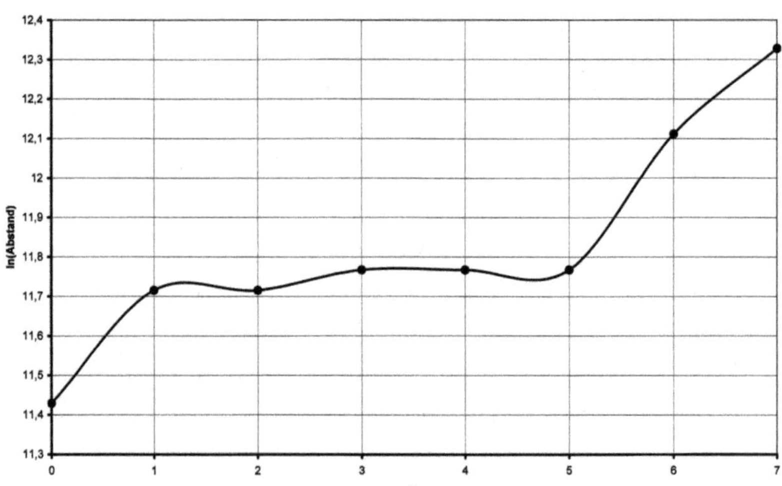

Abbildung 8.4.2.1 – Logarithmierte Radien der Jupiterringe

Es erfolgt die Linearisierung der Werte. Zwischen Punkt **0** und **1** kann die Nummerierung gestreckt werden, ebenso bei den oberen drei Datenpunkten. Die Linearisierung ist in Abbildung 8.4.2.2 dargestellt.

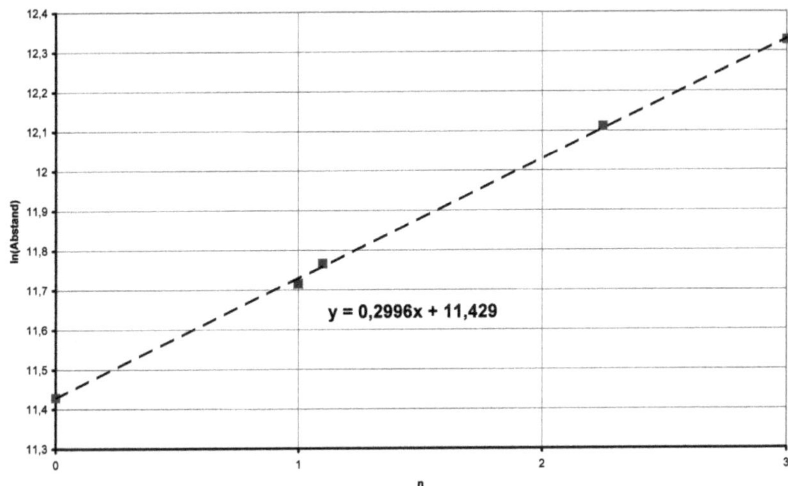

Abbildung 8.4.2.2 – Linearisierung der Radien

Aus den linearisierten Werten lässt sich wieder die e-Funktion ermitteln:

$$y = \ln R = 0{,}2996 \cdot x + 11{,}429$$

Für die Ringe gilt: $\qquad R = 92000 \cdot e^{0{,}2996 \cdot x}$ [km]

Die Ringe des Jupiter sind in Abbildung 8.4.2.3 dargestellt.

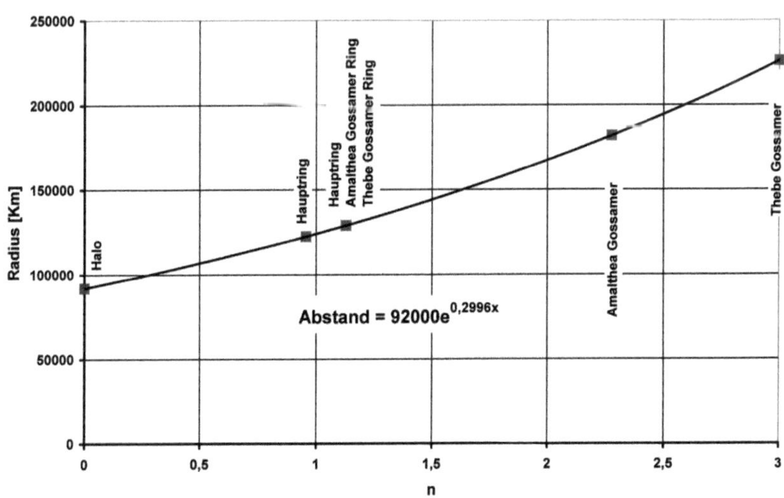

Abbildung 8.4.2.3 – Die Ringe des Jupiter als e-Funktion

8.4.3 – Die Ringe des Uranus

Die folgende Tabelle enthält alle Ringe des Uranus und die Logarithmen der Radien, sowie die berechnete Nummerierung.

Name	Radius	Nr	ln(Abstand)	Nr
	[km]	alt		berechnet
ζcc	32000	0	10,3734912	0
1986U2R	37000	1	10,5186732	2,60
ζc	37850	2	10,5413863	3,01
1986U2R	39500	3	10,5840560	3,77
ζ	41350	4	10,6298277	4,59
6	41837	5	10,6415364	4,80
5	42234	6	10,6509809	4,97
4	42570	7	10,6589051	5,11
α	44718	8	10,7081314	5,99
β	45661	9	10,7289998	6,37
η	47175	10	10,7616194	6,95
ηc	47176	11	10,7616406	6,95
γ	47627	12	10,7711551	7,12
δc	48300	13	10,7851868	7,37
δ	48300	14	10,7851868	7,37
λ	50023	15	10,8202382	8
ε	51149	16	10,8424982	8,40
ν	66100	17	11,0989240	12,99
ν	69900	18	11,1548209	13,99
μ	86000	19	11,3621026	17,70
μ	103000	20	11,5424843	20,93

Aus der Tabelle ergibt sich die Funktion der logarithmierten Ringe, wie in Abbildung 8.4.3.1 auf der nächsten Seite dargestellt.

Wie gezeigt sind alle Datenpunkte von **1** bis **16** fast annähernd linear angeordnet. Zwischen Punkt **0** und **1** befindet sich eine größere Steigung, so dass dort eine Verschiebung aller Datenpunkte um etwa eine Einheit erforderlich wird.
Die Linearisierung der logarithmierten Radien ist in Abbildung 8.4.3.2 auf der nächsten Seite dargestellt.

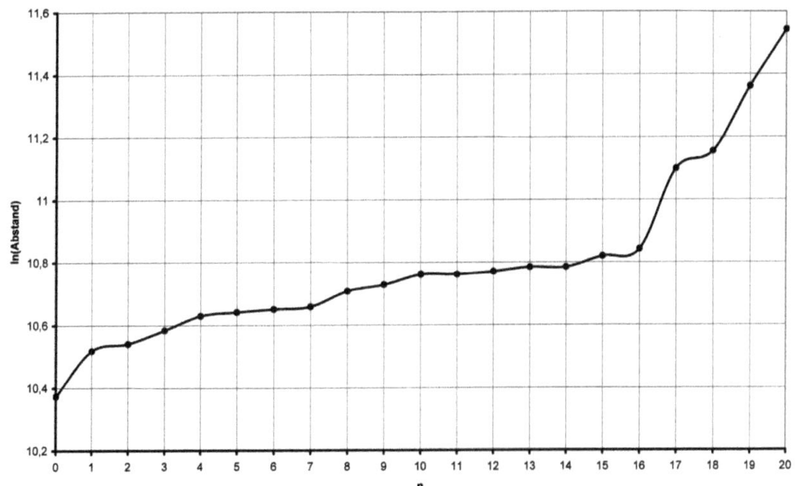

Abbildung 8.4.3.1 – Logarithmierte Radien der Uranusringe

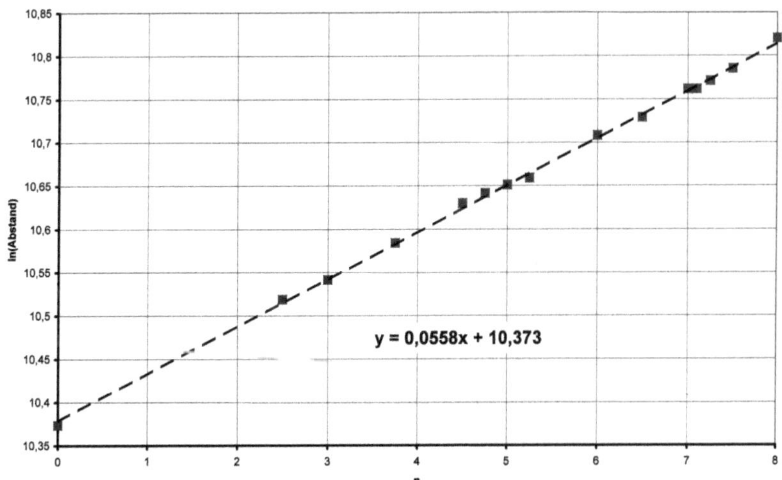

Abbildung 8.4.3.2 – Linearisierung der Radien

Aus den linearisierten Werten lässt sich wieder die e-Funktion ermitteln.

$$y = \ln R = 0{,}0558 \cdot x + 10{,}373$$

Für die Ringe gilt: $\qquad R = 32000 \cdot e^{0{,}0558 \cdot x} \qquad$ [km]

Die Ringe des Uranus sind für den Nahbereich in Abbildung 8.4.3.3 und für die gesamten Ring in Abbildung 8.4.3.4 dargestellt.

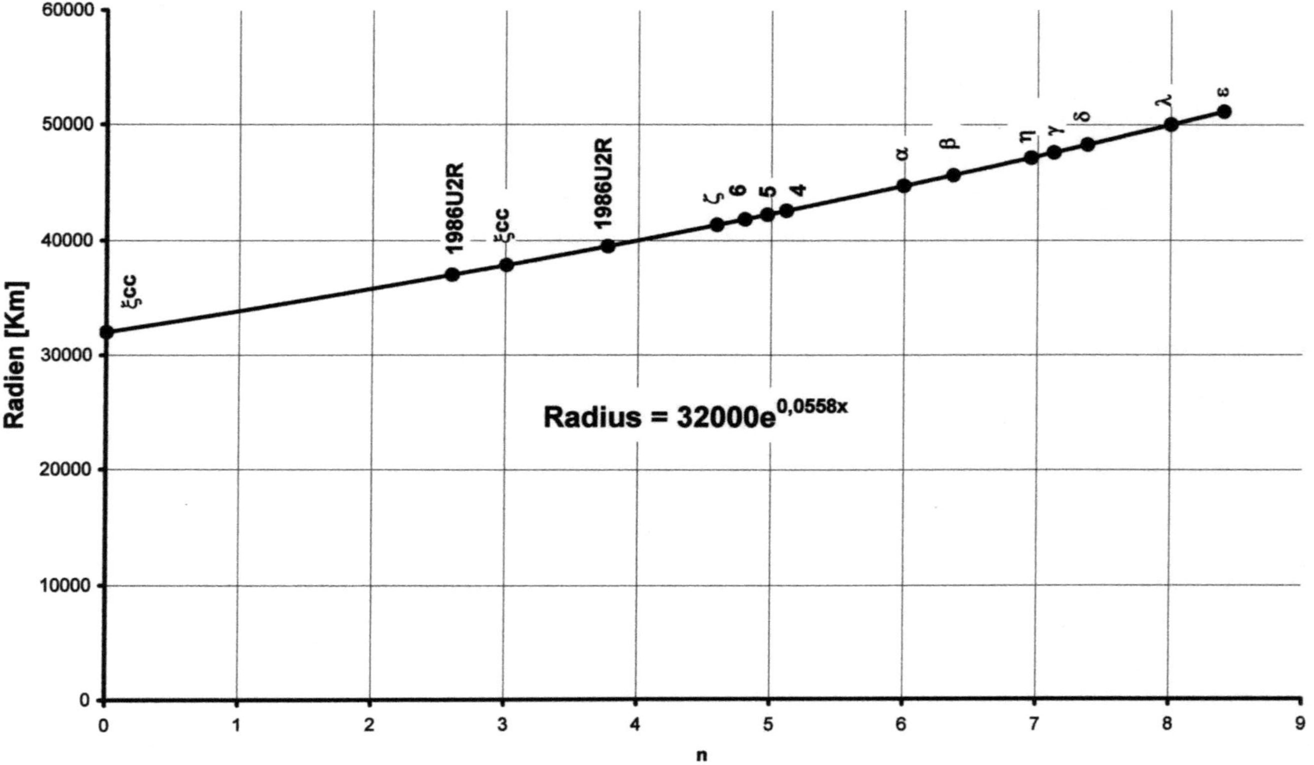

Abbildung 8.4.3.3 – Die ersten Ringe des Uranus als e-Funktion

218

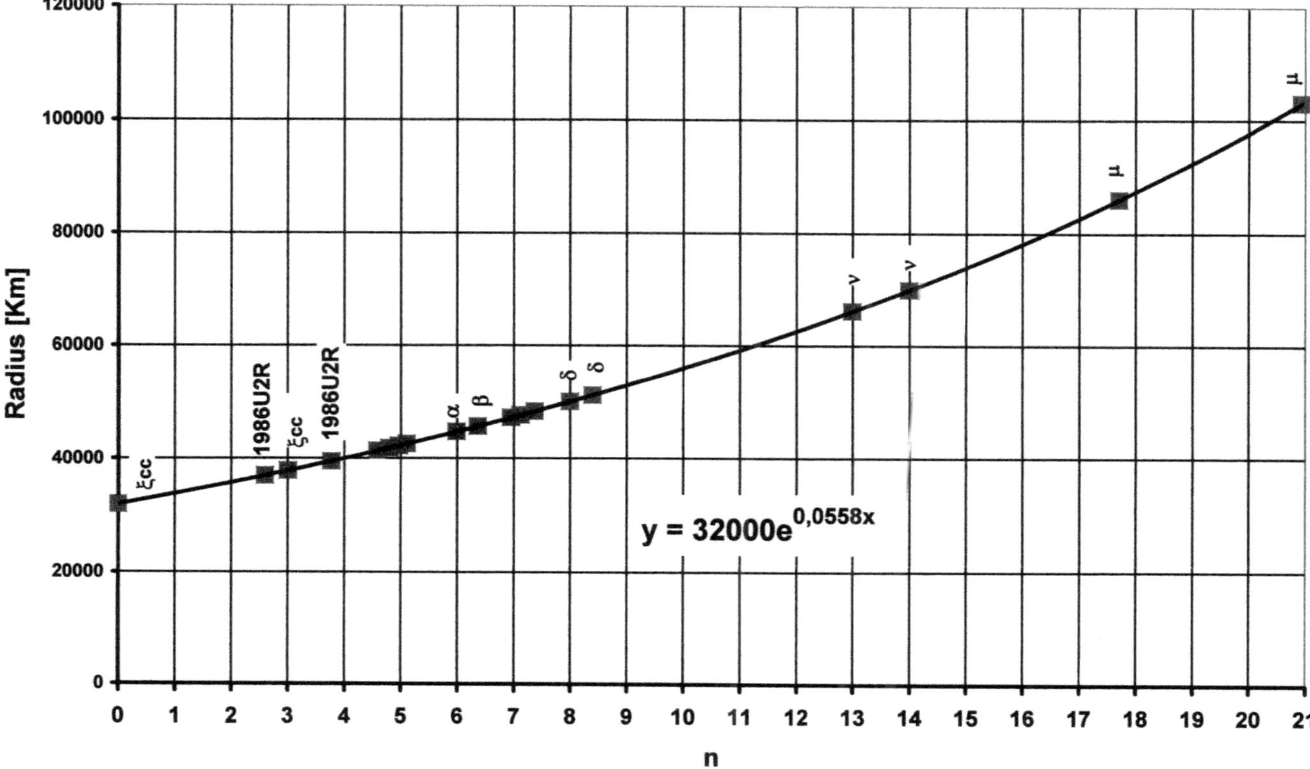

Abbildung 8.4.3.4 – Alle Ringe des Uranus als e-Funktion

8.4.4 – Die Ringe des Neptun

Die folgende Tabelle enthält alle Ringe des Neptun und die Logarithmen der Radien, sowie die berechnete Nummerierung.

Name	Radius	Nr	ln(Abstand)	Nr
	[km]	alt		berechnet
Galle	41900	0	10,6430411	0
ungewiss	50000	1	10,8197783	2,28
LeVerrier	53200	2	10,8818137	3,08
Lassell	53200	3	10,8818137	3,08
Lassell	57200	4	10,9543092	4,02
Arago	57200	5	10,9543092	4,02
nicht benannt	61950	6	11,0340829	5,05
Adams	62933	7	11,0498259	5,25

Aus der Tabelle ergibt sich die folgende Funktion für die Logarithmen der Radien:

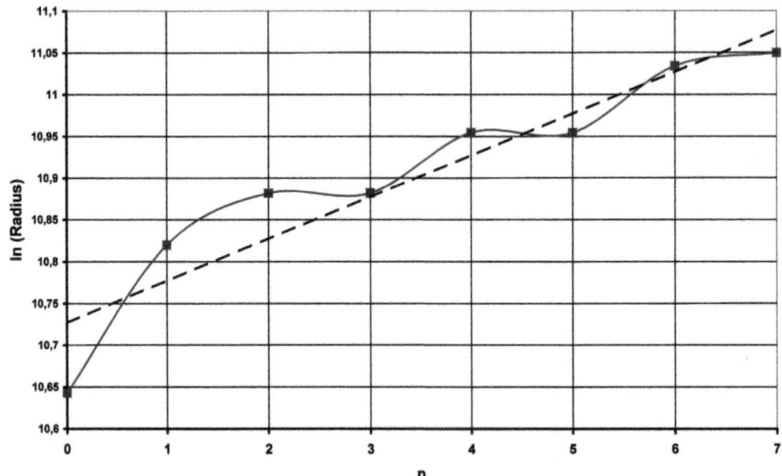

Abbildung 8.4.4.1 – Logarithmierte Radien der Neptunringe

Das ergibt beinahe eine annähernde Linearität, so das die einzelnen Datenpunkte nur um etwa eine Einheit verschoben werden müssen.
Daraus kann die Linearisierung der Werte erfolgen. Die Linearisierung ist in Abbildung 8.4.4.2 dargestellt.

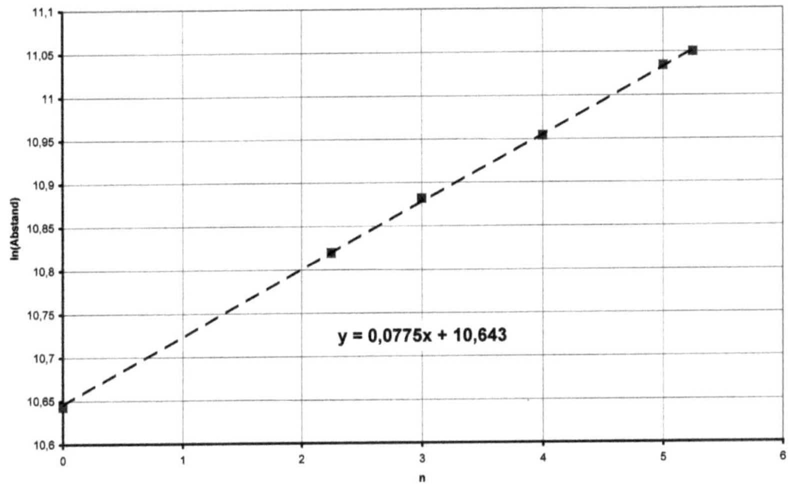

Abbildung 8.4.4.2 – Linearisierung der Radien

Aus den linearisierten Werten lässt sich wieder die e-Funktion ermitteln:

$$y = \ln R = 0{,}0775 \cdot x + 10{,}643$$

Für die Ringe gilt: $\qquad R = 41900 \cdot e^{0{,}0775 \cdot x} \qquad$ [km]

Die Ringe des Neptun sind in Abbildung 8.4.4.3 dargestellt.

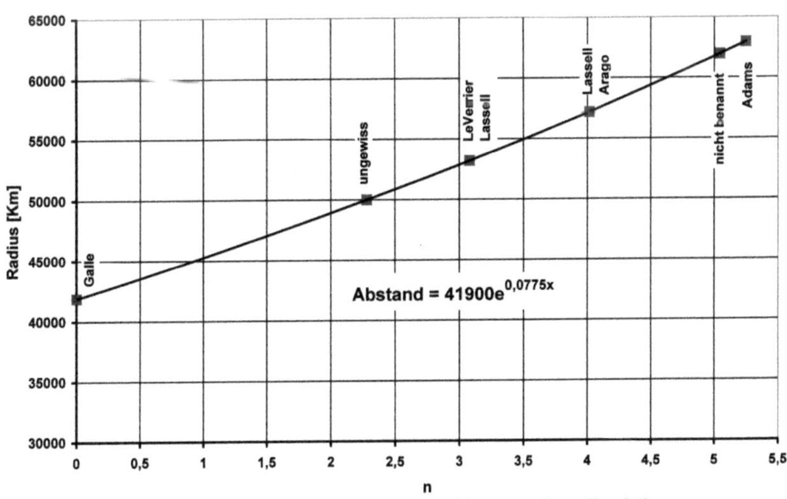

Abbildung 8.4.4.3 – Die Ringe des Neptun als e-Funktion

8.4.5 – Die Ringe von Rhea

Der Saturnmond Rhea verfügt ebenfalls über Ringe. Die folgende Tabelle enthält alle Ringe von Rhea und die Logarithmen der Radien, sowie die berechnete Nummerierung.

Name	Radius	Nr	ln(Radius)	Nr
	[km]	alt		berechnet
1	1615	0	7,38709024	0
2	1800	1	7,49554194	1,17
3	2020	2	7,61085279	2,42
disk	5900	3	8,68270763	14

Aus der Tabelle ergibt sich die folgende Funktion für die Logarithmen der Radien:

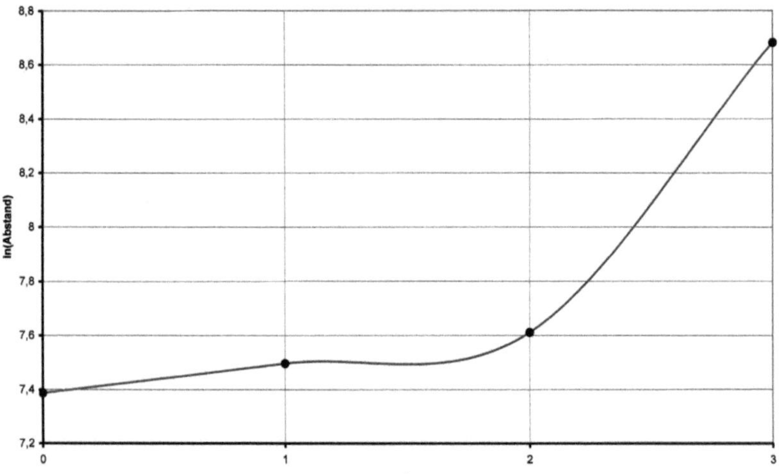

Abbildung 8.4.5.1 – Logarithmierte Radien der Ringe von Rhea

Der Datenpunkt **4** muss um etwa **5** Einheiten verschoben werden um Linearität zu erreichen.
Daraus erfolgt die Linearisierung der Werte, die in Abbildung 8.4.5.2 dargestellt sind.
Die Gleichung für die Näherungsgerade lautet:

$$y = \ln R = 0{,}0925 \cdot x + 7{,}387$$

Die Linearisierung ist in Abbildung 8.4.5.2 dargestellt.

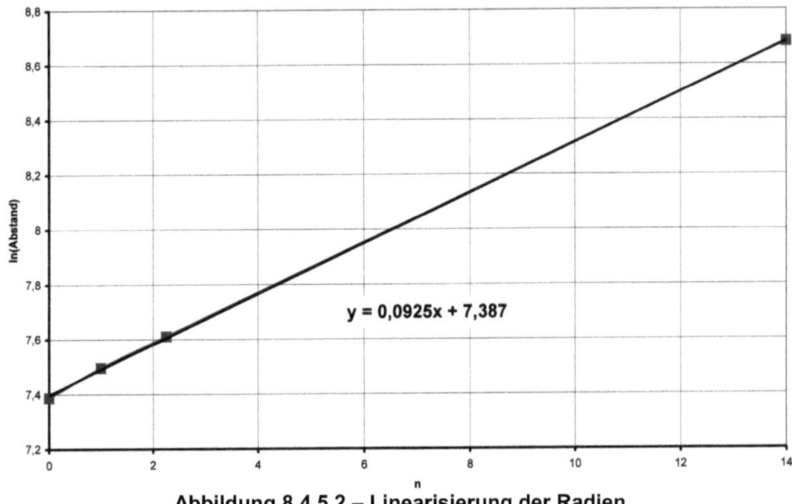

Abbildung 8.4.5.2 – Linearisierung der Radien

Aus den linearisierten Werten lässt sich wieder die e-Funktion ermitteln.

Für die Ringe gilt: $R = 1615 \cdot e^{0,0925 \cdot x}$ [km]

Die Ringe von Rhea sind in Abbildung 8.4.5.3 dargestellt.

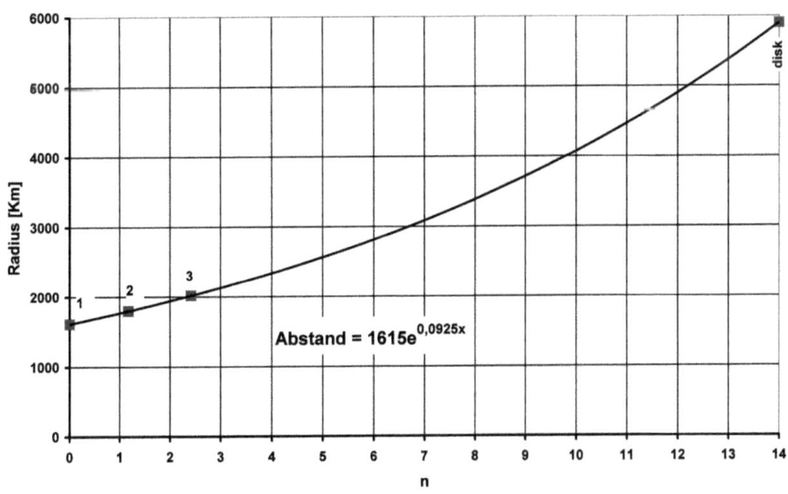

Abbildung 8.4.5.3 – Die Ringe von Rhea als e-Funktion

8.5 – Satellitengalaxien der Milchstraße

Die Galaxien, die unsere Milchstraße begleiten, lassen sich ebenfalls konzentrisch um unsere Galaxie herum anordnen. [76]

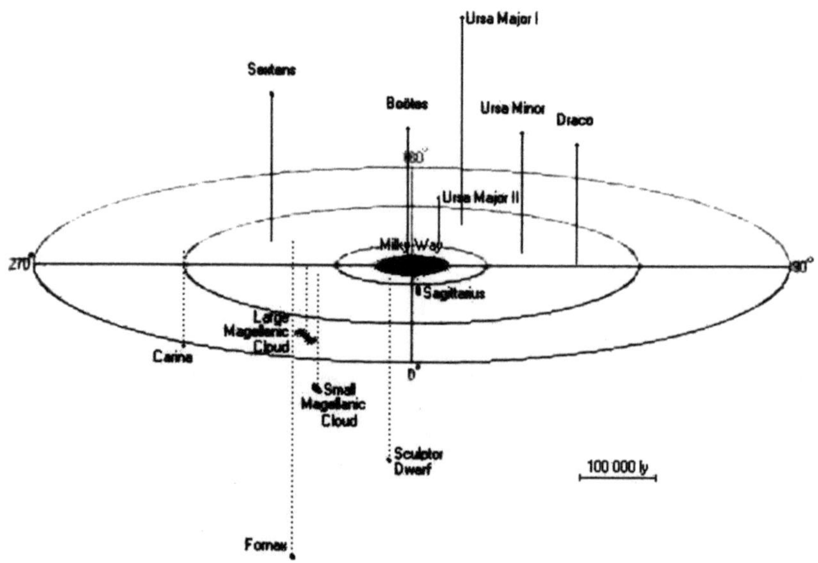

Abbildung 8.5.1 – Satellitengalaxien der Milchstrasse

Die nachfolgende Tabelle enthält alle Objekte, die allgemein als Satellitengalaxien gesehen werden.
Wie an den Toleranzen in der Tabelle zu sehen ist, sind die Entfernungen, zum Teil, mit größeren Ungenauigkeiten behaftet. Die Entfernungen sind in Lichtjahre angegeben.
Das Lichtjahr **[Lj]** ist eine astronomische Maßeinheit. Unter einem Lichtjahr wird die Entfernung verstanden, die das Licht in einem Jahr durchläuft.

$$1 \text{ Lichtjahr [Lj]} = 9{,}461 \text{ Billionen km} = 9{,}461 \cdot 10^{12} \text{ km}$$

Die logarithmierten Werte der Abstände werden wieder als Funktion der Nummerierung dargestellt, was in Abbildung 8.5.2 dargestellt ist. Wie zu sehen ist, existiert bereits eine gute Linearität der meisten Werte.

Galaxie	Nr	Abstand	Toleranz	ln(Abstand)
	alt	[kiloLj]	[kiloLj]	
Canis-Major-Zwerg	0	24		3,17805383
Elliptische Sagittarius-Zwerggalaxie	1	78	±7	4,35670883
Ursa-Major-II	2	100	±15	4,60517019
Complex H	3	108		4,68213123
Bootes-II-Zwerg	4	136	±26	4,91265489
Willman 1	5	147		4,99043259
Bootes-III-Zwerg	6	150		5,01063529
Große Magellansche Wolke	7	165	±5	5,10594547
Kleine Magellansche Wolke	8	195	±15	5,27299956
Bootes-I-Zwerg	9	196	±9	5,27811466
Ursa-Minor-Zwerg	10	215	±10	5,37063803
Sculptor-Zwerg	11	258	±13	5,55295958
Draco-Zwerg	12	267	±20	5,58724866
Sextans-Zwerg	13	280	±13	5,63478960
Ursa Major I	14	325		5,78382518
Carina-Zwerg	15	329	±16	5,79605775
Hercules-Zwerg	16	430		6,06378521
Fornax-Zwerg	17	450	±26	6,10924758
Canes-Venatici-II	18	490	±49	6,19440539
Leo II	19	669	±39	6,50578406
Canes-Venatici-I	20	718	±82	6,57646957
Leo I	21	815	±82	6,70318811
Phoenix-Zwerg	22	1450	±100	7,27931884
Barnards Galaxie	23	1600		7,37775891
Leo III	24	2250	±325	7,71868550
Tucana-Zwerg	25	2870	±130	7,96206731

Aus den linearisierten Werten lässt sich wieder die e-Funktion ermitteln. Die Gleichung für die Näherungsgerade lautet:

$$y = \ln R = 0{,}1382 \cdot x + 3{,}178$$

Für die Abstände gilt: $\qquad R = 24 \cdot e^{0{,}1382 \cdot x}$ \qquad [kiloLj]

Die logarithmierten Abstände der Galaxien sind in der folgenden Abbildung 8.5.2 dargestellt.

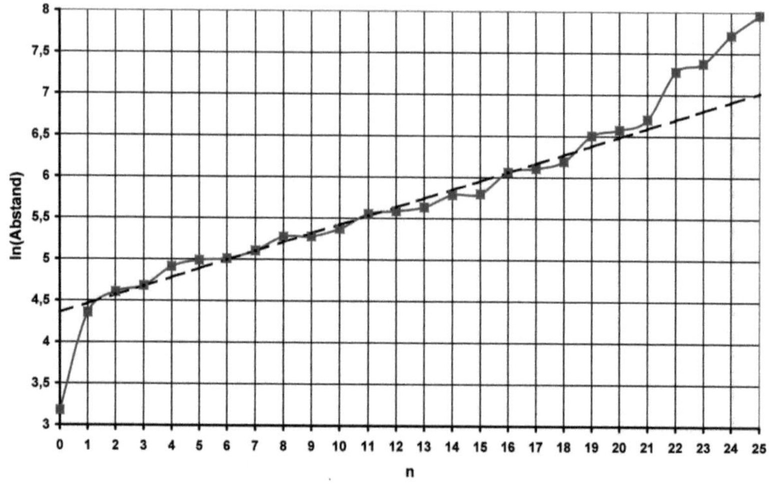

Abbildung 8.5.2 – Logarithmierte Galaxienabstände

Es kann die Linearisierung erfolgen, wie in Abbildung 8.5.3 dargestellt.

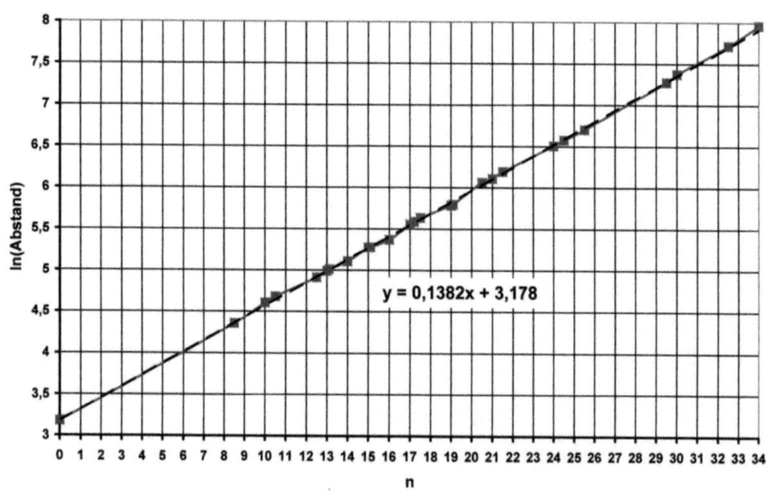

Abbildung 8.5.3 – Linearisierung der Abstände

Aus den linearisierten Werten lässt sich die e-Funktion ermitteln, wie in Abbildung 8.5.4 dargestellt..

226

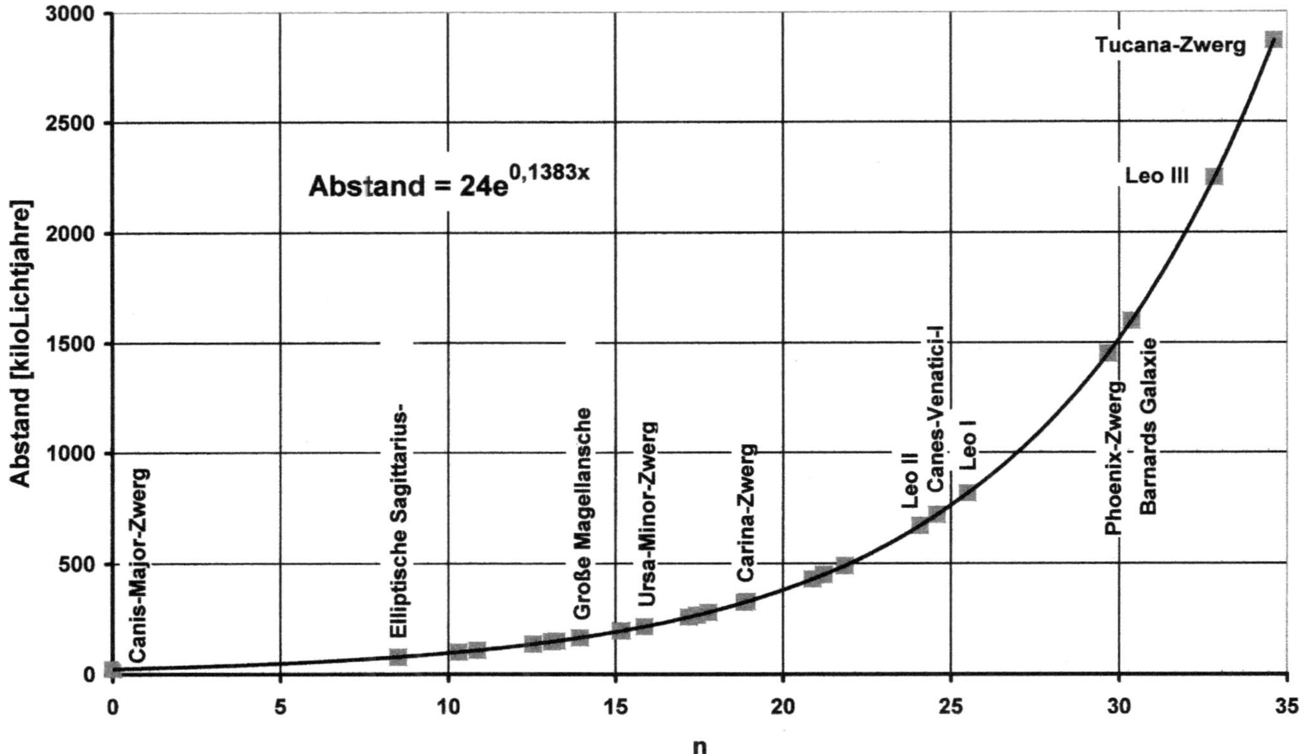

Abbildung 8.5.4 – Satellitengalaxien der Milchstrasse als e-Funktion

8.6 – Planetarische Nebel

Planetarische Nebel bestehen aus einer Hülle aus Gas und Plasma, die von einem alten Stern am Ende seiner Entwicklung abgestoßen wird. Der Name ist historisch bedingt. Die Bezeichnung entstand dadurch, dass planetarische Nebel in früheren Teleskopen meist rund und grünlich erschienen wie Gasplaneten. In unserer Galaxie sind etwa **1500** planetarische Nebel bekannt. [77]

Planetarische Nebel spielen eine wichtige Rolle in der chemischen Evolution einer Galaxie, da das abgestoßene Material die interstellare Materie mit schweren Elementen, wie Kohlenstoff, Stickstoff, Sauerstoff, Calcium und anderen Reaktionsprodukten, anreichert.

Unter den planetarischen Nebeln existiert eine Gruppe, die durch ihr Aussehen auffällig an Schwingungsstrukturen erinnert.

Abb.8.6.1 – Ameisen-Nebel

Abb.8.6.2 – NGC 6302

Abb.8.6.3 – Boomerang Nebel

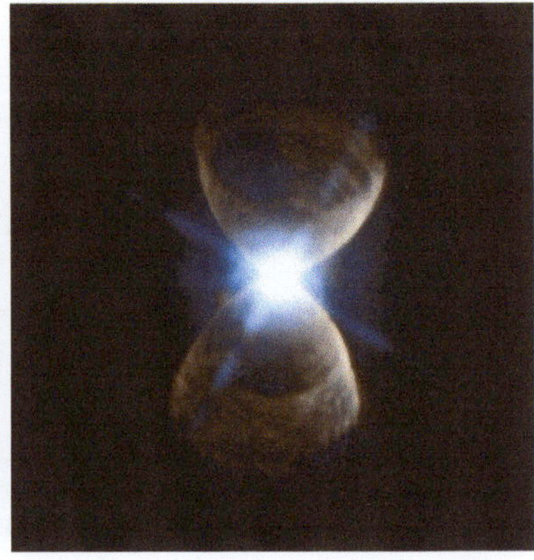

Abb.8.6.4 – N Hb 12-HS-R658nG656n

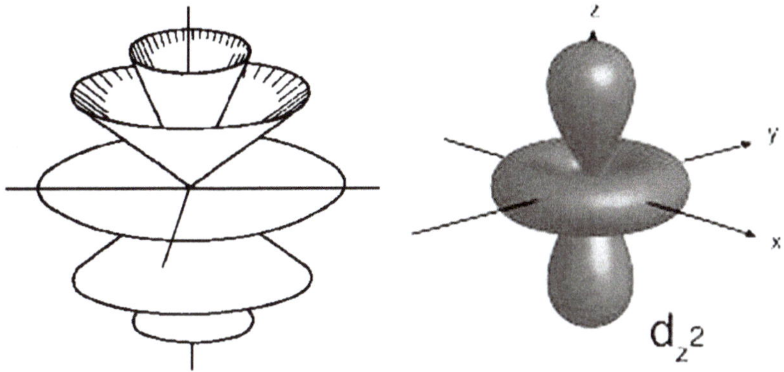

Abbildung 8.6.5 – Nullflächen   **Abbildung 8.6.6 – Atomorbital**

Aus der Ähnlichkeit der Strukturen ließe sich folgern, dass in planetarischen Nebeln auch Schwingungsvorgänge stattfinden (siehe dazu Kapitel 2) können.

Das führt zur Frage, ob ebenfalls Jetströme aus schwarzen Löchern, Gammablitze und Pulsare als Schwingungsphänomene betrachtet werden können.

Ein weiteres Indiz für Schwingungsstrukturen in planetarischen Nebeln ist die weitverbreitete Form innerhalb der planetarischen Nebel und zwar solche Nebel die eine konzentrische Struktur aufweisen.

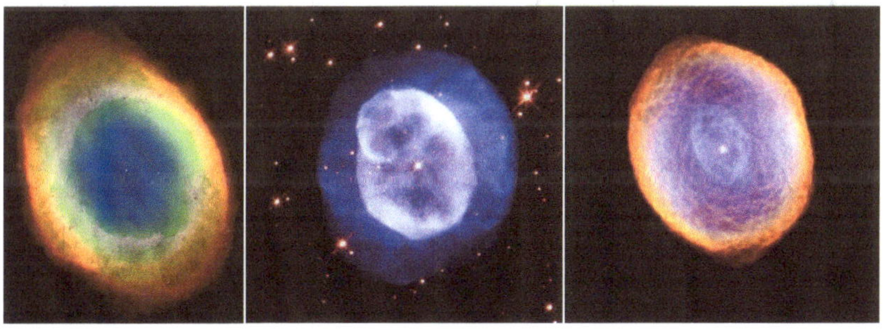

Abb.8.6.7 – M57   **Abb.8.6.8 – NGC 5979**   **Abb.8.6.9 – Spirograph**

Wie in den voran gegangenen Kapiteln zu sehen war, ist Konzentrizität stets ein Ausdruck von Schwingungsphänomenen. Daher kann bei planetarischen Nebeln davon ausgegangen werden, dass die Strukturbildung und Formung durch radiale Schwingungsvorgänge mit gestaltet worden ist.

8.7 – Schichten der Erde

In Anbetracht des geschilderten Prozesses von Logarithmierung, Linearisierung und Ermittlung der e-Funktion, werden hier noch einmal alle Schichten der Erde betrachtet.

Nr	Tiefe	Tiefe	Schichten der Erde		ln(Tiefe)
alt	[km]	neu			
	-6371	1			0
0	-5100	1271	Grenze innerer Kern/äußerer Kern		7,147559271
1	-2900	3471	Grenze äußerer Kern/ unterer Mantel		8,152198016
2	-1700	4671	1700 km Diskontinuität		8,449128461
3	-1200	5171	1200 km Diskontinuität		8,550821372
4	-1000	5371	Grenze unterer Mantel/Übergangszone		8,588769390
5	-920	5451	920 km Diskontinuität	900-1080 km	8,603554357
6	-720	5651	720 km Diskontinuität		8,639587800
7	-660	5711	660 km Diskontinuität		8,650149419
8	-520	5851	520 km Diskontinuität		8,674367866
9	-410	5961	Grenze Übergangszone/oberer Mantel		8,692993531
10	-300	6071	X-Diskontinuität	250-350 km	8,711278615
11	-250	6121	Lehmann Diskontinuität	190-250 km	8,719480761
12	-190	6181	Lehmann Diskontinuität		8,729235350
13	-100	6271	low velocity zone		8,743691111
14	-80	6291	Grenze oberer Mantel/Lithosphäre		8,746875320
15	-60	6311	Grenze Lithosphäre/Kruste		8,750049422
16	0	6371	Erdoberfläche		8,759511722
17	20	6391	Tropopause		8,762646030
18	30	6401	Ozon		8,764209507
19	50	6421	Ozon		8,767329148
20	60	6431	d		8,768885326
21	70	6441	d		8,770439087
22	100	6471	e		8,775085935
23	140	6511	e		8,781248333
24	180	6551	f1		8,787372989
25	200	6571	f1		8,790421307
26	300	6671	f2		8,805525053
27	800	7171	g		8,877800394

In Abbildung 8.7.1 ist zu erkennen, das die meisten Datenpunkte annähernd linear liegen.

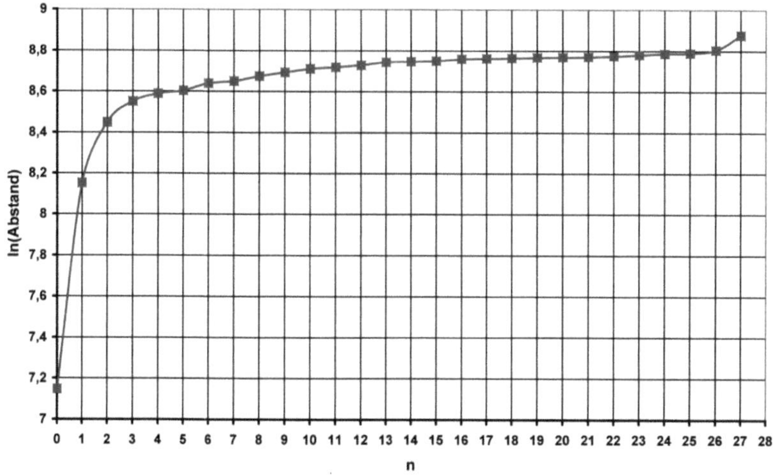

Abbildung 8.7.1 – Logarithmierte Schichten der Erde

Bei den Punkten **0**, **1** und **2** ist die Steigung derart stark, dass für eine Linearisierung die anderen Datenpunkte um etwa **1600** Zählschritte verschoben werden muss. Dies ist in Abbildung 8.7.2 zu sehen.

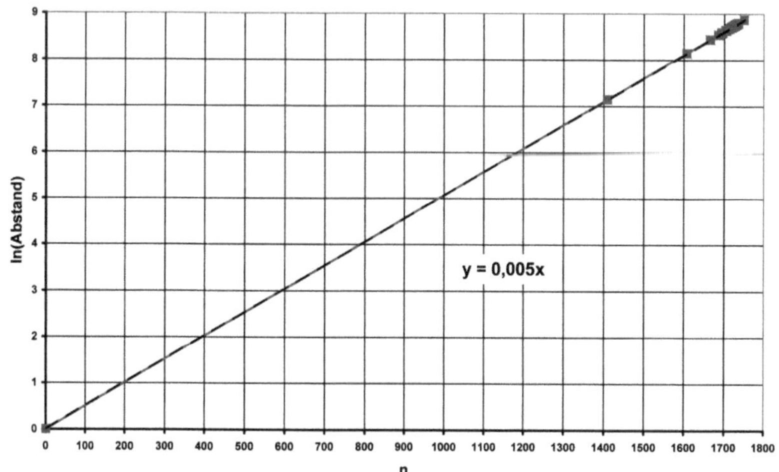

Abbildung 8.7.2 – Linearisierung der Schichten

Zu beachten ist, dass die Schichten in der Erde negative Vorzeichen besitzen. Da keine Logarithmen für negative Zahlen existieren, muss die gesamte Funktion sozusagen angehoben werden, bis alle Werte positiv sind. Dies wird durch Addition des Erdradius erreicht.

Wie bisher gesehen, können auch hier die neuen Nummerierungs-werte berechnet werden, wie in der folgenden Tabelle auf der nächs-ten Seite zu sehen ist. Für die Ableitung der e-Funktion gilt:

$$\ln(r + R_e) = y = 0{,}005 \cdot x$$

Auflösung der Gleichung ergibt:

8.7.1 - Gleichung: $\qquad r = e^{0{,}005 \cdot x} - R_e \qquad$ [km]

bzw.

8.7.2 - Gleichung: $\qquad r = e^{\frac{x}{200}} - R_e \qquad$ [km]

Der gesamte Sachverhalt ist in den Abbildungen 8.7.3 und 8.7.4 dar-gestellt.

Die in Gleichung 8.7.1 bzw. 8.7.2 dargestellte Lösung ist allerdings **keine** Lösungsfunktion der Laplace-Gleichung.
Die Bedingung für die zweimalige Ableitung der Funktion nach Kapitel 2.11.3 ist hier **nicht** erfüllt.

Da für Erdschalen und atmosphärische Schichten eine e-Funktion ableitbar war, die auch als Lösungsfunktion der Laplace-Gleichung fungieren konnte, lässt sich insgesamt der Schluss ziehen, dass beide Schwingungssysteme zwar **kompatibel** zueinander sind, aber beide auch **eigenständige** Schwingungssysteme darstellen.

Nr	Tiefe	Schichten der Erde	
berechnet	[km]		
0	0		
1408,93	1271	Grenze innerer Kern/äußerer Kern	
1606,97	3471	Grenze äußerer Kern/ unterer Mantel	
1665,50	4671	1700 km Diskontinuität	
1685,55	5171	1200 km Diskontinuität	
1693,03	5371	Grenze unterer Mantel/Übergangszone	
1695,94	5451	920 km Diskontinuität	900-1080 km
1703,04	5651	720 km Diskontinuität	
1705,13	5711	660 km Diskontinuität	
1709,90	5851	520 km Diskontinuität	
1713,57	5961	Grenze Übergangszone/oberer Mantel	
1717,18	6071	X-Diskontinuität	250-350 km
1718,79	6121	Lehmann Diskontinuität	190-250 km
1720,71	6181	Lehmann Diskontinuität	
1723,56	6271	low velocity zone	
1724,19	6291	Grenze oberer Mantel/Lithosphäre	
1724,82	6311	Grenze Lithosphäre/Kruste	
1726,68	6371	Erdoberfläche	
1727,30	6391	Tropopause	
1727,61	6401	Ozon	
1728,22	6421	Ozon	
1728,53	6431	d	
1728,84	6441	d	
1729,75	6471	e	
1730,97	6511	e	
1732,17	6551	f1	
1732,78	6571	f1	
1735,75	6671	f2	
1750	7171	g	

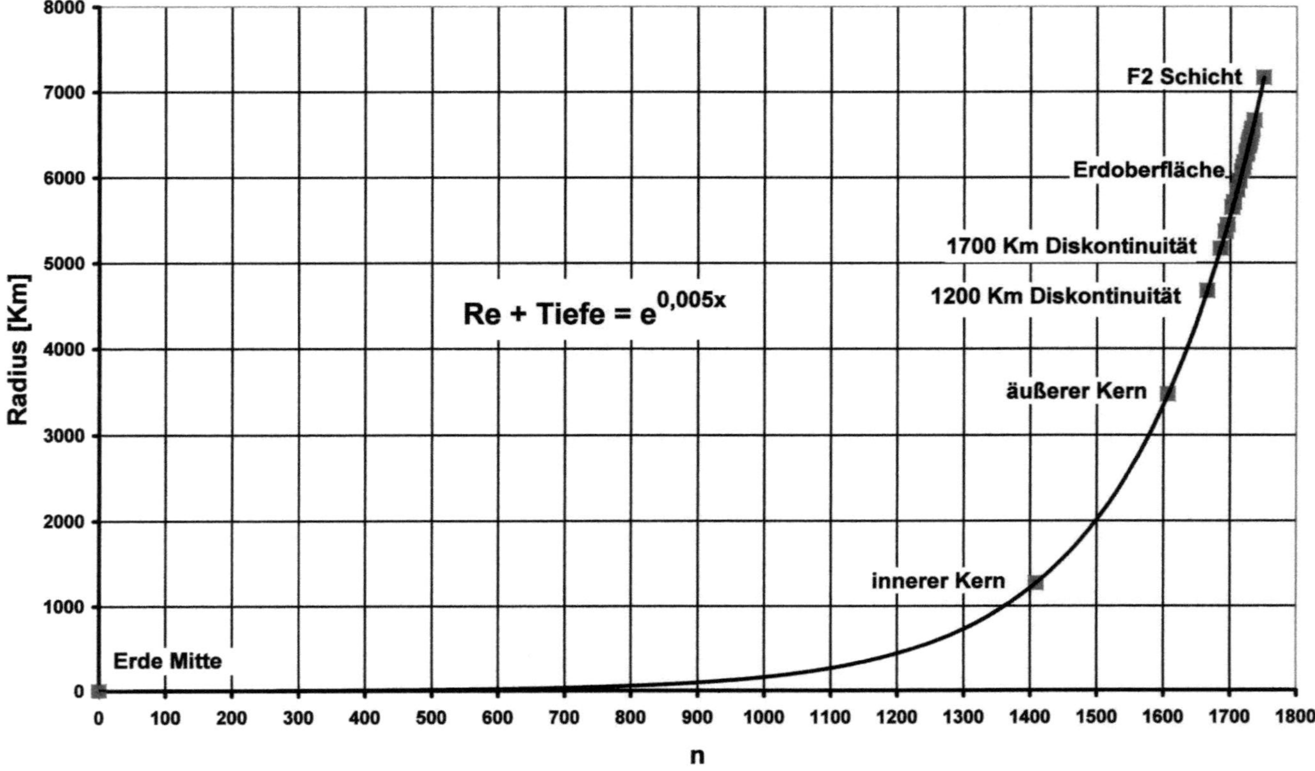

Abbildung 8.7.3 – Schichten der Erde als e-Funktion

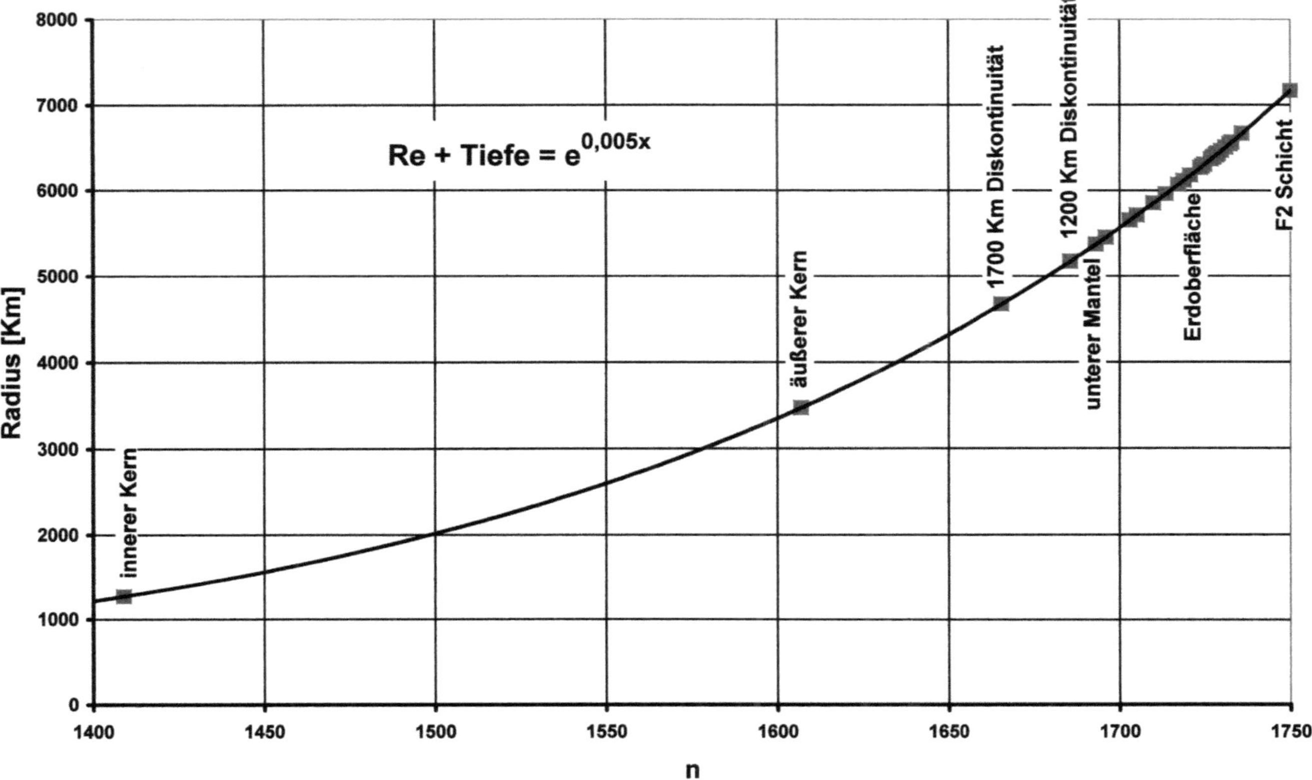

Abbildung 8.7.4 – Schichten der Erde als e-Funktion

8.8 – Früchte und Blumen

Auch im biologischen Bereich, nämlich der Flora, existieren Exemplare, die eine konzentrische Struktur aufweisen. Im Folgenden werden hier einige Früchte und Blumen behandelt, die die Voraussetzungen der **Konzentrizität** und Mehrschichtigkeit erfüllen.

8.8.1 – Pfirsich

Eine ganz andere Kategorie (als kosmische Objekte) von konzentrischen Strukturen sind Früchte. Wie im nebenstehenden Bild am Pfirsich zu erkennen ist, existieren **3** Bereiche – der Kern, der Stein und die Haut. Da drei Datenpunkte vorhanden sind lässt sich daraus eine e-Funktion generieren. In der folgenden Tabelle sind die Daten eines Pfirsichs zu finden.

Name	Durchmesser	Nr	ln(Durchmesser)	Nr
	[cm]	alt		berechnet
Kern	0,8	0	-0,22314355	0
Stein	2	1	0,69314718	0,95
Haut	5,5	2	1,70474809	2

Bei der Logarithmierung und Übertragung in ein Diagramm, ergibt sich wie bei den Monden des Mars eine Vereinfachung. Die logarithmierten Werte sind bereits derart linear, dass eine weitere Linearisierung nicht mehr notwendig ist.

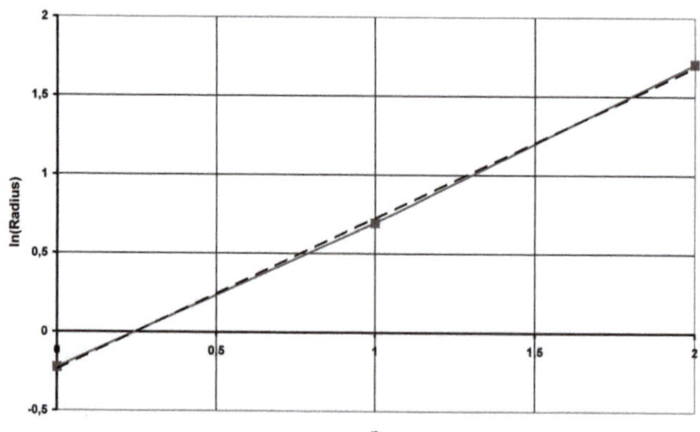

Abbildung 8.8.1.1 – Linearisierung der Durchmesser

Der gesamte Sachverhalt für den Pfirsich ist in Abbildung 8.8.1.2 zu finden.

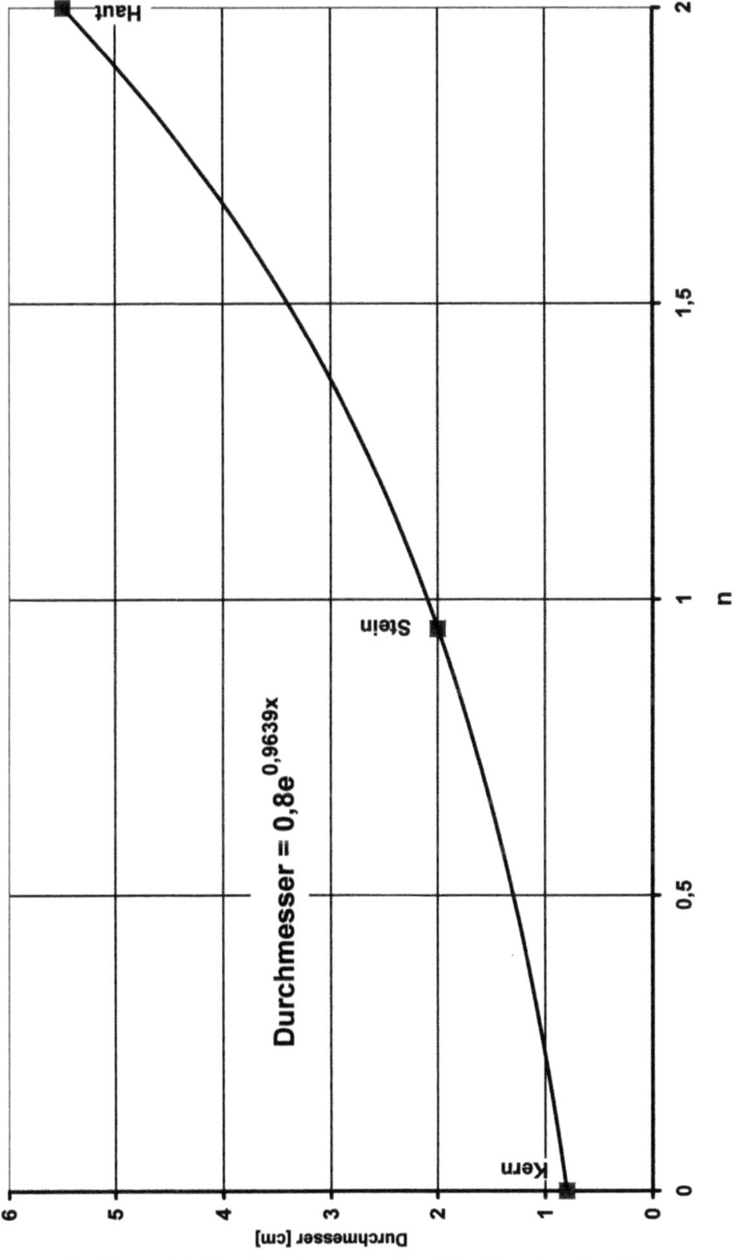

Abbildung 8.8.1.2 – Durchmesser des Pfirsichs als e-Funktion

8.8.2 – Narzisse

Wie im nebenstehenden Bild an der Narzisse zu erkennen ist existieren **4** Bereiche.

Da vier Datenpunkte vorhanden sind lässt sich daraus eine e-Funktion generieren. In der folgenden Tabelle sind die Daten einer Narzisse zu finden.

Name	Radius	Nr	ln(Radius)
	[cm]	alt	
Stempel	0,3	0	-1,2039728
innerer Bereich	1	1	0
Blüte	2,8	2	1,02961942
Blätter	6	3	1,79175947

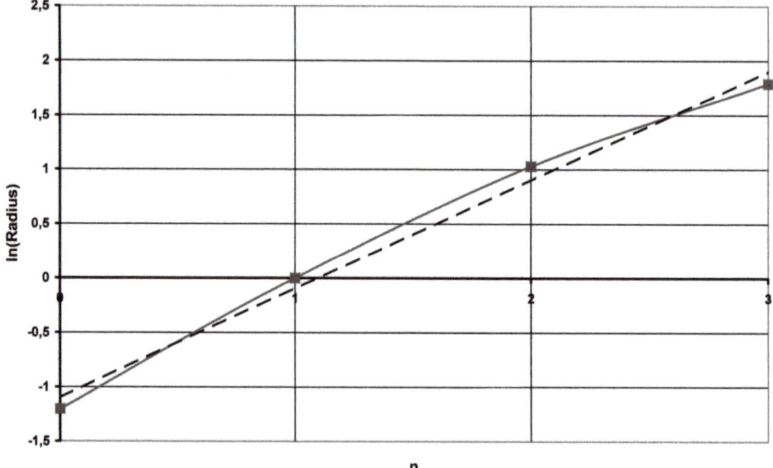

Abbildung 8.8.2.1 – Logarithmierte Radien der Narzisse

Bei der Logarithmierung und Übertragung in ein Diagramm ergibt sich, ähnlich wie beim Pfirsich, eine fast lineare Funktion. Eine weitere Linearisierung wäre zwar nicht mehr notwendig. Aus Gründen der Genauigkeit wird sie hier aber trotzdem vollzogen.

Die linearisierte Funktion ist in Abbildung 8.8.2.2 dargestellt.

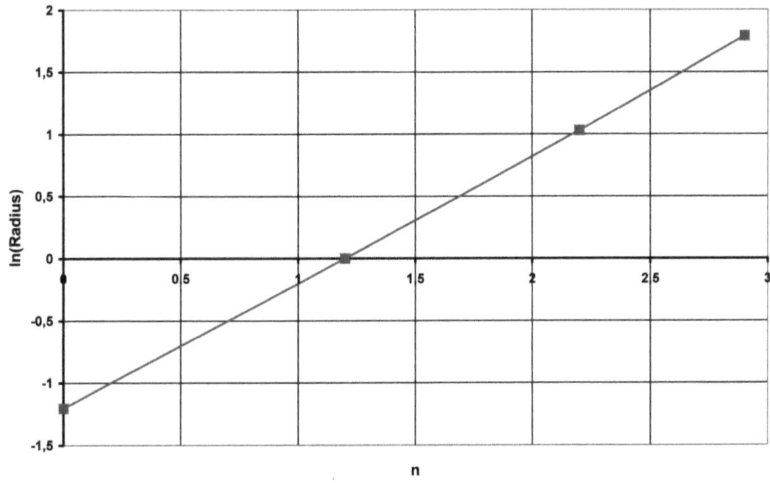

Abbildung 8.8.2.2 – Linearisierung der Radien

Aus den linearisierten Werten lässt sich wieder die e-Funktion ermitteln. Die Gleichung für die Näherungsgerade lautet:

$$y = \ln R = 0{,}9986{\cdot}x - 1{,}204$$

Für die Abstände gilt: $\quad R = 0{,}3{\cdot}e^{0{,}9986{\cdot}x} \qquad [cm]$

Wie bisher gesehen, können auch hier die neuen Nummerierungswerte berechnet werden.

Name	Radius	Nr	ln(Radius)	Nr	Nr
	[cm]	alt		genähert	berechnet
Stempel	0,3	0	-1,2039728	0	0
innerer Bereich	1	1	0	1,2	1,21
Blüte	2,8	2	1,02961942	2,2	2,24
Blätter	6	3	1,79175947	2,9	3

Die Radien für die Narzisse sind in Abbildung 8.8.2.3 dargestellt.

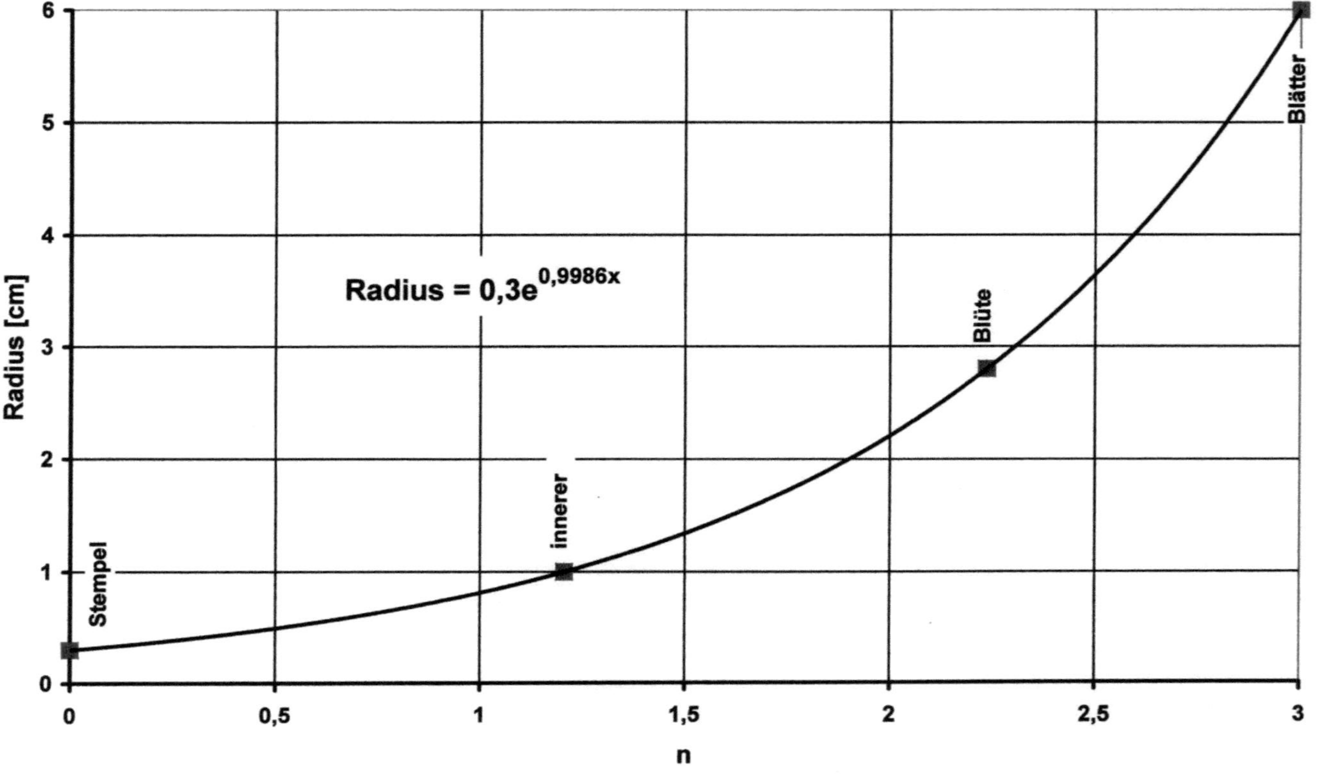

Abbildung 8.8.2.3 – Radien der Narzisse als e-Funktion

8.8.3 – Orange

Wie im nebenstehenden Bild an der Orange zu erkennen ist existieren **3** Bereiche – ein Kernbereich und die Schale, mit einer inneren und äußeren Oberfläche.

Da drei Datenpunkte vorhanden sind, lässt sich daraus eine e-Funktion generieren. In der folgenden Tabelle sind die Daten einer Orange zu finden.

Name	Radius	Nr	ln(Radius)
	[cm]	alt	
Kernbereich	0,8	0	-0,22314355
Schale innen	4,2	1	1,43508453
Schale außen	4,8	2	1,56861592

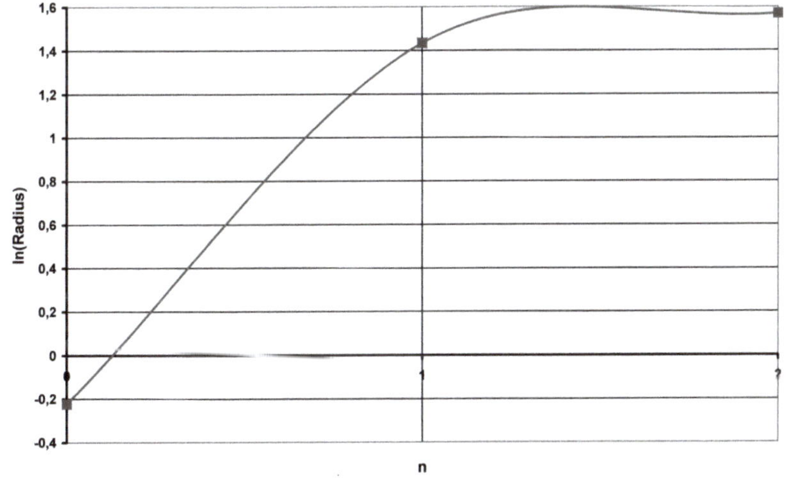

Abbildung 8.8.3.1 – Logarithmierte Radien der Orange

Zwischen den Datenpunkten **1** und **2** ist die Steigung relativ niedrig und wird daher als ein Zählungsschritt gewertet.

Die Steigung von Punkt **0** nach Punkt **1** ist dagegen so groß, dass Punkt **1** (und Punkt 2) um **11** Einheiten verschoben werden muss, um Linearität zu erreichen.

Die linearisierte Funktion ist in Abbildung 8.8.3.2 dargestellt.

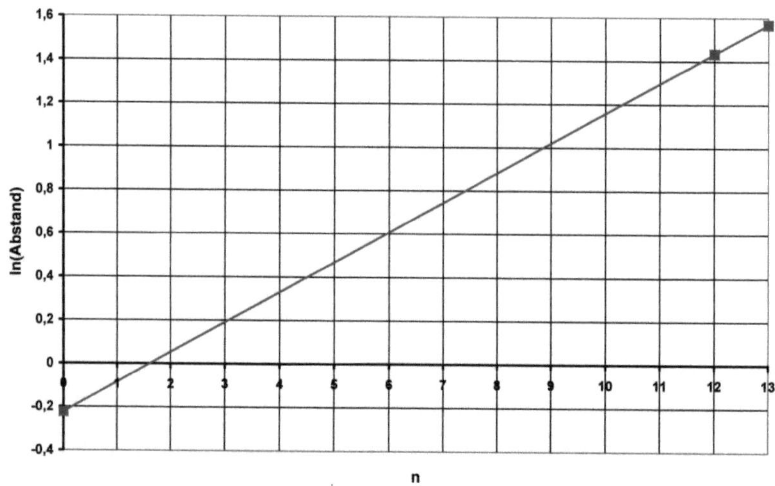

Abbildung 8.8.3.2 – Linearisierung der Radien

Aus den linearisierten Werten lässt sich wieder die e-Funktion ermitteln. Die Gleichung für die Näherungsgerade lautet:

$$y = \ln R = 0{,}1378 \cdot x - 0{,}223$$

Für die Abstände gilt: $R = 0{,}8 \cdot e^{0{,}1378 \cdot x}$ [cm]

Wie bereits in den anderen Beispielen gesehen, können auch hier die neuen Nummerierungswerte berechnet werden.

Name	Radius	Nr	ln(Radius)	Nr
	[cm]	**alt**		**berechnet**
Kernbereich	0,8	0	-0,22314355	0
Schale innen	4,2	1	1,43508453	12,03
Schale außen	4,8	2	1,56861592	13

Die Radien für die Orange sind in Abbildung 8.8.3.3 dargestellt.

242

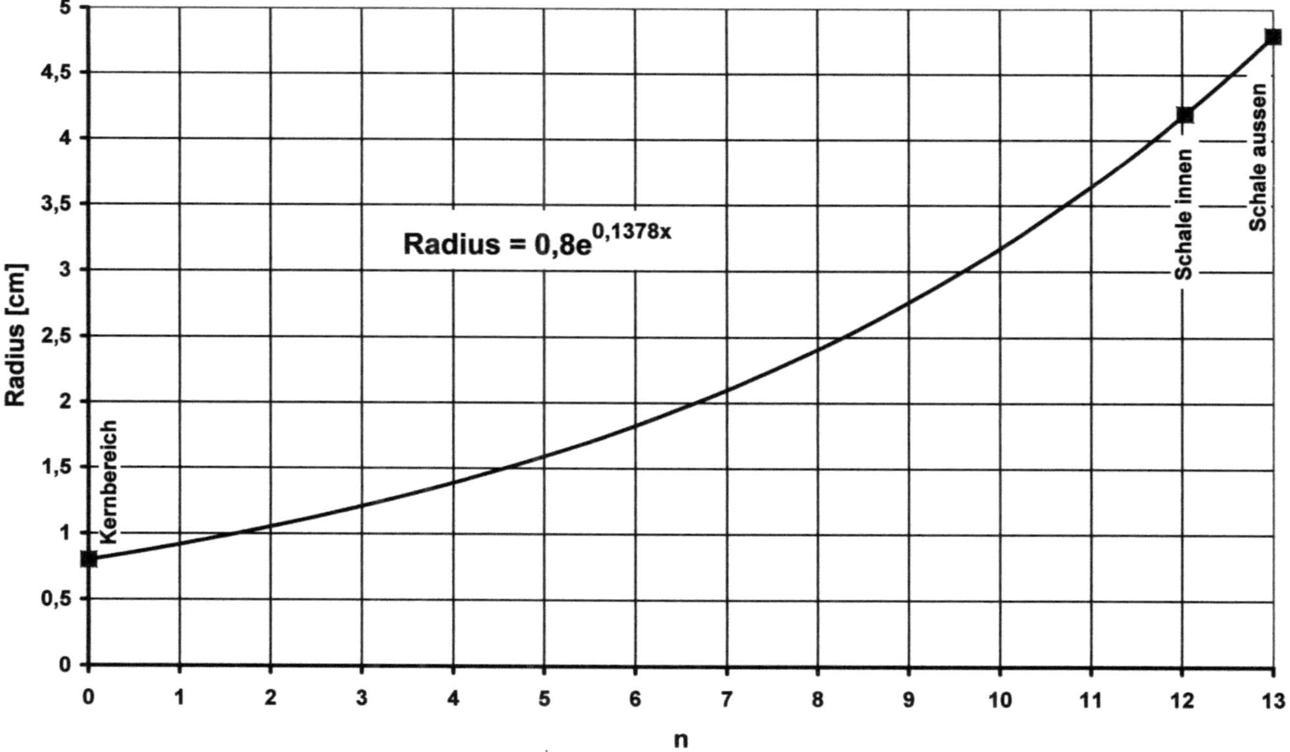

Abbildung 8.8.3.3 – Radien der Orange als e-Funktion

8.8.4 – Kokosnuss

Wie im nebenstehenden Bild an der Kokosnuss zu erkennen ist existieren **3** Bereiche.
Da drei Datenpunkte vorhanden sind lässt sich daraus eine e-Funktion generieren. In der folgenden Tabelle sind die Daten einer Kokosnuss zu finden.

Name	Radius	Nr	ln(Radius)
	[cm]	alt	
Frucht innen	3,5	0	1,25276297
Schale innen	4,8	1	1,56861592
Schale außen	5,3	2	1,66770682

Zwischen den Datenpunkten **1** und **2** ist die Steigung relativ niedrig und wird daher als ein Zählungsschritt gewertet.
Die Steigung von Punkt **0** nach Punkt **1** ist dagegen so groß, dass Punkt **1** (und Punkt 2) um **2** Einheiten verschoben werden muss, um Linearität zu erreichen.

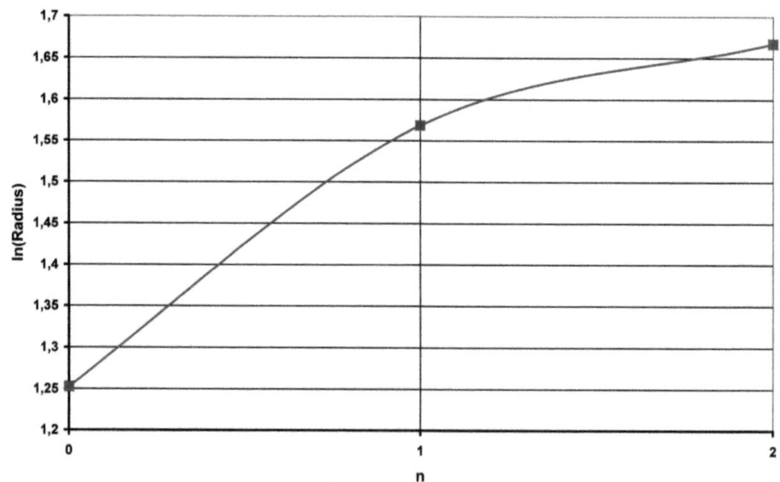

Abbildung 8.8.4.1 – Logarithmierte Radien der Kokosnuss

Die linearisierte Funktion ist in Abbildung 8.8.4.2 dargestellt.

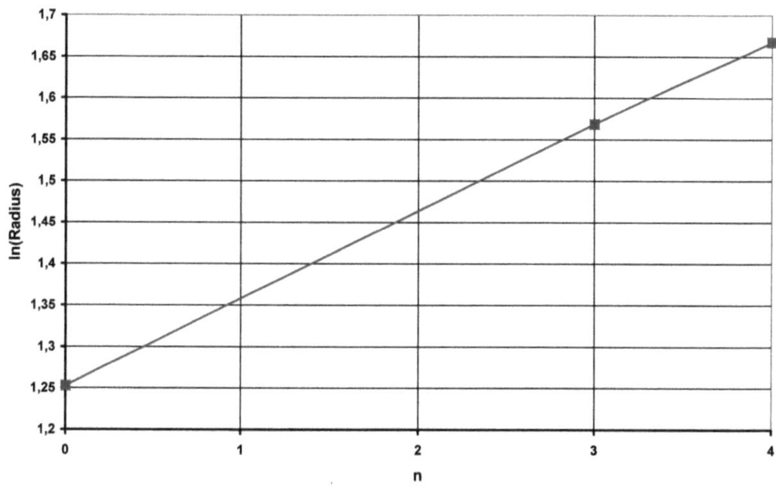

Abbildung 8.8.4.2 – Linearisierung der Radien

Aus den liniearisierten Werten lässt sich wieder die e-Funktion ermitteln. Die Gleichung für die Näherungsgerade lautet:

$$y = \ln R = 0{,}1037 \cdot x + 1{,}2527$$

Für die Abstände gilt: $R = 3{,}5 \cdot e^{0{,}1037 \cdot x}$ [cm]

Wie bisher gesehen, können auch hier die neuen Nummerierungswerte berechnet werden.

Name	Radius	Nr	ln(Radius)	Nr
	[cm]	**alt**		**berechnet**
Frucht innen	3,5	0	1,25276297	0
Schale innen	4,8	1	1,56861592	3,04
Schale außen	5,3	2	1,66770682	4

Die Radien für die Kokosnuss sind in Abbildung 8.8.4.3 dargestellt.

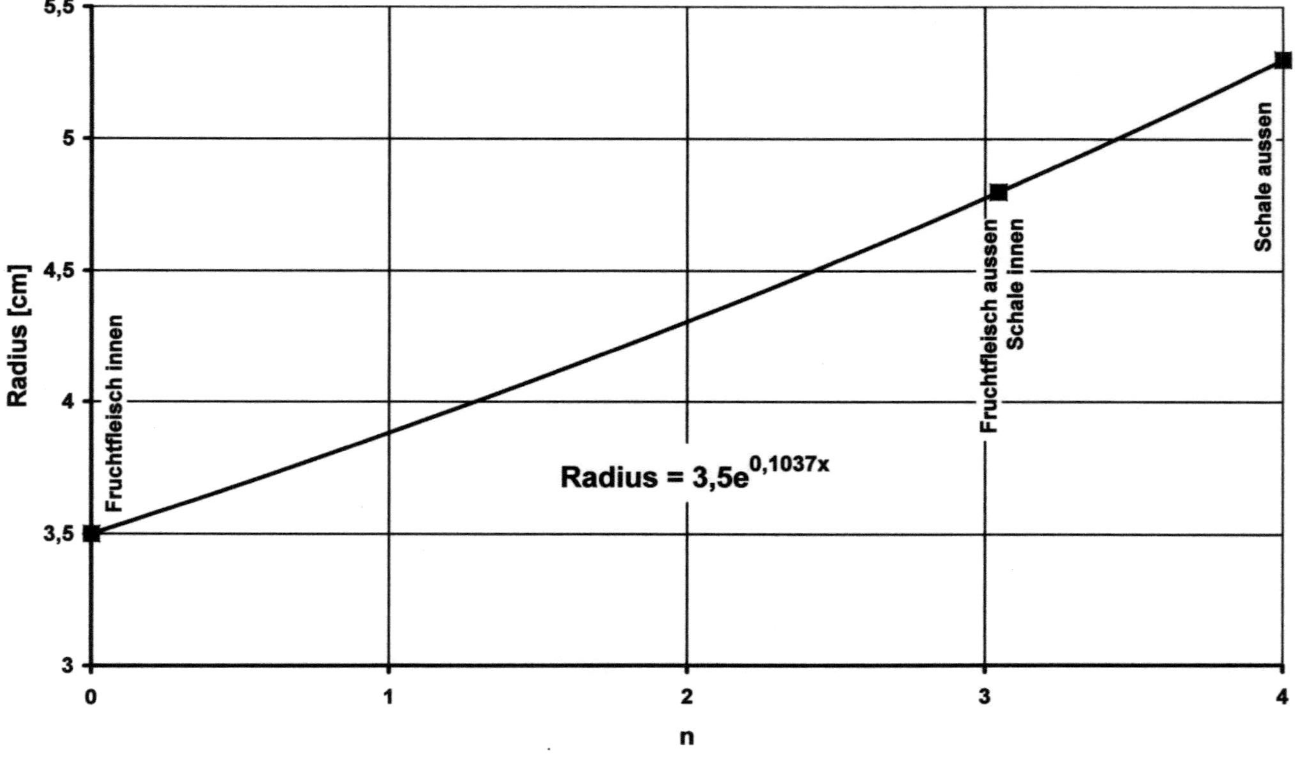

Abbildung 8.8.4.3 – Radien der Kokosnuss als e-Funktion

8.8.5 – Dahlie

Wie im nebenstehenden Bild an der Dahlie zu erkennen ist, existieren **4** Bereiche.
Da vier Datenpunkte vorhanden sind lässt sich daraus eine e-Funktion generieren. In der folgenden Tabelle sind die Daten einer Dahlie zu finden.

Name	Radius	Nr	ln(Abstand)
	[cm]	alt	
innerster Bereich	0,4	0	-0,91629073
Stempel	1,2	1	0,18232156
farbiger Ring	1,9	2	0,64185389
Blätter	3,3	3	1,19392247

Die Datenpunkte **1**, **2**, **3** bilden bereits annähernd eine Gerade. Lediglich zwischen Punkt **0** und **1** liegt eine größere Steigung vor. Daher brauchen die Punkte **1**, **2**, **3** nur um einen Zählschritt verschoben werden.

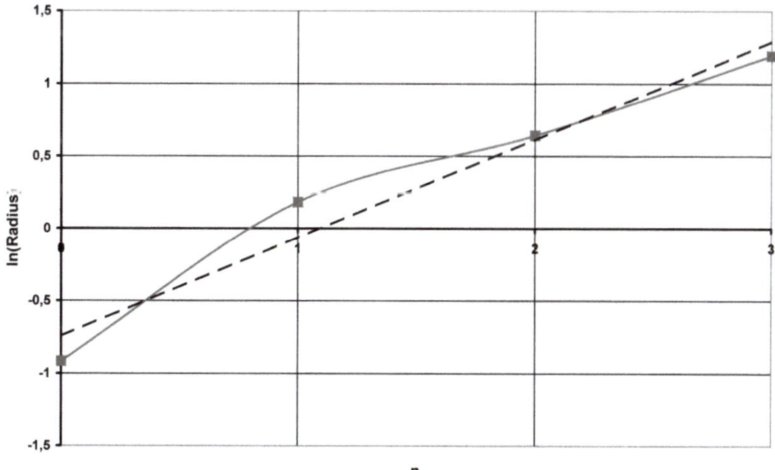

Abbildung 8.8.5.1 – Logarithmierte Radien der Dahlie

Die linearisierte Funktion ist in Abbildung 8.8.5.2 dargestellt.

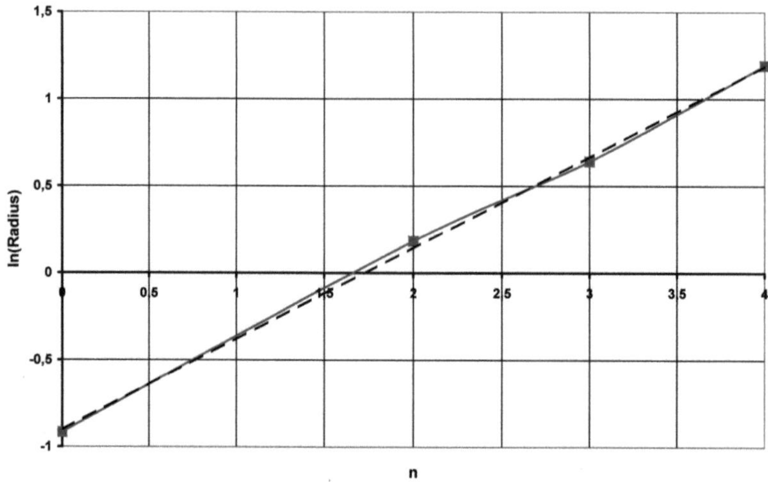

Abbildung 8.8.5.2 – Linearisierung der Radien

Aus den liniearisierten Werten lässt sich wieder die e-Funktion ermitteln. Die Gleichung für die Näherungsgerade lautet:

$$y = \ln R = 0{,}5276 \cdot x - 0{,}916$$

Für die Abstände gilt: $R = 0{,}4 \cdot e^{0{,}5276 \cdot x}$ [cm]

Wie schon gesehen können auch hier die neuen Nummerierungswerte berechnet werden.

Name	Radius	Nr	ln(Abstand)	Nr	Nr
	[cm]	alt		genähert	berechnet
innerster Bereich	0,4	0	-0,91629073	0	0
Stempel	1,2	1	0,18232156	2	2,08246691
farbiger Ring	1,9	2	0,64185389	3	2,95353023
Blätter	3,3	3	1,19392247	4	4

Die Radien für die Dahlie sind in Abbildung 8.8.5.3 dargestellt.

248

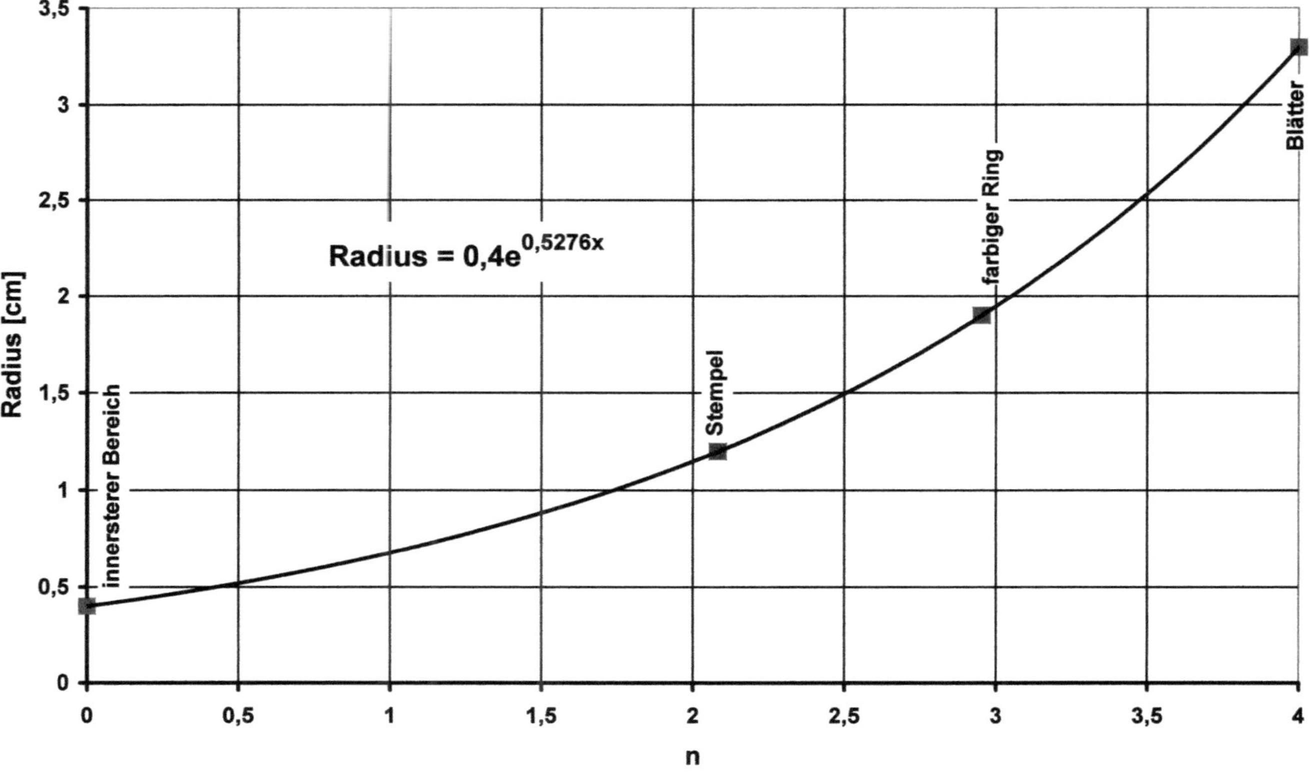

Abbildung 8.8.5.3 – Radien der Dahlie als e-Funktion

8.8.6 – Gelbe Blume (Gerbera)

Wie im nebenstehenden Bild an der gelben Blume zu erkennen ist, existieren **3** Bereiche.
Da drei Datenpunkte vorhanden sind, lässt sich daraus eine e-Funktion ermitteln. In der folgenden Tabelle sind die Daten einer gelben Blume zu finden.

Name	Radius	Nr	ln(Radius)	Nr
	[cm]	alt		berechnet
Innerster Bereich	0,3	0	-1,20397280	0
Stempel	0,9	1	-0,10536052	0,95
Blätter	3	2	1,09861229	2

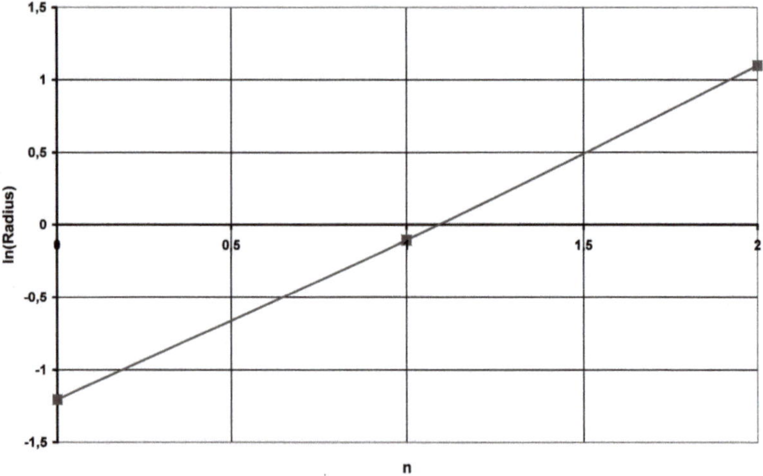

Abbildung 8.8.6.1 – Logarithmierte Radien der gelben Blume

Bei der Logarithmierung und Übertragung in eine Diagramm, ergibt sich wie beim Pfirsich eine Vereinfachung. Die logarithmierten Werte sind bereits derart linear, dass eine weitere Linearisierung nicht mehr notwendig ist. Der gesamte Sachverhalt für die gelbe Blume ist in Abbildung 8.8.6.2 zu finden.

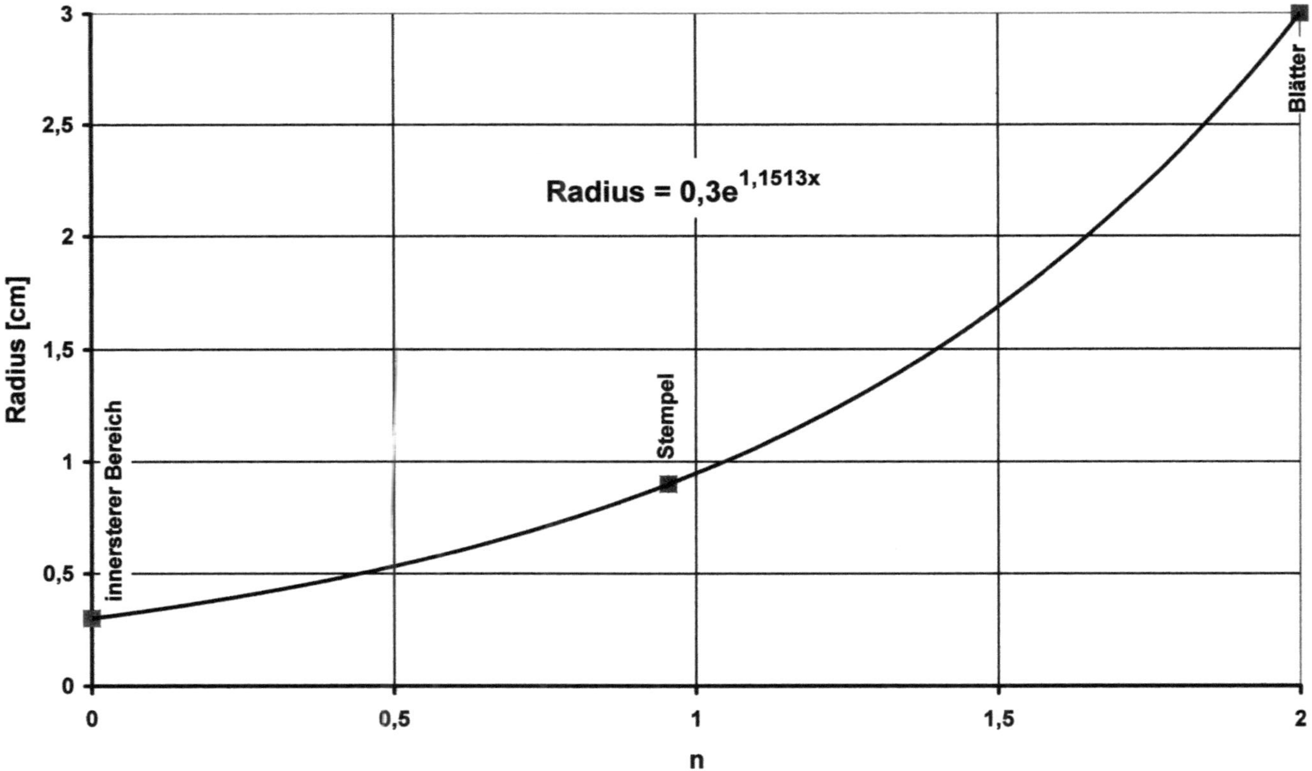

Abbildung 8.8.6.2 – Radien der gelben Blume als e-Funktion

8.9 – Die Fibonacci-Folge

Die Fibonacci-Folge [78] ist eine unendliche Folge von natürlichen Zahlen, wobei jeweils die Summe zweier aufeinanderfolgender Zahlen die unmittelbar danach folgende Zahl bildet. Sie wurde 1202 von **Leonardo Fibonacci** (*um 1170 - †nach 1240) [79] benutzt, um das Wachstum einer Kaninchenpopulation zu beschreiben.

Die Fibonacci-Folge f_1 , f_2 , f_3 ... ist definiert durch das folgende rekursive Bildungsgesetz:

$$f_n = f_{n-1} + f_{n-2} \quad \text{für } n \geq 1$$

mit den Anfangswerten: $\quad f_1 = 0, f_2 = 1$

Fibonacci	Nr	ln(Fibonacci)	Nr
	alt		berechnet
1	0	0	0
2	1	0,693147181	1,4361
3	2	1,098612289	2,2762
5	3	1,609437912	3,3346
8	4	2,079441542	4,3084
13	5	2,564949357	5,3143
21	6	3,044522438	6,3080
34	7	3,526360525	7,3063
55	8	4,007333185	8,3028
89	9	4,48863637	9,3001
144	10	4,9698133	10,2970
233	11	5,451038454	11,2941
377	12	5,932245187	12,2911
610	13	6,413458957	13,2881
987	14	6,894670039	14,2851
1597	15	7,375882148	15,2822
2584	16	7,857093865	16,2792
4181	17	8,338305731	17,2762

Die Fibonacci-Folge spielt immer da eine Rolle, wo Proportionen mit dem **goldenen Schnitt** [64] zu finden sind. Die Fibonacci-Folge kommt daher auch in der Natur vor, wie bei spiralförmigem Wuchs von Pflanzen oder auch in der Struktur von Samenkörnern, in Blütenständen (Sonnenblume). Gleichfalls taucht die Fibonacci-Folge in der Größe von Populationen auf, z.B. bei Kaninchen und auch Bienen. Bei der Logarithmierung stößt man auf eine erstaunliche Eigenschaft der Fibonacci-Zahlen. Die logarithmierten Werte bilden eine perfekte Gerade.

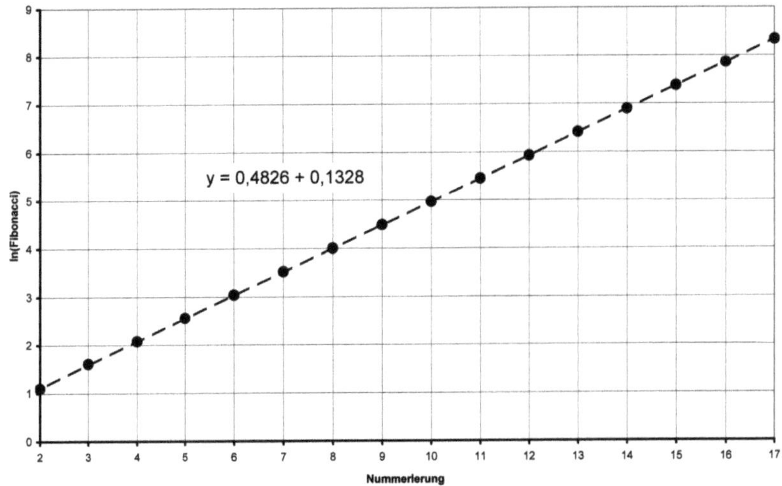

Abbildung 8.9.1 – Logarithmierte Fibonacci-Zahlen

Die Gleichung für die Näherungsgerade lautet:

$$y = \ln f_n = 0{,}4826 \cdot n + 0{,}1328$$

Aus den linearisierten Werten lässt sich wie gehabt die e-Funktion ermitteln.

Für die Zahlen gilt: $\quad f_n = 1{,}142 \cdot e^{0{,}4826 \cdot n} \qquad n \geq 2,\ n \in \mathbb{N}$

Die Fibonacci-Zahlen als e-Funktion sind in Abbildung 8.9.2 zu sehen.

Berechnet man die Nummerierung neu, ergibt sich noch ein einfacherer Zusammenhang für die e-Funktion.

Für die Zahlen gilt: $\quad f_n = e^{0{,}4826 \cdot x}$

Die Fibonacci-Zahlen als e-Funktion, mit der neuen Nummerierung, sind in Abbildung 8.9.3 zu sehen.
Erstaunlich ist auch das die Schrittweite bei der neuen Nummerierung auch gleich **1** ist, nur die Nummern sind jeweils um +0,3 verschoben.

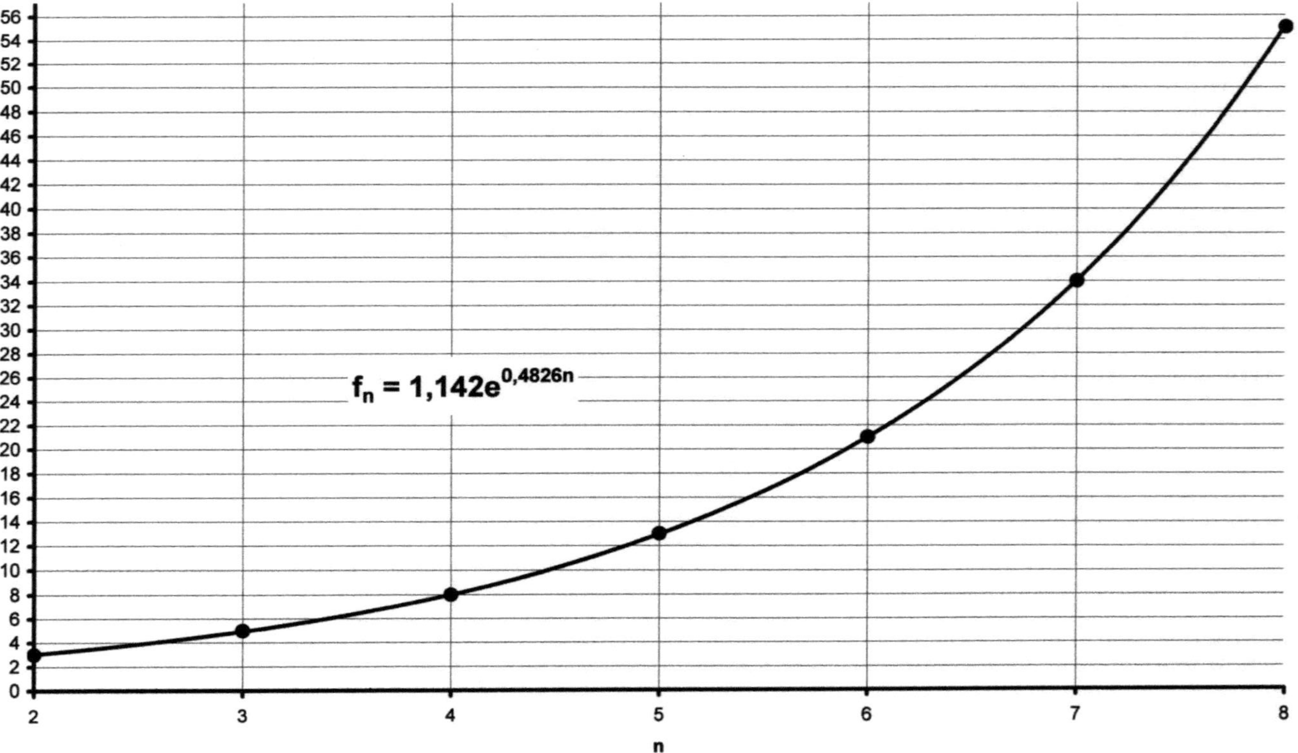

Abbildung 8.9.2 – Fibonacci-Zahlen als e-Funktion

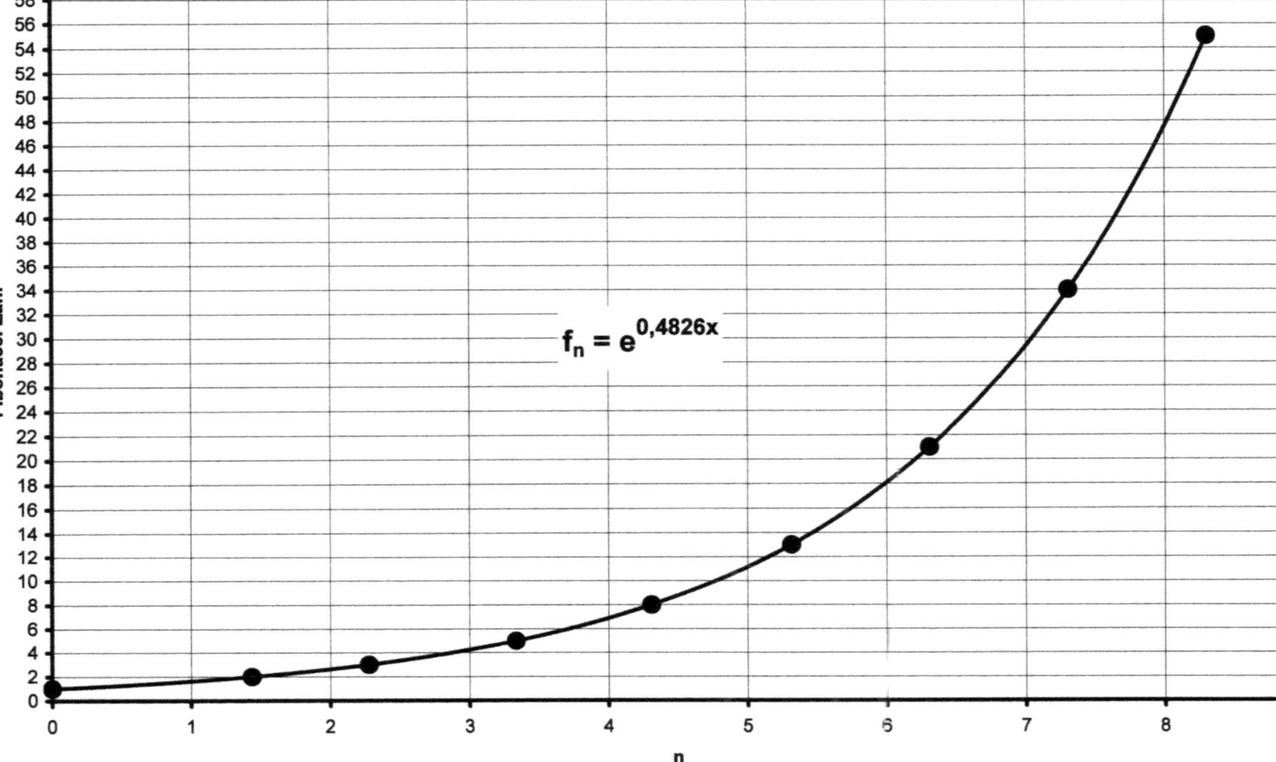

Abbildung 8.9.3 – Fibonacci-Zahlen als e-Funktion mit neuer Nummerierung

8.10 – Das Adey-Fenster

Ab Mitte der 70er Jahre machten **William Ross Adey** und **S.M. Bawin** Versuche mit Gehirngewebe von Hühnern und Katzen. Sie bestrahlten das Gewebe mit modulierten VHF-Feldern.
Bei ihren Untersuchungen fanden Adey und Bawin einen schmalen Intensitäts- und Frequenzbereich, in welchem die behandelten Zellen reagierten. Außerhalb dieser Bereiche erfolgte jedoch keine bzw. nur minimale Reaktion. Der experimentell ermittelte Frequenzbereich wird inzwischen als **Adey-Fenster** bezeichnet. [80]

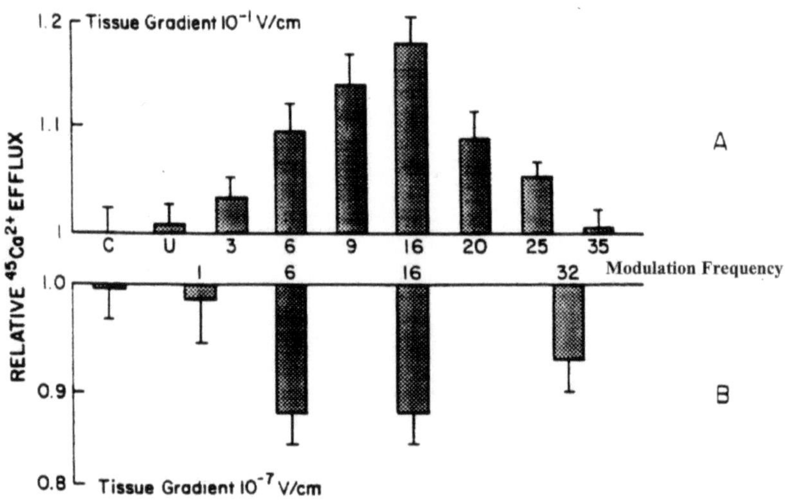

Abbildung 8.10.1 – Das Adey-Fenster

In Abbildung 8.10.1 sind im oberen (rechts mit A gekennzeichneten) Bereich Ergebnisse eines Versuch von Bawin aus dem Jahr 1975 zu sehen. Dabei wurde eine Frequenz von 147 MHz mit einer Elf-Amplitudenmodulation benutzt. Als Reaktion auf die Bestrahlung wurde der Ca-Ionen-Efflux der Zellen gemessen.
Im unteren Teil (rechts mit B gekennzeichnet) sind Ergebnisse eines Versuchs von Adey und Bawin aus dem Jahr 1976 dargestellt. Mit gleichem Gewebetyp aber mit einem ELF-Feld das in der Frequenz variabel war.
Für Teil A der Abbildung 8.10.1 gilt: In einem Bereich von 3 Hz bis etwa 25 Hz ist eine prägnante Reaktion zu erkennen. Deutlich ist zu

sehen, dass von 6 Hz bis 20 Hz ein Maximum (an Reaktion) gegeben ist.

Werden die in der Abbildung 8.10.1 angegebenen diskreten Frequenzen genommen, so erhält man die folgende Reihe (in Hz):

3 – 6 – 9 – 16 – 20 – 25 – 35

Wobei um jede Frequenz ein Bereich von ± 0,8 Hz Toleranz besteht.

Nr	Frequenz [Hz]	ln(Frequenzi)
0	3	1,09861229
1	6	1,79175947
2	9	2,19722458
3	16	2,77258872
4	20	2,99573227
5	25	3,21887582
6	35	3,55534806

Näheres zum Adey-Fenster ist in "Gitterstrukturen des Erdmagnetfeldes" zu finden.

Bei der Logarithmierung und Übertragung in ein Diagramm, ergibt sich die folgende Abbildung:

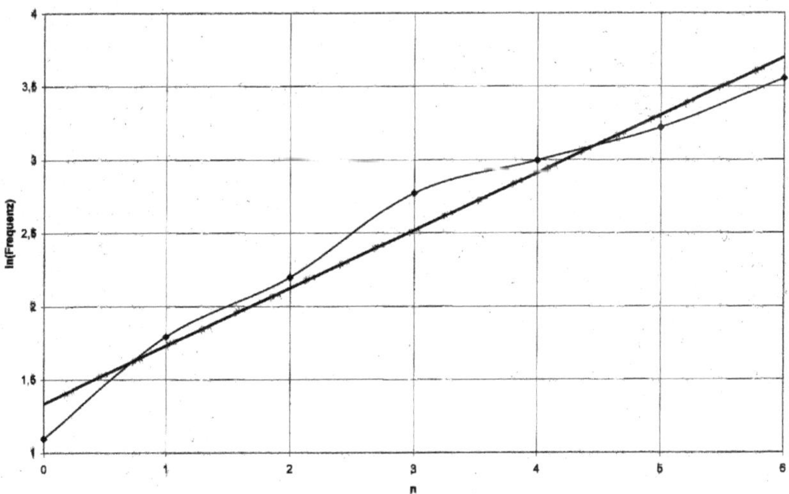

Abbildung 8.10.2 – Logarithmierte Werte

Die linearisierte Funktion ist in Abbildung 8.10.3 dargestellt.

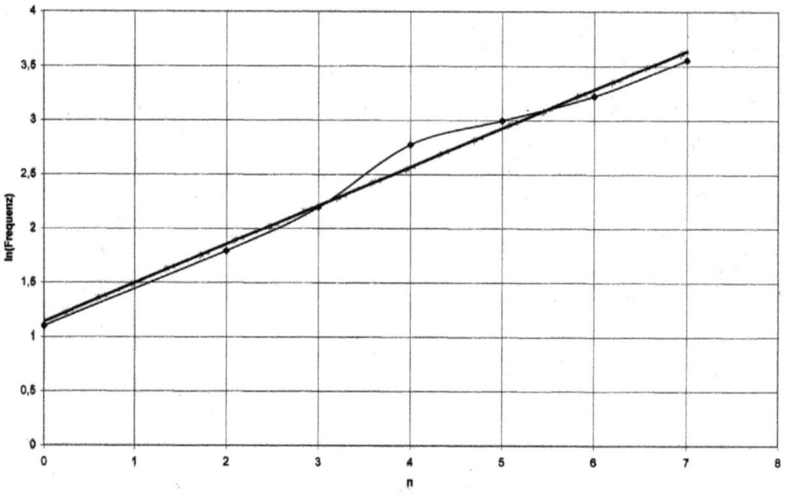

Abbildung 8.10.3 – Linearisierte Werte

Aus den linearisierten Werten lässt sich wieder die e-Funktion ermitteln. Die Gleichung für die Näherungsgerade lautet:

$$y = \ln f = 0{,}351 \cdot x + 1{,}0986$$

Für die Abstände gilt: $\quad f = 3 \cdot e^{0{,}351 \cdot x} \qquad$ [Hz]

Die nebenstehende Abbildung 8.10.4 zeigt noch das Adey-Fenster als e-Funktion.

Das Adey-Fenster hat Beziehungen zur Fibonacci-Folge und ebenfalls zu den Erdfrequenzen, sowie den Sferics und zur Schumann-Frequenz. Siehe dazu „Gitterstrukturen des Erdmagnetfeldes" Seite 140-145. [3]

258

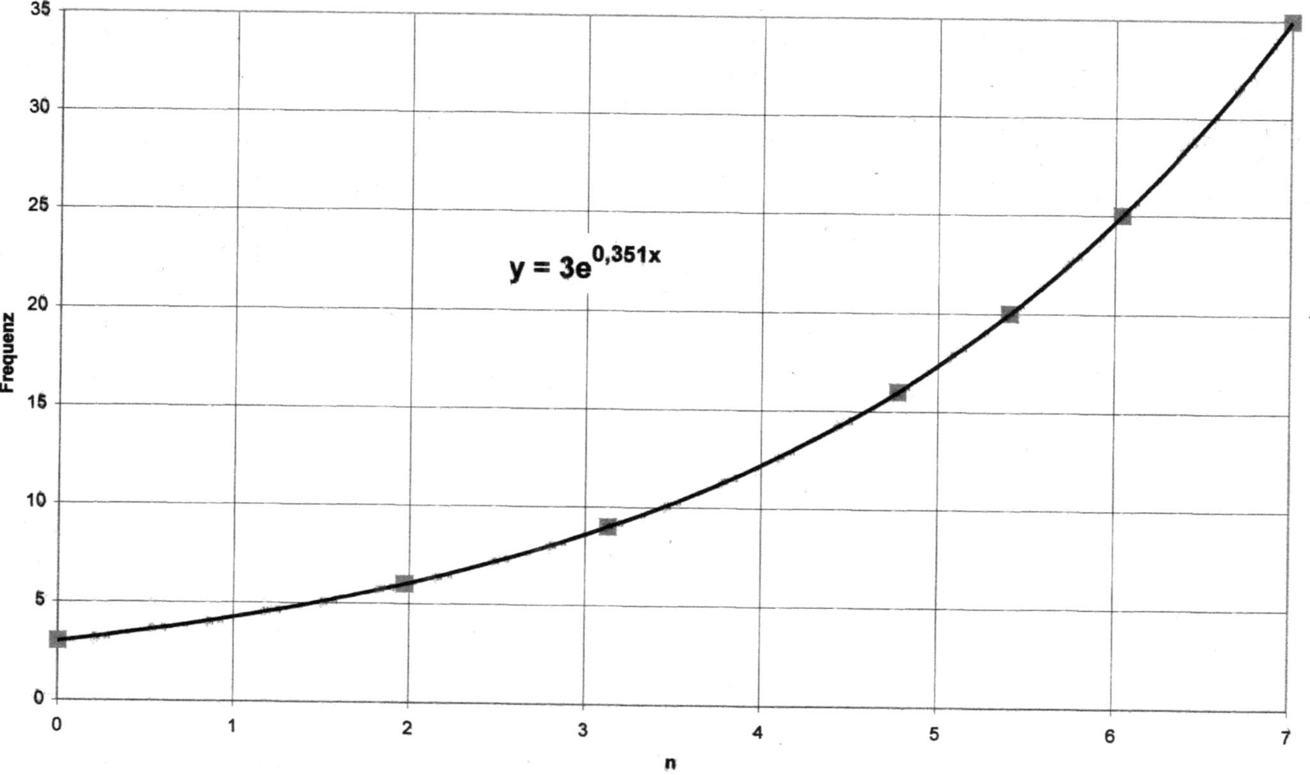

Abbildung 8.10.4 – Adey-Fenster als e-Funktion

Die bisher ermittelten Frequenzen des Adey-Fensters:

3 – 6 – 9 – 16 – 20 – 25 – 35

Aus Gleichung 3.10.1 in Kapitel 3.10 folgte eine Tabelle der Frequenzen, die Erdfrequenz und Schumann-Frequenz gemeinsam besitzen (Seite 94). Dabei tritt $f_o/3=f_s/2=3,9307$ **Hz** als erste kleinste natürliche Frequenz auf, die Erdfrequenz und Schumann-Frequenz gemeinsam besitzen.
Daraus ergibt sich eine Reihe von Frequenzen, die alle ein Vielfaches der Grundfrequenz 3,93 Hz sind (erste Spalte in der Tabelle Seite.95). Die ersten neun Frequenzen lauten:

3,9307 - 7,8613 - 11,792 - 15,7227 - 19,6533 - 23,584 - 27,5147 - 31,4453 - 35,376

Ein Teil dieser Frequenzen stimmt gut mit den Frequenzen des Adey-Fensters überein. Werden die Werte dieser Reihe halbiert ergibt sich:

1,9653 - 3,9307 - 5,896 - 7,8613 - 9,8267 - 11,792 - 13,7574 - 15,7227 - 17,688

Sieht man nun von allen vorhandenen Frequenzen diejenigen heraus, die auch in der Abbildung 8.10.1 (Teil A) enthalten sind, ergibt sich folgendes Frequenzspektrum für das Adey-Fenster:

3,9307 - 5,896 - 9,8267 - 15,7227 - 19,6533 - 23,584 - 35,376

Das entspricht dann den Frequenzen des Adey-Fensters. Man kann diese Frequenzen auch als ganzrationale Vielfache der Erdfrequenz und auch der Schumann-Frequenz darstellen. Daraus folgt diese Tabelle:

Tabelle: Frequenzen des Adey-Fensters

3,9307	5,896	9,8267	15,7227	19,6533	23,584	35,376
$1/2{\cdot}f_s$	$3/4{\cdot}f_s$	$5/4{\cdot}f_s$	$2{\cdot}f_s$	$5/2{\cdot}f_s$	$3{\cdot}f_s$	$9/2{\cdot}f_s$
$1/3{\cdot}f_0$	$1/2{\cdot}f_0$	$5/6{\cdot}f_0$	$4/3{\cdot}f_0$	$5/3{\cdot}f_0$	$2{\cdot}f_0$	$3{\cdot}f_0$

Die Frequenzen des Adey-Fensters stehen in harmonikalen Verhältnissen zur Erdfrequenz bzw. zur Schumann-Frequenz.
Für den Teil B der Abbildung 8.10.1 ergeben sich nur vier Frequenzen, von denen drei durch die bisherige Betrachtung bereits gege-

ben sind. Die erste Frequenz kann durch die Halbierung von 1,9653 Hz gewonnen werden. Somit ergibt sich für die Frequenzen aus Teil B:

0,9827 - 5,896 - 15,7227 - 31,4453

Die Kongruenz zwischen Adey-Fenster und Erdfrequenzen liefert eine Bestätigung der These, dass alles Leben auf diesem Planeten an bestimmte Frequenzbereiche angepasst ist.

Bei Bildung der halben Frequenzen in Kapitel 16.4 fiel als kleinste Frequenz f_m=1,9653 Hz an. Es gilt: $\mathbf{f_m = 1/4\ f_S = 1/6\ f_O}$
Vergleicht man f_m mit den Frequenzen des Adey-Fensters, so sind alle auftretenden Adey-Frequenzen Vielfache von 1,9653 Hz.
Berücksichtigt man dies, so lassen sich die Frequenzen wie folgt darstellen:

Taballe: Frequenzen des Adey-Fensters

3,9307	5,896	9,8267	15,7227	19,6533	23,584	35,376
$2{\cdot}f_m$	$3{\cdot}f_m$	$5{\cdot}f_m$	$8{\cdot}f_m$	$10{\cdot}f_m$	$12{\cdot}f_m$	$18{\cdot}f_m$

Es entsteht so die Zahlenfolge: 2 – 3 – 5 – 8 – 10– 12 – 18

Und das entspricht in etwa der, aus der Mathematik bekannten Fibonacci-Folge mit: **2 – 3 – 5 – 8 – 13 – 21**

Tabelle: Frequenzen des Adey-Fensters als Fibonacci-Folge

3,9307	5,896	9,8267	15,7227	25,549
$2{\cdot}f_m$	$3{\cdot}f_m$	$5{\cdot}f_m$	$8{\cdot}f_m$	$13{\cdot}f_m$

Die Frequenzen des Adey-Fensters stehen in Relation zur Erdfrequenz und zur Schumann-Frequenz, sowie der Fibonacci-Folge.

8.11 – Schwarze Löcher

Ein Schwarzes Loch [81] ist ein kosmisches Objekt, dessen Masse auf ein extrem kleines Volumen verdichtet ist. Es wird auch als **Singularität** bezeichnet. Diese Singularität erzeugt in ihrer unmittelbaren Umgebung eine so starke Gravitation, dass nicht einmal Licht entweichen kann. Die Grenze dieses Bereiches, an der Licht nicht mehr entkommen kann, wird **Ereignishorizont** [82] genannt. Der Radius des Ereignishorizonts wird bei statischen Schwarzen Löchern **Schwarzschild-Radius** [83] genannt. genannt. **Karl Schwarzschild** (*9.Okto-ber 1873 - †11.Mai 1916) [84] war ein deutscher Astronom und Physiker und gilt als einer der Wegbereiter der modernen Astrophysik. Die Gleichung für den Ereignishorizont lautet:

$$r_s = \frac{2 \cdot G \cdot M}{c^2}$$

Dabei steht **G** für die Gravitationskonstante, **M** für die Masse des schwarzen Loches, **c** für die Lichtgeschwindigkeit.

Es gibt unterschiedliche Klassen von Schwarzen Löchern mit ihren jeweiligen Entstehungsmechanismen. Stellare Schwarze Löcher entstehen, wenn ein Stern einer bestimmten Größe seinen gesamten „Brennstoff" verbraucht hat und kollabiert. Während die äußeren Hüllen in einer Supernova abgestoßen werden, fällt der Kern durch seinen Schweredruck zu einem extrem kompakten Körper zusammen, den man sich als punktförmiges Objekt unendlich hoher Dichte vorstellt – die Singularität.
Aus weiterer Entfernung verhält sich ein Schwarzes Loch wie eine normale Masse, die von anderen Himmelskörpern auf stabilen Bahnen umrundet werden kann, wobei der Ereignishorizont visuell als schwarzes und undurchsichtiges Objekt erscheint.
Schwarze Löcher können aus massereichen Sternen am Ende ihrer Sternentwicklung entstehen. Sterne der Hauptreihe oberhalb von ca. 40 Sonnenmassen enden über die Zwischenstufen Wolf-Rayet-Stern und Supernova als Schwarzes Loch. Sterne mit Massen zwischen ca. 8 und ca. 25 Sonnenmassen sowie alle massereichen Sterne mit hoher Metallizität enden als Neutronenstern. Liegt ihre Masse zwischen ca. 25 und ca. 40 Sonnenmassen, können Schwarze Löcher durch Rückfall des bei der unvollständigen Supernova abgesprengten Materials entstehen.
Der Ereignishorizont ist kein physisches Gebilde, er bezeichnet nur einen Ort oder genauer eine Grenzfläche. Ein Beobachter, der durch den Ereignishorizont hindurchfällt, würde daher selbst nichts davon

bemerken. Relativistische Effekte (siehe allgemeine Relativitätstheorie) führen aber dazu, dass ein von einem zweiten, weit entfernten Beobachter betrachteter Körper aufgrund der Zeitdilatation unendlich lange braucht, um den Ereignishorizont zu erreichen, wobei er zunehmend in einem rotverschobenen Licht erscheint und lichtschwächer wird.

Innerhalb eines Ereignishorizonts kann sich nichts von der Singularität entfernen, was nicht schneller als Licht ist. Der Schwarzschildhorizont ist die absolute Grenze zwischen dem uns bekannten Weltraum und einem "irgendwas dahinter". Es ist ein "point of no return", wer ihn überschreitet, kann nie mehr zurück.

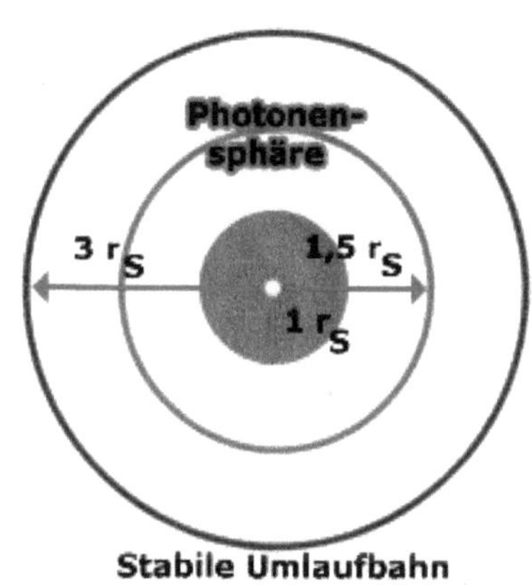

Stabile Umlaufbahn

Der Ereignishorizont wird bei Sternen, die zu nicht rotierenden Schwarzen Löchern kollabierten, von Lichtstrahlen begrenzt. Diese Lichtstrahlen sind die letzten die noch nicht von der Gravitation des Schwarzen Loches angezogen wurden. Diese Grenze wird als **Photonensphäre** bezeichnet. Die Photonensphäre umspannt das Schwarze Loch im Abstand von 1,5 r$_S$ Schwarzschildradien. Sobald diese Distanz minimal unterschritten wird, fällt auch für das Licht in die Singularität hinein.

Für eine Masse z.B. ein Raumschiff, welches das Schwarze Loch nur umkreist und zurückkehren soll, muss mindestens eine Distanz von 3 r$_S$ beibehalten. Diese Grenze wird hier als **Gravitationsgrenze** bezeichnet.

Ereignishorizont	**= 1 r$_s$**
Photonensphäre	**= 1,5 r$_s$**
Gravitationsgrenze	**= 3 r$_s$**

Unter der Annahme, dass die Singularität doch keine reelle physikalische Realität besitzt, sondern die Eigenheiten bzw. Grenzen der zugrunde liegenden Mathematik widerspiegelt, ergibt sich ein Ansatz aus der Schichtungstheorie.

Alle konzentrischen Strukturen lassen sich als Lösungsfunktionen, des Radialanteils, der Laplace-Gleichung interpretieren. Die drei aufgezeigten Sphären stellen daher einen Ausschnitt eines größeren

Schichtungsgefüges dar. Daraus resultieren auch Schichten innerhalb des Ereignishorizontes.

Die inneren Schichten bilden dabei die Kehrwerte der äußeren Schichten.

Nr	R	ln R
0	0,33333333	-1,09861229
1	0,66666667	-0,40546511
2	1	0
3	1,5	0,40546511
4	3	1,09861229

Es lässt sich die e-Funktion für die Schichtungen ermitteln. Siehe dazu Abbildung 8.11.2:

8.11.1 - Gleichung: $\quad R = 0{,}3531 \cdot e^{0{,}5205 \cdot n} \cdot r_s$

Die durch Extrapolation gefundene e-Funktion, kann noch auf eine vierte Schicht und ihrem Kehrwert erweitert werden.

Nr	R	ln R
0	0,22222222	-1,5040774
1	0,33333333	-1,09861229
2	0,66666667	-0,40546511
3	1	0
4	1,5	0,40546511
5	3	1,09861229
6	4,5	1,5040774

Es lässt ich die e-Funktion für die Schichtungen ermitteln. Siehe dazu Abbildung 8.11.3:

8.11.2 - Gleichung: $\quad R = 0{,}2177 \cdot e^{0{,}5028 \cdot n} \cdot r_s$

Konzentrische Konfigurationen sind als Lösungsfunktionen von radialen räumlichen Oszillatoren ein universelles Gestaltungsprinzip für kreis- oder kugelförmige Anordnungen.

Daher ist zu erwarten, dass auch Schwarze Löcher dem unterliegen.

D.h., Schwarze Löcher besitzen konzentrische Strukturen und lassen sich als Lösungsfunktionen des Radialanteils der Laplace-Gleichung interpretieren.

Allgemein gilt dann für den Radius eines Schwarzen Loches:

8.11.3 - Gleichung: $\quad R = k \cdot e^{a \cdot n} \cdot r_s$

Der Faktor **k** geht nur dann gegen Null wenn **n** nach unendlich geht. Da hier aber nur eine begrenzte Anzahl Schichten vorhanden ist, ist **n** endlich. Damit gilit:

$$0 \leq n \leq 6 \;\blacktriangleright\; \text{n ist endlich} \quad\blacktriangleright\quad k > 0 \;\blacktriangleright\quad R > 0$$

Im Kern eines Schwarzen Loches kann es daher keine Singularität geben. Der Kern hat die Gestalt einer Kugel deren Radius allein durch die Schwingungsstruktur des Schwarzen Loches bestimmt wird.

8.11.4 - Behauptung: **In einem Schwarzen Loch existieren konzentrische, kugelförmige Schichten, wenn äußere konzentrische Schichtungen vorhanden sind.**

8.11.5 - Behauptung: **In einem Schwarzen Loch existiert ein kugelförmiger Kern, dessen Radius, R > 0 durch Masse und Schwingungsstruktur definiert wird.**

Insgesamt wird hier ein Verfahren aufgezeigt, dass den Radius eines Schwarzen Loches in eine e-Funktion transformiert, die nicht Null werden kann.

Einsetzen des transformierten Radius in die Einsteinschen Gleichungen dürften dazu führen, dass man sich in ein Schwarzes Loch hinein tasten kann. Eine andere Möglichkeit wäre die Anwendung der Laplace-Gleichung auf ein Schwarzes Loch. Somit sind Instrumente gegeben in eine Singularität hinein zu sehen.

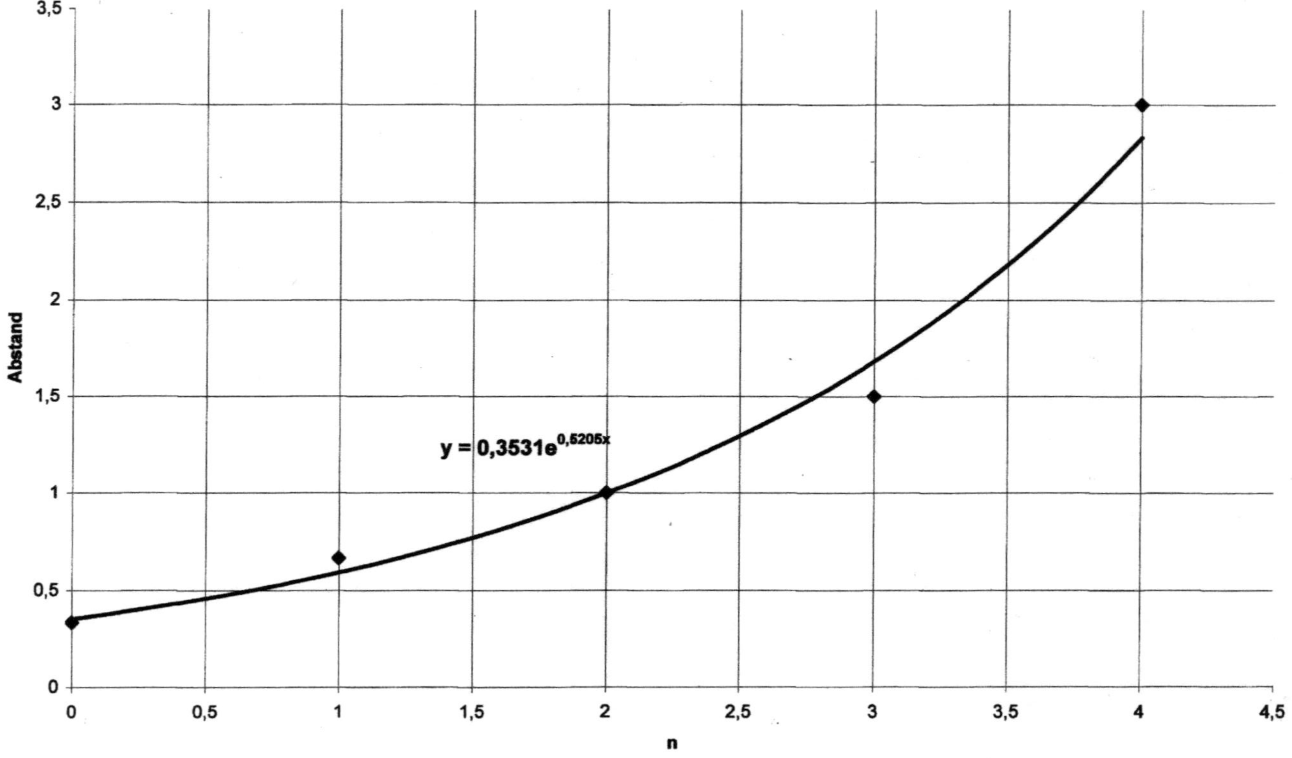

Abbildung 8.11.2 – Schwarzes Loch als e-Funktion

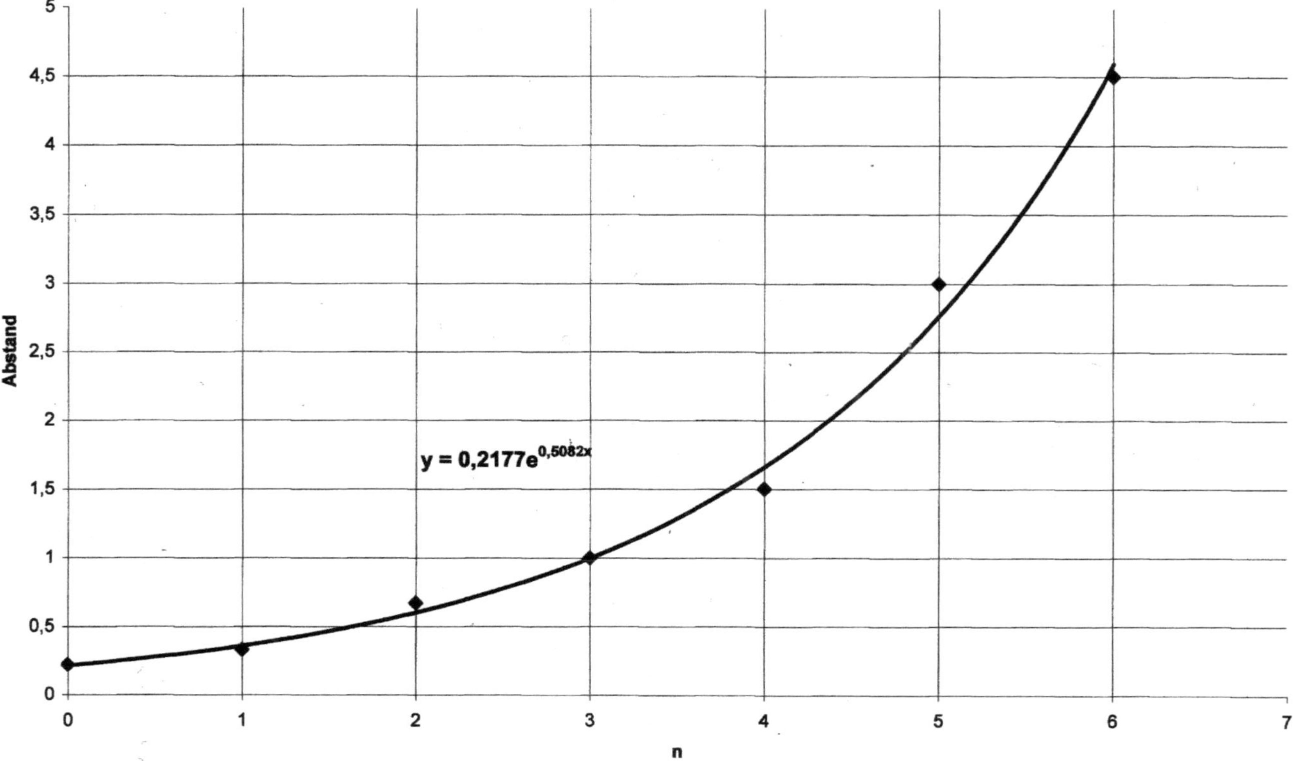

Abbildung 8.11.3 – Schwarzes Loch als e-Funktion

9 – Bilanz

Die Fragestellung am Anfang des Kapitels war, wieweit das hier abgeleitete Schwingungsmodell auf andere kugelförmige bzw. konzentrische Phänomene unserer Welt anwenden lässt.

e-Funktionen sind Lösungen des Radialanteils der Laplace-Gleichung. Also braucht man nur zu untersuchen, ob konzentrische Anordnungen aus der realen Welt in eine e-Funktion überführbar sind.

Mit Hilfe der bisher benutzten Prozedur der Logarithmierung, Linearisierung und Konvertierung in eine e-Funktion mittels der Gleichungen 7.4.1 bis 7.6.2 steht ein Algorithmus zur Verfügung, der folgende Aussage zulässt:

9.1 - Satz: **Jede auf- oder absteigend (nach ihrer Größe) geordnete Folge, von Zahlen, kann in eine e-Funktion umgewandelt werden.**

Die direkte Konsequenz daraus ist:

9.2 - Satz: **Jede konzentrische Struktur lässt sich in eine e-Funktion umwandeln.**

Wie z.B. bei den Planetenbahnen und den Monden des Mars zu sehen war, ist bereits bei der Logarithmierung eine derart erstaunliche Linearität vorhanden, so dass hier eine e-Funktion als gegeben angesehen werden kann. Das ist als ein **starker Zusammenhang** zu betrachten.

Da e-Funktionen Lösungen für den Radialanteil der Laplace-Gleichung darstellen, lässt sich folgender Satz formulieren:

9.3 - Satz: **Alle konzentrischen Strukturen lassen sich als Lösungsfunktionen, des Radialanteils, der Laplace-Gleichung interpretieren.**

Wie an den Beispielen dieses Kapitels zu sehen war, ist **die Linearität der logarithmierten Werte eine notwendige Voraussetzung** dafür, dass sich die vorliegende Folge von Werten auch in eine äquivalente e-Funktion konvertieren lässt.

Ebenfalls spielt die Metrik der Nummerierung eine Rolle. Eine Schrittweite von 1, ein halb, ein viertel usw. deutet auf einen harmonischen Zusammenhang hin. Eine zufällige Folge von Zahlen würde daher auch eine zufällige Metrik der Nummerierung erzeugen.

Alle hier gezeigten Beispiele zeigen, dass konzentrische Anordnungen als Lösungsfunktionen von radialen räumlichen Oszillationssystemen interpretiert werden können.

Damit wird auch die Aussage des Global Scaling, dass das Universum eine logarithmische Struktur besitzt, an den aufgeführten Beispielen noch einmal eindrucksvoll bestätigt.
Der Skalierungsfaktor kann allerdings **beliebig** gewählt werden. Die mathematisch einfachste Lösung besteht darin, dass Eichmaß gleich **eins** zu setzen. Dann erhält man die **absoluten** harmonikalen Größen eines Systems.

Auch im biologischen Bereich, nämlich der Flora, existieren Exemplare, die eine konzentrische Struktur aufweisen. Die Vorraussetzung der Konzentrizität ist z.B. bei Früchten wie Pfirsich, Orange, Kokosnuss bzw. Blumen wie Dahlie, die gelbe Blume (Gerbera) oder der Narzisse erfüllt. Auch hier lässt sich jeweils eine e-Funktion ermitteln.

Angesichts des gesamten Datenmaterials, lässt dies dann folgende Schlussfolgerung zu:

9.4 - Satz: **Konzentrische Konfigurationen sind, als Lösungsfunktionen, von radialen räumlichen Oszillatoren, ein universelles Gestaltungsprinzip für kreis- oder kugelförmige Anordnungen.**

Als Lösungsfunktionen der Laplace-Gleichung für die radiale Richtung hinsichtlich konzentrischer Konfigurationen, kommt nur die e-Funktion in Betracht. Es ergibt sich daraus eine exponentielle bzw. logarithmische Grundlage der Strukturierung.

Die Konsequenz des gesamten Materials aus Kapitel 7 und 8 lässt sich dann auf einfache Weise so formulieren:

9.5 - Satz: **Das Universum besitzt eine logarithmische bzw. exponentielle Struktur.**

Literaturverzeichnis

1   Piontzik, Klaus
        Das Magnetfeld der Erde, Zeitschrift für Geobiologie
        Wetter, Boden, Mensch S.35-52, 2-2002

2   Piontzik, Klaus
        Planetare Systeme
        Zeitschrift für Geobiologie, Wetter, Boden, Mensch
        3-2009, 4-2009, 2-2010, 3-2010

3   Piontzik, Klaus
        Gitterstrukturen des Erdmagnetfeldes
        BOD Verlag, Juli 2007
        ISBN 978-3-8334-9126-9
        Siehe auch: http://www.pimath.eu/

4   Popper, Karl, Logik der Forschung
        Akademie-Verlag, Berlin 2004
        Herbert Keuth (Hrsg.), ISBN 978-3-7091-2021-7

5   Gontscharow Nikolai, Morosow Wjatscheslaw
        Makarow Walerij
        russische Zeitschrift "Chimi-ja i Zisn"
        Chemie und Leben, Nr. 3, März 1974

6   Bird, Christopher, Planetary Grid
        New Age Journal, Mai 1975

7   Bischof, Marco, Der Kristallplanet
        Ideengeschichte der globalen Gitternetze
        Zeitschrift Hagia Chora
        Nr.7 (2000/2001) - Nr.19 (August 2004)

8   https://de.wikipedia.org/wiki/Platonischer_Körper

9   https://de.wikipedia.org/wiki/Platon

10   Dobrinski Paul, Krakau Gunter, Vogel Anselm
        Physik für Ingenieure
        5. überarbeitete Auflage
        Teubner Verlag, Stuttgart, 1980, ISBN 3-519-46508-6

11   https://de.wikipedia.org/wiki/Bohrsches_Atommodell

12   https://de.wikipedia.org/wiki/Niels_Bohr

13   https://de.wikipedia.org/wiki/Louis_de_Broglie

14   Purcel, Edward M.
      Elektrizität und Magnetismus
      Berkeley Physik Kurs 2, Friedr. Vieweg+Sohn Verlag
      Braunschweig, 1979, ISBN 3-528-18352-7

15   Crawford Jr, Frank S.   Schwingungen und Wellen
      Berkeley Physik Kurs 3
      Friedr. Vieweg+Sohn Verlag
      Braunschweig, 1974, ISBN 3-528-08353-0

16   https://de.wikipedia.org/wiki/Kugelflächenfunktionen

17   https://de.wikipedia.org/wiki/Ernst_Florens_Friedrich_Chladni

18   https://de.wikipedia.org/wiki/Chladnische_Klangfigur

19   https://de.wikipedia.org/wiki/Christiaan_Huygens

20   Gerthsen Christian, Kneser H.O., Vogel Helmut
      Physik, 13. überarbeitete Auflage
      Springer Verlag, 1977, ISBN 3-540-0776-2

21   https://de.wikipedia.org/wiki/Pierre-Simon_Laplace

22   https://de.wikipedia.org/wiki/Laplace-Operator

23   https://de.wikipedia.org/wiki/Schrödingergleichung

24   https://de.wikipedia.org/wiki/Erwin_Schrödinger

25   https://de.wikipedia.org/wiki/Atomorbital

26   Kittel C., Knight W., Ruderman M., Helmholz C., Moyer B.
      Mechanik, Berkeley Physik Kurs 1
      Friedr. Vieweg+Sohn Verlag
      Braunschweig, 1979,   ISBN 3-528-28351-3

27   https://de.wikipedia.org/wiki/World_Geodetic_System_1984

28   Torge, Wolfgang, Geodäsie
        1975, Walter de Gruyter, Berlin, New York
        Sammlung Göschen 2163, ISBN 3-11-004394-7

29   Baumer, Eichmeier, Das natürliche elektromagnetische Im-
        puls-Spektrum der Atmosphäre
        Archives for metereology, geophysics and Bioclimatology
        Springer Verlag, 1982, Ser A 31, 249-261
        Print ISSN 0066-6416

30   Baumer Hans, Sferics
        Die Entdeckung der Wetterstrahlung
        Rowohlt Verlag, Hamburg, 1987, ISBN: 9783498004873

31   Cousto Hans, Die kosmische Oktave
        Synthesis Verlag, Essen, 1984
        ISBN: 978-3922026242

32   https://de.wikipedia.org/wiki/Innerer_Aufbau_der_Erde

33   https://de.wikipedia.org/wiki/Erdatmosphäre

34   https://de.wikipedia.org/wiki/Ionosphäre

35   https://de.wikipedia.org/wiki/Winfried_Otto_Schumann

36   Schumann, W.O., Über die strahlungslosen Eigenschwin-
        gungen einer leitenden Kugel, die von einer Luftschicht und
        einer Ionosphärenhülle umgeben ist
        Zeitschrift Naturforschung 7a, 149-154, 1954

37   Schumann, W.O., Über elektrische Eigenschwindungen der
        Hohlraumes Erd-Luft-Ionosphäre, erregt durch Blitzentladun-
        gen

38   Persinger, M. A., The effect of pulsating magnetic fields upon
        the behavior and gross physiological changes of the albino
        rat - Under-graduate thesis
        University of Wisconsin, Madison, 1967, Reg. No A976151

39   Wever, Rütger Einfluß schwacher elektromagnetischer Fel-
        der auf die circadiane Periodik des Menschen
        Zeitschrift Naturwissenschaften, 55 (1), S.29-32, 1968

40   O'Keefe, Nadel L., The Hippocampus as a Cognitive Map
      Clarendon Press, Oxford, 1978

41   Stieglitz R., Müller U., Kann man das Magnetfeld im Labor
      simulieren?
      Forschungszentrum Karlsruhe
      Wissenschaftliche Berichte, FZKA 6223, 1999

42   https://de.wikipedia.org/wiki/Erdmagnetfeld

43   https://de.wikipedia.org/wiki/Carl_Friedrich_Gauß

44   https://de.wikipedia.org/wiki/Wilhelm_Eduard_Weber

45   Gauß C.F., Weber W., Allgemeine Theorie des Erdmagne-
      tismus
      Resultate aus den Beobachtungen des magnetischen Ver-
      eins im Jahre 1838, Eds. C.F. Gauß, W. Weber, 1-57
      Dieterichsche Buchhandlung, Göttingen, 1839

46   Berckhemer Hans, Grundlagen der Geophysik
      Wissenschaftliche Buchgesellschaft
      Darmstadt, 1990, ISBN 3-534-03974-2

47   https://de.wikipedia.org/wiki/Magsat

48   https://de.wikipedia.org/wiki/Ørsted_(Satellit)

49   https://de.wikipedia.org/wiki/CHAMP

50   https://de.wikipedia.org/wiki/SWARM

51   IUGG/IAGA - IGRF-1980 / IGRF-2005
      International Union of Geodesy and Geophysics
      IAGA, the International Association of Geomagnetism and
      Aeronomy, http://www.ngdc.noaa.gov/IAGA/

52   Nevanlinna H., Pesonen L.J., Blomster R.
      Earth magnetic field charts (IGRF1980)
      Geological Survey of Finnland Report
      Q19/22,0/World/1983/1

53   McLean S., Macmillan S., Maus S., Lesur V., Thomson A.,
        Dater D.
        The US/UK World Magnetic Model for 2005-2010
        NOAA Technical Report NESDIS/NGDC-1, December 2004

54   NGDC, WMM-2005
        National Geophysical Data Center
        http://www.ngdc.noaa.gov/

55   https://www.gfz-
        potsdam.de/sektion/geomagnetismus/themen/entwicklung-
        des-erdmagnetfelds/

56   https://de.wikipedia.org/wiki/Brunhes-Matuyama-Umkehr

57   World Data Center for Geomagnetism, Kyoto
        http://swdcwww.kugi.kyoto-u.ac.jp/

58   https://de.wikipedia.org/wiki/Fourier-Analysis

59   https://de.wikipedia.org/wiki/Joseph_Fourier

60   Jean Baptiste Joseph Fourier,
        Théorie analytique de la chaleur
        Chez Firmin Didot, père et fils 1822

61   Brauch Wolfgang, Dreyer Hans-Joachim, Haacke Wolfhart
        Mathematik für Ingenieure, 6. überarbeitete Auflage
        Teubner Verlag, Stuttgart, 1981, ISBN 3-519-16500-7

62   Lundquist C.A., Veis G. Geodetic parameters for 1966
        Smithsonian Institution Standard Earth
        SAO Spec.Rep200, Cambridge/Mass. 1966

63   https://de.wikipedia.org/wiki/D"-Schicht

64   https://de.wikipedia.org/wiki/Goldener_Schnitt

65   https://de.wikipedia.org/wiki/Entstehung_des_Mondes

66   https://de.wikipedia.org/wiki/Theia_(Protoplanet)

67   Kittel Charles, Einführung in die Festköperphysik
5. überarbeitete Auflage
R. Oldenburg Verlag, München Wien 1980
ISBN 3-486-32765-8

68   https://de.wikipedia.org/wiki/Hall-Effekt

69   Piontzik Klaus, Eberrs Gerrit, Jähn Ulrich
Deutsches Patent 102012011759.0
Verfahren zur Messung von magnetischen Wellen

70   https://de.wikipedia.org/wiki/Sonne

71   https://de.wikipedia.org/wiki/Planet

72   https://de.wikipedia.org/wiki/Keplersche_Gesetze

73   https://de.wikipedia.org/wiki/Johannes_Kepler

74   https://de.wikipedia.org/wiki/Liste_der_Monde_von_Planeten
_und_Zwergplaneten

75   https://de.wikipedia.org/wiki/Planetenring

76   https://de.wikipedia.org/wiki/Lokale_Gruppe

77   https://de.wikipedia.org/wiki/Planetarischer_Nebel

78   https://de.wikipedia.org/wiki/Fibonacci-Folge

79   https://de.wikipedia.org/wiki/Leonardo_Fibonacci

80   https://www.pimath.de/magnetfeld_der_erde
/schichtfrequenz2.html

81   https://de.wikipedia.org/wiki/Schwarzes_Loch

82   https://de.wikipedia.org/wiki/Ereignishorizont

83   https://de.wikibooks.org/wiki/Himmelsgesetze_der
_Bewegung/_Schwarzschildradius

84   https://de.wikipedia.org/wiki/Karl_Schwarzschild

Bilderverzeichnis

Alle anderen Abbildungen entstammen dem Archiv des Autors.

Namensverzeichnis

Namensverzeichnis

Namensverzeichnis

Mathematik

Institutionen

Stichwortverzeichnis

Stichwortverzeichnis

Stichwortverzeichnis

Stichwortverzeichnis